地球之書

The Earth Book

作者 —— 金貝爾（Jim Bell）

譯者 —— 魏嘉儀

從深邃的過去到互遠的未來，在漫長時間裡不斷嘗試了解萬事萬物如何運行，以及如何讓一切變得更好的人們，本書就是由這些人們致力完成……

聖母峰頂是海底的石灰岩。

——作家約翰‧麥克菲（John McPhee），
以一句話總結地質科學。

再看看這個點。就在這裡。這就是家鄉。這就是我們。所有你愛、你認識、你曾經聽過的人，所有曾經存在、曾經活出自我的人類，都在這裡……在這顆懸浮於光束中的微塵上。

——卡爾‧薩根（Carl Sagan），
《淡藍色的小圓點》（*Pale Blue Dot*），1994。

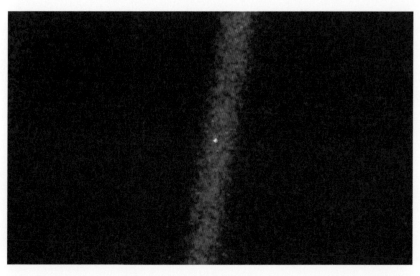

太陽系早期歷史中，年輕地球的剖面示意圖，此時的地球持續受到撞擊的轟炸，同時分凝出地核、地函與地殼。

致謝

非常感謝許多人在我研究撰寫本書之前、之間與提筆完成的過程中，對我的幫助與建議，以及他們的工作和智慧。也許，最應當致上謝意的是，在廣闊浩瀚的地球科學研究領域中，由我同儕們（不論是我所知或未曾得知之人）完成的無數貢獻。描繪出我們行星如何運作是一場無止盡的過程，但一切都是從野外觀察、實驗室內的研究與電腦模擬等基礎，逐漸建構而成，一點一滴地匯流自數百年來對科學的好奇與實驗精神，以及人類物種對於未知探索不曾停歇的渴望。

搜集本書圖片的過程相當有趣，在此十分希望為許多未受注目的無名英雄獻上極大的謝意，他們有的為美國太空總署（NASA）與其他政府機構製作公共圖片，有的則是直接在公眾領域，例如維基共享資源（Wikimedia Commons）等，放上自己傑出的照片或藝術作品。沒錯，我想要向維基百科（Wikipedia）全體大大感謝（我也有實際敬上經濟領域的謝意），因為它是相當傑出的資料起始點，進一步導向更深入的研究資料，而且其中涵蓋了極大量與本書相關的主題。

感謝 Dystel, Goderich, & Bourret 出版社的 Michael Bourret，感謝他對於我的寫作能力擁有無盡的信心；Sterling 出版社的 Meredith Hale，謝謝她的編輯指導與鼓動人心的耐心與支持；還有 Sterling 出版社的 Linda Liang、Clare Maxwell 與 Christopher Bain，感謝他們大量的幫助與圖片挑選的精準建議。最後，我最深的謝意與愛意獻給我最親愛的夥伴 Jordana Blacksberg，她忍受我全心投入本書的時間實在太長太長。現在，是時候將我的精力放回它該去的地方了。

▎目次

▍前言

　　以一本書囊括這座世界的編年歷史，實是一件令人深感惶恐的任務。這不只包含人類的歷史，以及我們人類各式各樣的成就與衰落，而是這顆行星的完整歷史，從太陽與太陽系在大約四十五億年前出現不久後，這顆行星在一團旋轉的氣體與微塵雲霧中形成；一直到大約五十億年之後，那顆始終散發慈愛光芒的恆星步入死亡終途，而我們的星球最終面臨無可避免的毀滅。一切在我們世界之上、之中與四周發生的事裡，究竟是哪兩百五十個事件，有資格獲選成為地球歷史的重要里程碑？

　　我接受過成為地質學家與行星科學家的訓練，也經歷過各式野外研究工作、遙測與各種數據分析的經驗，再加上我的個人偏見，讓這項任務猶如芒刺在背。例如，許多此領域的專業教學與研究工作都聚焦於行星與太空科學，也就是研究火星與月球等其他行星與太陽系星體，我們以地球科學與我們行星之研究為基礎，鑽研其他行星與星體，而且反之亦然！所以，在我眼中的地球，不僅只是我們的家鄉，也不僅是其他數以百萬計各類物種的家園，而是一顆以太陽為中心繞行的家族成員，家族裡有許多行星、衛星、小行星（asteroids）與彗星等等，四周還有許多同住於宇宙的鄰居。從太空回頭研究地球，以其他行星的研究成果更加認識我們的星球，的確正是我們至今深入理解家鄉星球的主要學習方式之一。

　　我在課堂教授地球科學時，我會一再強調研究地球的這門學問，就像是研究一系列相互交錯、套疊的圈層。地球有岩石圈（lithosphere），包含了岩石表層與一部分行星內部；大氣圈（atmosphere），這是讓地表保持溫暖並維持生命的一層薄薄氣體；磁圈（magnetosphere），包在地球外圍的一個巨大泡泡，防止我們世界受到太陽輻射危害；水圈（hydrosphere）薄薄地覆蓋在地表的一層水，絕大多數集中於大洋，但也出現在大海、湖泊、河川、冰川與極冠（polar caps）；最後是生物圈（biosphere），集結了所有生長於此行星的生命。對於我們星球的歷史而言，每一個圈層皆至關重要，所有圈層也都以複雜的方式交織且無法輕易拆解。想要真正理解身為一個整體系統的地球，就必須了解所有圈層的影響。

　　因此，地球歷史跨越各式領域，包括物理、化學、生物學、天文學、天文生物學、地質學、礦物學、行星科學、生命科學、公共政策、大氣科學、氣候科學與工程學等等眾多科學以及社會學科與分支學科。我試著從所有領域尋找里程碑般的事件與發現，並期望建構出一種在經驗與專業之間幅度寬宏的感受，以此理解我們的世界何以如今朝，而來日如何貌。

　　在這樣的脈絡之下，我點出了 120 位人士（從數以千計的科學家、專家、發明家與其他以研究我們星球為志業的人們），他們創造與挖掘了一件件我立為重要里程碑的發明與事件。其中某些人相當知名，例如柏拉圖（Plato）、達文西（Leonardo da Vinci）、麥哲倫（Magellan）、牛頓（Newton）、巴斯德（Pasteur）、路易斯與克拉克（Lewis & Clark）、達爾文（Darwin）、庫斯托（Cousteau）與珍古德（Goodall）等等。某些則是在學術或研究領域十分著名之人，例如地質學家史坦諾（Steno）、地質學家赫登（Hutton）、地質學家包溫（Bowen）、地質學家韋格納（Wegener）、天文學家卡林頓（Carrington）、地質學家阿格西（Agassiz）、博物學家洪堡德（Humboldt）、氣象學家多布森（Dobson）、探險家阿蒙森（Amundsen）、探險家皮列（Peary）與物理學家范艾倫（Van Allen）。還有部分對於認識我們世界做出關鍵貢獻的人士，但卻僅僅在有時變化無常的歷史紀錄中，留下相對模糊不清的痕跡，像是物理學家克拉尼（Chladni）、微生物學家布洛克（Brock）、古生物學家安寧（Anning）、攝影師納達爾（Nadar）、地質學家道庫恰耶夫（Dokuchaev）、地質學家巴斯康（Bascom）、探險家葛利格斯

（Griggs）、飛行員安赫爾（Angel）、登山家諾蓋（Norgay）與地震學家雷曼（Lehmann）。以上提到的所有人都會一一為各位介紹。

在尋找這些里程碑的途中，我發現提升我們對於此行星認識的研究歷程中，女性扮演了十足重要的角色，令我印象深刻。在絕大部分的科學歷史中，這一直是男性優勢的職業，包含了許多防止女性涉足學術圈的各式傳統與重重關卡。雖然各種障礙在早期是如此巨大，但到了十九與二十世紀，這樣的情形開始有了（緩慢的）轉變。例如弗蘿倫絲·巴斯康（Florence Bascom）、桃樂絲·希爾（Dorothy Hill）、英格·雷曼（Inge Lehman）、瑪麗·李奇（Mary Leakey）、瑞秋·卡森（Rachel Carson）、黛安·弗西（Dian Fossey）、凱薩琳·沙利文（Kathleen Sullivan）與席薇亞·厄爾（Sylvia Earle）等等，無數女性對於地球與地球上眾棲息生物的尖端研究與發現，已證明女性如同男性一般，都具備追尋並成就科學的能力。然而，如今世上熱門專業領域的科學家中，女性依舊不到 50%，這表示地球科學等學術領域仍存有許多性別阻礙與偏見（不論有意識或無意識）。而我們也仍有許多進步的空間。

我希望在尋找里程碑時達到的另一個多元化，則是地理性的多元，不僅是在這座行星的表面，同時也包含了地球內部。例如，我點出了每一塊大陸的幾個主要山脈地帶，也描繪了幾種曾在地球漫長歷史間的造山運動（orogenesis）類型。我也為各位介紹組成我們星球的主要岩石與礦物，除了敘述它們的生成過程，同時也帶到它們在人類歷史中所扮演的角色。地球內部構造如同一層層洋蔥皮，包含地核（core）、地函（mantle）與地殼（crust），我們的星球如何釋放內部熱能？地球如何產生強大磁場？而大陸與海洋為何會隨著時間變化？每一層構造都在這些疑問中扮演著獨有的角色，每一層也都值得特別描述。各位也會見到一條貫穿本書的重要脈絡，這條脈絡即是「板塊構造」（plate tectonics）理論，也就是地球地殼分裂為幾十個主要碎塊的方式，並進一步相互作用產生新的大陸、海洋盆地與島嶼，同時蘊藏引發災難性地震與火山爆發的可能。板塊構造理論是現代理解地球表面如何隨時間變化的基石。

再者，我也認為將地球地質時間劃出主要時期界線（由現代地質學家重建），也是一個相當重要的里程碑。這些界線是國際公認的「地質年代表」（Geologic Time Scale）的一部分，本書附錄也放了一份由美國地質協會（Geological Society of America）提供的地質年代表，方便各位參照。在地質年代表中，絕大部分的地球歷史（幾乎占據 90%）歸屬於同一個地質時期，稱為前寒武紀（Precambrian），我們對於前寒武紀的認識相對而言十分稀少，因為能在我們活躍星球表面保存下來的岩石與化石，僅有極少數超過五億五千萬年。然而，大約從此時開始出現了一個意義重大的里程碑，即寒武紀大爆發（Cambrian explosion），此時，海洋生物開始打造出堅硬的外骨骼（exoskeletons），因此，生物死亡後落於海床的屍體得以成為化石而保存下來。自此，化石便是地球地質歷史關鍵事件的指標，包括最後的五次大規模生物滅絕事件的證據；在五次相對快速的時期中，極大部分的物種從地球消失。這些關鍵事件之一，便是古代恐龍與許多其他物種在大約六千五百萬年前消失，目前認為起因是大型的小行星撞擊，進一步造成了氣候及食物鏈重大突變。其他大規模生物滅絕事件的成因依舊成謎，不過，在不斷進行的研究與辯證之下，這些事件的起源開始有了許多像是撞擊、大規模火山活動與急速氣候變遷等假說。

另外，這項任務還有一個讓我望之卻步的難題，那就是試著為我揀選成里程碑的發明與事件，依序排列出特定的時間點。大西洋形成的確切時間是何時？第一朵花什麼時候在地球盛開？下一次冰河時期什麼時候會開始？地球歷史中的許多事件其實都沒有確切的發生時間，或時間點充滿爭議，尤其是當我們談到了亙古的過去，或遙遠的未來。因此，當關鍵事件的時間序列並不明朗、涵蓋範圍寬廣

或兩者兼具時，我會標示最為人所熟知的大約時間。

在某些例子中，我為地球的歷史事件或部分特色，選擇了比較現代的日期，這些日期也難以標上確切的時間點。例如，雖然許多地球生物群落（biomes，意即特有生態區）的討論，在本書一直是重要的地球系統面向之一，但苔原（tundra）首次在地球現身究竟是何時？或是第一座熱帶雨林什麼時候誕生？若是這樣說，那麼第一場颶風、龍捲風、野火或山崩又是在什麼時候發生？針對這類較為模糊的短暫關鍵事件，我挑選的是人類與這些特定事件或生態區有所關聯的重要日期，例如 1990 年蹂躪美國德州加爾維斯敦島（Galveston）的颶風、1973 年在哥斯大黎加成立的蒙特維多雲霧森林保護區（Monteverde Cloud Forest Reserve），或是被聯合國命名為「國際森林年」（International Year of Forests）的 2011 年。

最後，各位可能會發現許多我選出的里程碑，其實不只與地球有關，而更關乎於這座星球上的生命發展。生命何時出現？光合作用何時且如何產生？第一隻哺乳動物何時現身？第一名智人（*Homo sapiens*）又是什麼時候出現？這些歸屬於生命科學的種種問題，也都是值得討論的里程碑，不僅是對我們人類物種而言如此，對我們的行星來說亦是。雖然，我們現在已經知道太陽系內就已經包含幾個可能適合棲居（或可能曾經適合棲居）的地方，例如火星、木星的大型衛星木衛二（Europa）或土星的小型衛星土衛二（Enceladus），然而，唯一一個目前已知不僅適合棲居，同時也正有生物棲居生活的地方，正是我們的地球。

以我們現有所知，地球生物的源起與演化，應是全宇宙獨一無二的現象。或是從另一方面而言，因為我們知道在銀河系或甚至更遙遠之處，很有可能擁有無數類似地球的世界（意即擁有如同地球般適合生物居住，或已經有生物棲居的組成成分與環境條件之行星），在宇宙之間並不罕見，所以，也許宇宙已經擠滿了乘載生命的適居世界，其上的生命也都依循類似演化與天擇等原理，適應著他們自身獨有的環境。無論何者，地球上的生命依舊獨一無二，而了解與生物相關的關鍵里程碑，將有助於我們向外尋找其他生物。如同我的導師與心目中的英雄卡爾·薩根（Carl Sagan）之名言：「我們是宇宙認識自身的一種方式。」

我們的家鄉是一組複雜且相互依存的系統，在整段人類歷史中，現在似乎正是認知這一點最關鍵的時刻，而我們尤其更應認知人類物種在這套系統扮演著多麼特殊的角色。我們並非地球第一個能夠扭轉整座星球氣候的物種，第一個擁有如此能力的物種是藍綠菌（cyanobacteria），它們發展出足以「毒害」地球大氣層的驚人能力，從大約三十四億年前開始，它們以首度出現的創新技能——光合作用，向大氣層釋放大量的氧氣。然而，我們是第一個能夠知道自己擁有且掌握這般力量的物種。我們，整體人類將會如何回應這樣的認知？我們將會如何一起運用這樣的力量？這些都是深奧且深切的問題，直指我們與家鄉星球如何互動的核心。

沒錯，想要將一切關於我們對於地球的所知，摘取收納於如此有限的空間，真是一項令人卻步的艱難任務。不過，想想我們將因此學到什麼。讀讀我們的星球吧，然後，回頭深思我們在這一切之中扮演什麼角色。

地球誕生

隕石與星體天文物理學（stellar astrophysics）的證據顯示，我們太陽系中的太陽與其他行星都約在同一時間誕生，也就是大約四十五億年前，由炎熱的星際氣體與微塵構成的巨大旋轉星雲崩塌形成。我們的家鄉，地球，是其中最大的多岩陸地型行星，運行軌道相對接近太陽，地球也是唯一一個擁有大型自然衛星的類地行星（terrestrial planet）。對地質學家而言，地球是一個充滿岩石的火山世界，內部劃分為薄薄的低密度地殼、較厚的矽酸鹽地函與部分熔融的高密度鐵質地核。對大氣學家來說，這是一座擁有淺薄氮氧與水蒸氣大氣層的行星，並擁有廣闊的液態水海洋與極圈冰冠系統作為緩衝，以上一切都與地質時間尺度下的週期大型氣候變遷有關。而對生物學家而言，這兒是天堂。

地球是我們所知宇宙唯一載有生命的地方。化石與地質化學紀錄的證據也確實顯示了，地球上的生命幾乎打從生物能夠生存之際，便隨即現身，剛好就是早期太陽系猛烈的小行星與彗星雨撞擊終於安靜下來的時候。地球表面環境條件似乎在過去四十億年來，一直保持相對穩定的狀態；這樣的安定，再加上我們的行星位於所謂的適居帶（也就是溫度適中且水分維持為液態），生命因此得以生長繁茂，並演化出無數的獨特形態。地球的地殼分裂成幾十塊能夠移動的構造板塊（tectonic plates），基本上漂浮於上部地函。地震、火山、山脈與海溝等激烈的地質現象則發生於板塊邊界。絕大多數的海洋地殼

（約占地球表面 70% 的區域）都十分年輕，它們從中洋脊的火山噴出，生成的年代從數百萬年前，一直到今日。

地球大氣層的大量氧氣、臭氧與甲烷是擁有生物的指標，也是研究地球的外星天文學家能夠從遙遠他方偵測到的標誌。這些氣體也正是現今地球天文學家在眾多類似太陽的恆星附近，在那一座座類似地球的外太陽系行星裡尋找的指標。太空中是否有更多地球等著我們發掘？

在太陽系內大約四十五億四千萬年前的極端狂暴早期，小型岩體會以吸積（accretion）的方式相對快速地增長（相互撞擊，有時會黏附在一起）成為原行星（protoplanets），最終轉變為完整的行星。水星、金星、地球與火星早先都是以這種方式形成。

參照條目 月球的誕生（約西元前四十五億年）；重撞擊後期（約西元前四十一億年）；板塊構造運動（約西元前四十至前三十億年？）；地球的生命（約西元前三十八億年？）。

地球地核的形成

太陽系早期歷史的頻繁撞擊，毫無疑問地會激烈地摧毀（甚至直接蒸發）許多小行星與微行星（planetesimals，能逐漸增長成完整尺寸行星的小型原行星物體）。但是，有時候這些撞擊也勢必會讓某些岩體吸積（增長）。接著，當這些幸運的倖存者增長時，它們的重力也會變強，幫助它們吸引更多飛向自己的物質，進一步變得更大。在超過一定的尺寸之後（一般認為約是直徑 400—600 公里），微行星的自身重力會將自己拉引成類似球體的形狀。因此形成的上覆壓力便導致內部溫度隨著深度增加而逐漸上升；此時，頗為可觀的能量也因為表面的額外撞擊事件而繼續累積。

吸積與內部熱能讓漸漸擴大的星體分化或分凝（segregate），因此產生密度更高的元素與礦物（例如主要由鐵組成的礦物），也將沉入星體內部，而密度較小的元素與礦物（例如主要由矽組成的礦物）則漂浮於頂部。地球物理模型顯示，在太陽系早期歷史中，許多行星的這個成長過程相對快速；此過程最終會形成典型的地核、地函與地殼結構，也就是我們今日所見充滿岩石且結著冰層的行星星體。

在像是我們地球的多岩行星成長過程中，還有一些額外的內部熱能源自於某些元素的放射性衰變（例如某些鋁與鈾的特定同位素），而熱能便在這些元素衰變時釋放。在某些行星中，這些不斷在內部累積的熱能，最終將讓富含鐵元素的地核完全熔融。有時，旋轉、熔融又導電的地核將形成強力的磁場；在地球，這些磁場最終將成為防護地表不受絕大多數太陽有害放射物質侵擾的屏障，讓地球地表成為適合棲居的環境。

地球地核隨著時間繼續演變。當外部地核仍處於熔融狀態時，內部地核可能在大約十億至十五億年前已冷卻固化。

太陽系早期歷史中，年輕地球的剖面示意圖，此時的地球持續受到撞擊的轟炸，同時分凝出地核、地函與地殼。

參照條目　地球地函與岩漿海洋（約西元前四十五億年）；大陸地殼（約西元前四十五億年）；磁鐵礦（約西元前2000年）；太陽閃焰與太空天氣（西元1859年）；地球地核固化（約二十至三十億年後）。

月球的誕生

在所有類地行星中，地球十分獨特地擁有一顆非常巨大的自然衛星。不過，月球究竟是怎麼出現的？一種說法是月球與地球一樣，在與地球生成差不多的時間，以差不多的方式在我們的星球周遭軌道形成，也就是在稱為太陽星雲（solar nebula）不斷旋轉的氣體與微塵中溫暖的內部，由壓縮產生的多岩且富金屬的微行星相撞（「吸積」）而緩慢地成形。另一個想法是早期熔融地球旋轉的速度過快，以至於某一團塊脫出（分裂〔fissioned〕）並進入現今的軌道，最終成為月球。還有一種假說是月球在太陽系內部某處形成，後來被地球的重力捕捉。

這些想法彼此競爭，直到 1960 年代晚期與 1970 年代初期的阿波羅計畫，帶回了月球岩石與其他資訊，這才發現這些假說都不符合月球實際的物理與組成成分資料。吸積模型中，月球的基本年齡與組成成分應該與地球相似，但其實不然，月球的密度比地球低很多（比鐵元素低很多），另外，月球的形成時間似乎也比地球與其他行星晚了三到五千萬年。另一方面，分裂模型需要的早期地球旋轉速度過快，而捕捉模型無法解決自由飛移的月球，是如何消除所有能量，然後讓地球捕捉至現在的軌道。

到了 1990 年代，行星科學家想到了另一個假說：巨大撞擊模型。假設，早期地球曾經被一顆如火星般大小的原行星，以某種角度（一個斜角）產生規模巨大的撞擊，電腦模擬顯示將有足量的低密度且鐵含量不高的地函，被熔融且剝除至現在的軌道，最後冷卻、成長並形成現在的月球。原始地球的整個表面也會因為巨大的撞擊而熔融，形成年輕行星的重大災難。雖然這個假說聽起來很像一種特例，但巨大撞擊模型依舊是月球誕生過程的最佳解釋，因為月球的組成成分、密度，甚至是年齡，都能符合此模型的預測。

在大約四十五億年前，原始地球被火星般大小的星體撞擊的示意圖。這般巨大撞擊產生的碎塊可能隨後形成了我們的月球。

參照
條目　地球誕生（大約西元前四十五億四千萬年）；重撞擊後期（約西元前四十一億年）；逃脫地球的重力（西元1968年）；月球的地質（西元1972年）；最後一次全日蝕（約六億年後）。

地球地函與岩漿海洋

　　早期地球內部被加熱至極度高溫的原因很多，例如由地下深處的超高壓力創造的熱能，或是由鈾等放射性元素衰變所釋放的熱能，還有被慧星、小行星與正在成長的年輕微行星頻繁撞擊而產生的熱能。這些熱能最終至少熔融了部分地球內部，並進一步分化成基本的地核、地函與地殼之構造，如今的地球依舊如此。不過，許多地球物理學家認為早期地球內部的熔融規模可能更大。具體而言，確實有證據顯示早期地球地函可能全部或部分熔融，在地球表面薄薄的地殼之下，形成了類似地底的「岩漿海洋」；在地質專有名詞中，地表以下的熔融岩石稱為「magma」，相反地，地表以上的熔融岩石則叫做「lava」。

　　早期地球存有岩漿海洋的證據來自研究實驗，實驗的材料是各種會出現在地球深處的高密度鐵與鎂的矽酸鹽礦物。尤其是地球地函含量最高的礦物：酸鹽鈣鈦礦（bridgmanite），便被廣泛地研究。科學家利用特殊的鑽石砧座，重現地球內部的高壓狀態，實驗發現當酸鹽鈣鈦礦熔融時，會轉變為密度更高的鐵鎂矽酸鹽，沒入密度較低的酸鹽鈣鈦礦結晶之下。然而，這些熔融的物質，並不會沉入地球內部密度更高的熔融鐵鎳地核之下，地球的地核、地函與地殼的基本內部構造也因此得以維持。

　　早期地球的岩漿海洋絕非平靜且穩定的地方。熔融的上部地函會創造密度更高的團塊，並能一路下沉隱沒至地核；另一方面岩漿海洋的下部會接收到來自地核的熱能，劇烈的熱能會產生密度較低並上浮的團塊，並一路穿過岩漿海洋向表面浮去。這些現象會創造對流胞（convection cells），並在地函與岩漿海洋緩慢冷卻與固化的數億年中，讓地函不停地運動。在地函經歷這些猛烈的活動中，地表則是一片乾涸且常有火山噴發的世界。此時的地球還不是一座能支持生命的愉快環境！

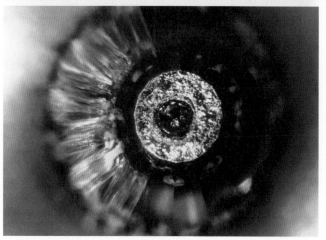

上圖　來自小行星與彗星持續的猛爆撞擊（如示意圖），協助行星誕生早期的「岩漿海洋」構成。
下圖　一小片以鑽石砧座加熱的火成岩，能告訴我們年輕地球的內部幾乎全是熔融狀態。

參照條目　地球誕生（大約西元前四十五億四千萬年）；地球地核的形成（大約西元前四十五億四千萬年）；冥古宙（約西元前四十五至前四十億年）；大陸地殼（約西元前四十五億年）；橄欖石（西元1789年）。

冥古宙

年輕的地球是個類似地獄的狂暴世界，其內部部分或甚至完全呈熔融狀態，同時持續被高速撞擊物轟炸，並接受到更多熱能，而乾燥炎熱的地殼表面不斷經歷火山噴發。地質學家為地球誕生的第一個五億年命名為冥古宙（Hadean eon），名稱源自希臘神話中掌管地獄般地下世界的冥王黑帝斯（Hades）。

因為持續的撞擊轟炸，以及從炎熱內部噴發出的新物質，地球冥古宙的地殼不斷地進行回收與更新。當撞擊頻率降低且火山作用逐漸緩和，冷卻過後的地殼相對而言很快地轉為風化與侵蝕狀態，這樣的轉變與接下來地球海洋的形成有關。因此，能保存至今的冥古宙證據十分稀少。即使如此，地質學家依舊在目前殘存的最古老地球大陸地殼，發現其中蘊藏了部分變質程度相當高的冥古宙岩石。保存於這類岩石中的礦物能告訴我們早期冥古宙的環境條件，同時也記錄了世界隨著時間演變，逐漸成為更適合居住之地。

因為內部的熔融與對流，氫、水蒸氣與二氧化碳等參與早期地球成長過程的揮發性物質將向外釋放，很有可能因此形成了我們星球早期厚實、炎熱又充滿蒸氣的大氣層。由於高壓的大氣層，讓地表某些區域的炎熱液態水得以處於穩定狀態，但是，地表成為擁有全球液態海水的今日面貌，地表還必須經過大幅度冷卻，且大氣層的水蒸氣大量冷凝。

其實，科學家研究太陽系其他星體古地表的動機之一，正是地球表面缺少了地球誕生五億年的紀錄。例如，月球便保存了地球於冥古宙經歷的狂暴撞擊證據；包括重撞擊後期（Late Heavy Bombardment）。另外火星的遠古高地區域與水星的古老地殼也都保存了當時的證據。不過，藉由仔細研究從這些世界搜集到的資訊，我們還是可能無法將地球冥古宙的謎團拼湊完整。

身處冥古宙的地球（示意圖）。當時的月球距離地球較近，因此它在地球的天空中會顯得比較大。

參照條目：地球誕生（大約西元前四十五億四千萬年）；地球地核的形成（大約西元前四十五億四千萬年）；地球地函與岩漿海洋（約西元前四十五億年）；重撞擊後期（約西元前四十一億年）；大陸地殼（約西元前四十五億年）；地球海洋（約西元前四十億年）

重撞擊後期

　　所有身處我們太陽系的行星與星體，包括地球，都在漫長的地質時間中，歷經了實實在在的小行星與彗星雨衝擊。在太陽系形成初期，這般災難式撞擊事件的發生頻率，是今日的好幾個數量級。然而，宇宙的早期撞擊歷史紀錄並未保存於地球上，因為我們星球絕大部分的地表都覆蓋著較年輕的火山堆積，或是被風、水、冰與板塊構造運動侵蝕。另一方面，月球則能直接見到更多當時的模樣，例如巨量的月球撞擊坑（lunar impact craters）與大規模撞擊形成的盆地，都充分展露了地球表面也一度受到多麼劇烈的衝擊。

　　阿波羅計畫的重要貢獻之一，就是讓我們能夠訂定特定撞擊坑事件的確切年代，使用的方式就是月球岩石標本的放射性定年。結果顯示，大型月球撞擊坑事件大約發生於西元前四十一至三十八億年，相較於其他主要行星的形成年代約為四十五億年前，此定年結果十分「年輕」。許多行星科學家相信，此現象最簡單的解釋就是月球（同理適用於地球）在最初成形約四至七億年後，曾歷經一場十分密集的隕擊成坑的時期。但是，起因是什麼？

　　某些人認為背後的原因就是木星。身為太陽系最大型的行星，木星對其他行星、小行星與彗星盡力發揮了重力吸引的巨大影響。行星科學家最近提出了一項假說，在太陽系早期年代，木星與其他巨大行星軌道的緩慢變化，會使其他行星偶爾出現「共振」（resonances）現象，尤其是當木星與土星位於特定的軌道排列時。這些共振作用在太陽系誕生初期不斷「汲取」重力，並干擾其他行星的軌道，小型的小行星與彗星受到的影響更劇烈。許多小行星體可能因此轉向，進入太陽系的內部。如果此模型正確，災難式劇烈變動勢必會造成陸地行星嚴重的浩劫，不難想像我們家鄉世界的發展與生命所需的穩定，受到了多麼巨大的影響。

本圖為月球的東方隕擊盆地（Orientale Basin），直徑達 930 公里，如此壯觀的撞擊盆地正是地球經歷復生時期的證據，時間大約是地球形成之後的四至七億年。圖中可見盆地較內部與較外部的重力分別為較高（紅色）與較低（藍色）。

參照條目　板塊構造運動（約西元前四十至前三十億年？）；地球的生命（約西元前三十八億年？）；放射性（西元1896年）。

大陸地殼

諾曼・包溫（**Norman L. Bowen**，西元 1887—1956 年）

在冥古宙時期，噴發至地球表面的岩石是富含鎂鐵的高密度熔融岩石，這些也是組成早期地函的岩石。地質學家將這類岩石稱為鎂鐵玄武岩（mafic basalts），「mafic」一詞由「magnesium and Fe rich」（意為富含鎂鐵）複合而成，而玄武岩則是一種顆粒細緻的火成岩。在冥古宙的地殼中，岩石不斷被再熔融、再作用、再回收。

當玄武岩質的岩石被再度熔融時，尤其是當這些岩石處於地底某個有限的範圍內，例如火山下的岩漿庫，或大量地底岩漿滲入或「侵入」周圍的岩石（地質學家將圍岩稱為岩基〔batholith〕）時，它們接著會歷經整座地球內部進行分化的迷你版過程：較重的元素會向下沉到底部，而較輕的元素則上升到頂部。這是因為當熔融狀態開始冷卻固化時，礦物會以特定的方式結晶，鎂鐵含量較高的礦物，例如橄欖石（olivine），會先從熔融岩漿中析出並沉澱於底部，而矽含量較高的礦物，例如長石（feldspar）或最終甚至是石英，將在最後從熔融岩漿中析出，因此這類岩石會集中於岩漿庫或岩基的頂部。地質學家將這些高矽含量的礦物稱為長英礦物（felsic minerals），「felsic」一詞源於「feldspar rich」（意為富含長石）。地底熔融岩漿經過分化結晶作用（fractional crystallizatio）依序生成礦物，此現象在 1928 年首度由加拿大岩石學家諾曼・包溫（Norman L. Bowen）構想出來，如今稱為包溫反應序列（Bowen's Reaction Series）。不斷循環分化鎂鐵岩石的結果，就是創造出較年輕的長英礦物，這些長英礦物的密度低，因此會「漂浮」在密度較高的鎂鐵玄武岩地殼之上。經過漫長的時間後，漂浮於鎂鐵地殼上且由長英岩石組成的「島嶼」，便逐漸堆疊出地球的第一塊原始大陸。地質學家將這些最早形成的遠古大陸核心稱為古陸核（cratons），而露出地表的則叫做地盾（shields）。從地球早期歷史存活下來的主要地盾僅有大約十幾塊，但透過板塊構造運動，這些區域如同種子一般成長，增積出更多大陸地殼，如今大陸地殼已覆蓋了地球表面約 40% 的面積。

一塊遺留至今的變質遠古大陸地殼殘塊，位於加拿大古陸核哈德遜灣（Hudson Bay）東岸。這些岩石最初在冥古宙噴發，經過玄武岩質岩石的反覆熔融而形成。

參照條目　地球地核的形成（大約西元前四十五億四千萬年）；地球地函與岩漿海洋（約西元前四十五億年）；冥古宙（約西元前四十五至前四十億年）；重撞擊後期（約西元前四十一億年）；太古宙（約西元前四十至前二十五億年）；板塊構造運動（約西元前四十至前三十億年？）；長石（西元1747年）；橄欖石（西元1789年）。

地球的海洋

在四十五至四十億年前之間的冥古宙，極大量的熔融火山岩噴發至地表。除了這些液態岩石，隨之一起「噴發」的還有氫、氨、甲烷、二氧化碳、二氧化硫與水蒸氣，形成地球最初蒸煙騰騰的大氣層。當地球冷卻下來，並在大約四十億年前進入太古宙（Archean）之際，地表氣壓與溫度條件開始讓大量的水能以液態作為常態，穩定存在於地表（而非大氣層中的蒸氣）。此時，地球的海洋誕生。

這些揮發性氣體從何而來？也許是那些相互撞擊且最終形成地球的彗星、小行星與微行星（尤其是後兩者）裡面含有水分，而在地球逐漸增長的過程中困在地底，但在冥古宙火山噴發期間慢慢釋放。或者，也許是那些從冥古宙開始就穩定撞擊落下的彗星與小行星雨，為地球帶來所謂「後增薄層」（late veneer）的水，這些水分進一步冷凝形成海洋。兩個概念都有其長處。例如，即使到了今日，依舊能偵測到由火山活動釋放的大量水分（還有二氧化碳、二氧化硫等氣體）。彗星與小行星也持續殞落至地球（雖然十分罕見），而地表殘餘隕石的研究也顯示它們的確富含水分。也許，地球的海洋其實就是由內部與外部的水分組成。

二氧化碳與氨都能溶解於水，因此，早期地球的海洋很快就變成一片「混濁水槽」，溶解了極大量的這些化合物，將絕大多數的它們移出大氣層。許多科學家認為太古宙的大氣層因此充滿大量氫與甲烷，氧氣含量則遠遠較少（就像是今日土星的大型衛星土衛六〔Titan〕的情形）。科學家將此設定為早期地球大氣層的還原（相反於氧化）模型。1950 年代的實驗顯示，當液態水與這類暴露於能源（如雷電與太陽紫外線輻射）之下的大氣層接觸時，就有可能形成豐富的有機分子，包括簡單的胺基酸與其他組成生命的基本物質。

冥古宙終結而太古宙將至的示意圖，此時，液態水的海洋開始在地表穩定下來。巨大的撞擊盆地（如同現今月球上依舊擁有的），便是持續受到小行星與彗星轟炸的證據。

參照條目 冥古宙（約西元前四十五至前四十億年）；太古宙（約西元前四十至前二十五億年）；板塊構造運動（約西元前四十至前三十億年？）；海洋蒸發（約十億年後）。

太古宙

太古宙（Archean／Archaean，希臘文意為「開始」或「起源」），是地質年代四大主要宙的第二古老。太古宙大約從四十億年前展開，或是在地球形成約五億年後開始，大約就是我們行星表面尚存且可進行放射性定年的最古老岩石之年齡。

在我們現代人眼中，可能完全認不得太古宙早期的地球就是我們的家園。當時的地球幾乎完全覆蓋了炙熱且微酸的大洋，僅零星出現一些只有小區域的早期大陸地殼（原始大陸），這些原始大陸由較古老且密度較高的海洋地殼，經過反覆熔融與作用才逐漸形成。此時的大氣層可能已經包含少量的氧氣，並且因為水蒸氣與二氧化碳等大量溫室氣體的出現，使得地表相當炎熱。地表同時也因為地底的熱能而升溫，因為地球內部的放射性熱能（以及行星吸積產生的餘熱）使火山活動的頻率比今日高出非常多。在早期太古宙，地球的生物可能極其稀少罕見或甚至尚不存在。

相反地，此後約十五億年間的地球（直到太古宙晚期約二十五億年前），經歷了此行星最為劇烈的變化。撞擊坑的形成與火山噴發的速率顯著變慢。板塊構造運動展開，部分也由於大陸地塊開始從較古老的原始大陸古陸核的根基中增長。而新大陸的侵蝕入海有助於增加海洋的鹽性物質，並中和酸性。大氣層開始冷卻，也變得更氧化，現代世界海洋與陸地的水循環（蒸發、冷凝與降雨），在此時開始發展關鍵要素。到了太古宙的尾聲，我們的行星地球已孕育著繁茂的生物。

太古宙最驚人的事件（至少對我們人類而言），正是一種叫做藍綠菌的單細胞微生物崛起，它發展出一種產生氧氣的非凡能力，這種前所未見的創新方式即是光合作用。隨著漫長的時間流過，從太古宙展開之始便逐漸累積的氧氣，已經可以稱為一種強大的驅動力，足以讓地球的生物形態朝向更複雜的方向發展。

太古宙的地球表面擁有穩定液態水、大量的熱源與能源，以及隨時間逐漸累積的豐富有機分子（示意圖），儼然是一座構成生命的豐饒環境。

參照條目 冥古宙（約西元前四十五至前四十億年）；大陸地殼（約西元前四十五億年）；地球的海洋（約西元前四十億年）；板塊構造運動（約西元前四十至前三十億年？）；地球的生命（約西元前三十八億年？）；疊層石（約西元前三十七億年）；光合作用（約西元前三十四億年）；溫室效應（西元1896年）。

約西元前四十至前三十億年？

板塊構造運動

在冥古宙（約四十五至四十億年前），地球的地殼與上部地函是炙熱、絕大部分熔融、激烈狂暴且極不穩定的地方。到了太古宙（約四十至二十五億年前），板塊開始冷卻，而無止盡落下的小行星與彗星轟炸也似乎變得相對和緩，我們行星的外層開始顯露出現在比較熟悉的樣貌。其中包括海洋與第一塊低密度大陸地殼的生成，大陸地殼能「漂浮」在高密度的火山岩漿上並形成海床，而上部地函內較堅硬且溫度較低的最外層稱為岩石圈（lithosphere），下方溫度較高的部位則稱為軟流圈（asthenosphere，結合了希臘文的「軟弱」與「圈層」之意）。

軟流圈平均範圍約從地表以下 50 至 100 公里處開始，厚度變化範圍很廣，依溫度不同可能是 10 公里以下，或一直到超過 500 公里。這裡的岩石富延展性，也就是很容易產生形變或甚至緩慢地流動，與上方較堅硬、冰冷的岩石圈相當不同。溫暖軟流圈中的岩石會被下方大量的對流地函柱強迫移動，地函柱會從地球內部深處將熔融的岩石與熱能帶到地表。

高溫（或甚至已經熔融）的地函岩石「團塊」，會使軟流圈隆起、彎曲，或在對流柱上升時橫移。上方堅硬的岩石圈因此受到極大量的應力（stress）。

在大約四十至三十億年前之間的太古宙（確切的時間究竟是何時一直頗具爭議，也一直有許多研究進行中），堅硬的岩石圈因應力而開始斷裂，並破裂成許多（可能是數百或數千塊）獨立的板塊，每一個板塊都依舊部分連結著下方不斷移動的軟流圈。一塊塊拼圖開始自由地漂移著，有時彼此對撞形成早期的造山帶，有時板塊則可能沒入另一塊板塊的下方，進而創造出巨大的海溝。

當大陸逐漸增長成更大型的板塊，不斷從中洋脊生成的海床高密度火成板塊，變得開始難以推動這些大型板塊。現今的地球大約擁有二十幾個大型岩石圈板塊，這些板塊的邊界通常也是大規模地震或火山爆發之處。

美國著名的聖安德魯斯斷層（San Andreas fault），可見其穿過加州南部，此斷層是地球最著名的岩石圈板塊邊界之一，為太平洋板塊與北美板塊的交界。

參照條目　地球地函與岩漿海洋（約西元前四十五億年）；冥古宙（約西元前四十五億至前四十億年）；大陸地殼（約西元前四十五億年）；地球的海洋（約西元前四十億年）；太古宙（約西元前四十至前二十五億年）；島弧（西元1949年）；描繪海底地圖（西元1957年）；地磁反轉（西元1963年）；海底擴張（西元1973年）。

地球的生命

　　地球的第一個生命確切是如何、何時且為何誕生？目前沒有任何人知道。不過，我們確實知道當地球得以承載生命之時，生命便現身了。地球上最古老的生物跡象並非化石，而是化合物，之所以會將此化合物推論為生物的證據，是因為所有地球的已知生物都以一種常見的化學結構為基礎。更精確地說，即是所有地球上的生物都有特定的生物地質化學流程與反應，在某些化學元素上留下了可辨識的模式。例如，相對大量的同位素（isotopes，原子種類不同的相同元素，擁有的質子數一致，但中子數不同）之數量變化，例如碳、氫、氮、氧與磷等微量元素，可以提供特殊的痕跡，即使在沒有化石的情況之下，我們也可以因此知道遠古岩石與礦物沉積物中是否曾有遠古的生物。

　　生物偏好使用（與創造）特定的化學組成。例如，在格陵蘭發現約為三十八億年歷史的古老岩石，或其他地球地殼存有的極古老岩石，它們的同位素碳十二（^{12}C）與碳十三（^{13}C）數量比值就異常地高，這類異常化學組成成分就是所謂的「化學化石」（chemofossil），是詳盡卻也充滿爭議的證據，證實生物在我們行星相當早期的歷史便已現身。

　　近來對於極早期地球歷史的研究中，發現冥古宙（約四十五至四十億年前）的海洋與至少是在地球歷史極早便形成的原始大陸，可能已經適合生物生存，此時僅是我們行星誕生約數百萬年之後。然而，在大約四十一至三十八億年前期間的重撞擊後期，經歷了毀滅性的小行星與彗星雨的撞擊，最早的生物可能因此滅盡，或至少粉碎了他們正在漸漸苦壯繁盛的步伐。

　　不論是何種情形，在地球地殼冷卻的不久後，海洋便形成，重撞擊後期畫上句點，而地球表面穩定到足以持續支持生命發展。生物蓬勃發展並開始演化出極多的生態棲位（niches），此現象十分驚人。

如今，我們已經對於生物誕生的最初環境條件了解不少，也得知許多陸地行星適合棲居的要求條件，天文學家、行星科學家與太空生物學家們正以這些條件尋找著其他類似地球行星中的生命。

地球生物起源與演化的研究，包含了天文學、天文物理學、生物學、化學、地質學與其他許多科學領域。

參照條目　地球誕生（大約西元前四十五億四千萬年）；冥古宙（約西元前四十五至前四十億年）；重撞擊後期（約西元前四十一億年）；大陸地殼（約西元前四十五億年）；地球海洋（約西元前四十億年）；太古宙（約西元前四十至前二十五億年）。

疊層石

　　我們行星最古老的已知微生物化石證據約有三十七億年的歷史，這些化石保存於古老的太古宙疊層石（stromatolites）中，疊層石由許多簡單的單細胞生物群建造而成的岩石與礦物結構，這些單細胞生物包含藍綠菌（曾稱為藍綠藻）。

　　由於疊層石的組成細節是相當熱門的研究主題，我們現在已知它的基本結構似乎是由微生物群組織成線狀的生物膜（biofilm）構造，稱為微生物毯（microbial mats），最後與沉積物顆粒膠結，而地點通常是在淺水環境。疊層石由依賴光合作用的生物堆疊而成，因此它們須在淺水與日照更密集強烈的地方產生能量。這些微生物的移動與成長模式，以及隨時間慢慢堆疊的膠結沉積物顆粒，會因為溫度與其他環境因素而變化，例如潮汐週期與／或海平面的起落，最後形成了形狀與大小各異的疊層石，包括層狀、丘狀、錐狀、枝狀與柱狀等。

　　疊層石的化石紀錄讓我們知道微生物的連結組織群（地球最繁盛發展且成功的生物形態之一）從大約三十七億年前現身起，一路延續至大約五億五千萬年前的寒武紀大爆發。此時，淺水的食草動物（grazers）出現，開始對疊層石進行規模不小的採收。在食草動物的豐收期間，大約於太古宙與元古宙（Proterozoic，地球主要四大地質宙的第二年輕，從大約二十五億年前到寒武紀大爆發）早期，由行光合作用藍綠菌組成的疊層石為地球大氣層增加了數量龐大的氧氣。

　　實際能在古老疊層石找到的化石化微生物其實極度稀少，因此以化石紀錄而言，生物起源來自這些構造的說法尚充滿爭議，因為許多非生物的方式也可以創造疊層、丘狀疊層或其他膠結沉積物顆粒的類似構造。最終，遠古化石化疊層石構造與現代活生生疊層石之間的強烈相似度，則是證明這些特殊古老沉積物源於生物作用的最強證據。的確，疊層石（或地球生物學〔geobiology〕所稱的微生物岩〔microbialites〕）依舊生長於西澳的鯊魚灣（Shark Bay）與美國猶他州的大鹽湖（Great Salt Lake），它們也是地球現今尚存的最古老生物之一。

上圖　西澳老山脈（Old Range）的疊層石化石剖面，厚度約六公分。
下圖　位於西澳鯊魚灣淺水環境的現代疊層石丘。

 參照
條目　地球的海洋（約西元前四十億年）；太古宙（約西元前四十至前二十五億年）；光合作用（約西元前三十四億年）；大氧化事件（約西元前二十五億年）；寒武紀大爆發（約西元前五億五千萬年）。

綠岩帶

　　太古宙占據了這座星球早期歷史一段相當漫長的時間，從大約四十億到二十五億年前。由於時間如此綿長，因此現今地球表面存有的太古宙岩石極為稀少，絕大多數當時的岩石集中在十幾塊主要地盾（地形起伏平緩的古老大陸地殼區），大約占據地球大陸地殼一半的區域。

　　這些古老地盾如何從原本的冥古宙原始大陸古陸核轉化生成，如今仍是相當熱門的地質研究主題，不過，目前依舊所知甚少的板塊構造運動中，基本的生成過程似乎是古老的海洋地殼彼此碰撞，並增積（增長）成為最初的古地核，並隨著時間逐漸擴張，成為更大區域的低密度大陸地殼。

　　地質學家將這些增積陸地稱為綠岩帶（greenstone belts），之所以稱為「綠岩」是因為其中包含顏色偏綠的變質礦物綠泥石（chlorite），而「帶」則是因為它們通常會出現許多線形條帶（也許遺留自曾在地球出現過的古陸核陸地）。富含鎂鐵的海洋地殼岩石在與古陸核碰撞時會被加熱，甚至完全熔融，有時因此形成特殊的構造，例如枕狀熔岩（pillow lavas）；此為在水下噴發出的岩漿團塊，並因為快速冷卻而形成枕頭狀的岩石。當這些岩石碰撞時可能經過碾碎、擠壓和／或熔融，同時也會與更多低密度的長英質沉積岩（侵蝕自一旁大陸地殼並沉積於海底）混合。

　　綠岩帶是一種集結岩石與礦物的地質混雜物。由於平均而言，綠岩帶的密度相比於周圍的海洋地殼依舊較低，因此隨著時間將有助於增加大陸地殼的整體重量。想要以一塊塊拼圖解開地質謎團是相當困難的任務，因為綠岩帶源自遙遠的太古宙，不僅在形成期間受到強烈的轉變，接下來的歲月亦是如此。儘管如此，由於得以研究與探索的太古宙時期素材如今已所剩無幾，全球大約五十處的綠岩帶已成為重要的研究焦點，地質學家試著以此了解我們行星的最古老歷史。

位於美國上密西根（Upper Peninsula of Michigan）的太古宙綠岩帶（變質玄武岩質枕狀熔岩），並經過冰川擦平。此圖片的實際寬度約三公尺。

參照條目　大陸地殼（約西元前四十五億年）；太古宙（約西元前四十至前二十五億年）；板塊構造運動（約西元前四十至前三十億年？）。

光合作用

　　地球上的生物需要液態水、有機分子與可靠的能源。因此，不難想像早期生物形態演化出的最重要創新之一，就是將以唾手可得且可靠的陽光，轉換成推動體內生物過程（biologic processes）的能量。這個將陽光轉換成能量的能力就是光合作用，此項能力扭轉了我們的世界。

　　地球生物學家無法確定光合作用現身的確切時間，因為數種類型相似的前驅化學反應物質都存在於化石，以及多種現存生物細胞之中。然而，約三十四億年前的微生物化石遺骸，絲狀無氧光合菌（Filamentous Anoxygenic Phototrophs，FAPs）便蘊藏著某些最早的光合作用證據。這些最初形態的光合作用為「無氧」（anoxygenic），因為其捕捉陽光過程的副產品並不包含氧氣。

　　經過無氧光合作用，絲狀無氧光合菌與綠硫菌（green sulfur bacteria）等太古宙生物，利用了早期地球大氣層富含氫氣與高度還原的環境。準確而言，陽光會使蛋白質、色素與其他稱為反應中心的分子群集釋放電子，專注於裂解二氧化碳與硫化氫，並形成更複雜的有機分子，這些有機分子終將一步步反應成為可使用的「食物」：葡萄醣（glucose）。無氧光合作用的副產品則主要是水與元素硫。

　　接著，到了太古宙尾聲，如藍綠菌的其他生物發展出有氧光合作用，此過程也需要陽光誘使分子（包括葉綠素）反應中心的電子遷移，但有氧光合作用使用的是二氧化碳與水，並產生葡萄醣與氧氣。漫長的時間過後，光合作用以內共生（endosymbiosis）的方式，鑲入了真核生物（eukaryotes，細胞構造複雜的生物）的細胞，其中包括後來出現的植物。

　　太古宙晚期，有氧光合藍綠菌迅速且頻繁地增生，因此進入了地質學家口中的「大氧化事件」（Great Oxidation event），這也是地球生物首度（但非最後一次）顯著扭轉我們行星大氣層的事件。

如這片位於美國南加州海岸的淺水海草森林，植物會利用有氧光合作用將陽光轉換成體內能量，例如葡萄醣。

參照條目　地球的生命（約西元前三十八億年？）；帶狀鐵岩層（約西元前三十至前十八億年）；大氧化事件（約西元前二十五億年）；真核生物（約西元前二十億年）；升級版四碳光合作用（約西元前三千萬至前兩千萬年）；內共生（西元1966年）；二氧化碳攀升（西元2013年）。

帶狀鐵岩層

　　光合作用（從陽光中擷取能量）的革命性轉變，尤其是進而產生氧氣「廢料」的有氧光合作用，象徵著太古宙的終結。直到此時，地球大氣層的氧氣依舊稀少，氧氣還不是地球大氣層中特別穩定的分子。就如同「氧化」一詞所示，許多常見岩石與礦物都會在氧的現身之後就開始快速地氧化，氧氣的存量便相對迅速耗盡。許多關於氧化與進一步消耗氧氣量的證據都可以在遍及全球的帶狀鐵岩層（Banded Iron Formations, BIFs）中見到，這是一種呈條帶狀的半規則層狀露頭（outcrops）或基岩，其中紅色與非紅色的岩石層層相疊，就像是三明治裡一層火腿接著一層起司般平整。

　　一般認為，紅色的帶狀鐵岩層的成因是當區域性的氧氣含量增加時，將開始使溶解或沉積於淺水環境中的「原初」鐵（源自火山噴發形成的岩石）氧化，進而形成紅色或橙色的氧化鐵。當氧氣量耗盡時，新沉積的岩層便是由白、灰或黑色調等尚未經氧化的前驅礦物組成。

　　地質學家已找到少量可追溯到早期至中期太古宙的帶狀鐵岩層露頭，顯示的也許就是罕見的早期歷史區域性的氧飽和。但是，這類帶狀鐵岩層最廣泛大量出現的地質年代為二十五至十八億年前。這段時間剛好與光合作用藍綠菌的現身吻合，而藍綠菌擅長的就是生產氧氣。氧氣會在住滿了藍綠菌的海洋中逐漸累積，直到含氧量到了一定程度時，就會開始氧化大量相對無氧的泥土與海床上的其他沉積物，直到部分沉積物轉為紅色。此過程沉積過程會交錯循環持續大約數百萬年，堆積出氧化與無氧化交互疊置的岩層。

　　帶狀鐵岩層形成方式與年代的細節依舊尚不明朗。然而，大規模且幾乎遵守氧化與無氧化頻繁交錯沉積的高峰期，大約落在二十五至十八億年前，接著是全球無所不在的深厚紅色基岩，強烈暗示著在這段地質與大氣層之間的關係重要且充滿謎團的時期中，藍綠菌扮演著關鍵要角。

圖中可見條帶狀的富鐵質與富矽質岩層互層，此為知名的帶狀鐵岩層，位於西澳卡里基尼國家公園（Karijini National Park）的福斯克瀑布（Fortescue Falls）。

參照
條目　冥古宙（約西元前四十五至前四十億年）；地球的海洋（約西元前四十億年）；太古宙（約西元前四十五至前二十五億年）；光合作用（約西元前三十四億年）；大氧化事件（約西元前二十五億年）。

大氧化事件 |

光合作用生物於太古宙的崛起與繁盛茁壯，還有尤其是太古宙晚期的產氧藍綠菌（從前稱為藍綠藻），對地球的大氣層與海洋組成產生重大影響。在有氧光合作用生物出現之前，大氣層中的氧氣僅是微量元素，對當時地球上絕大多數的生物形態而言這是一種有毒氣體。然而，因為藍綠菌的崛起，氧氣變成大氣層中重要的化合物（今日的氧氣大約為大氣層的 20%），而全新的好氧物種（在有氧環境得以生存並繁盛的生物）隨之誕生。

地質紀錄的證據顯示，地球大氣層從還原狀態（包含大量如甲烷的含氫分子與少量氧氣）轉變為氧化大氣層，大約在二十五億年前以相對突如其來的速度完成。同樣地，「大氧化事件」也永恆地轉變了海洋的基礎化學成分，最終也擴展到陸地。部分地質學家也將此稱為「氧氣大浩劫」（the Oxygen Catastrophe），因數量前所未見的氧氣在此時溶入海洋，導致巨量的厭氧物種歷經大規模滅絕。

然而，全球大氣層氧氣增加並非一起突發事件。當氧氣濃度開始緩慢增加時，氧氣也因海床與陸地沉積物的氧化化學風化，而週期性地帶離海洋與大氣層。細粒沉積物中的含鐵礦物尤其容易被風化，一次次鐵鏽逐漸攀上高峰，大約在二十五億年前形成了帶狀鐵岩層。在微生物（最終會演化至植物）產生的氧氣超過氧化消耗的速率之後，僅僅二十億年期間，大氣層的氧氣迅速攀升至現今的濃度。大氣層氧氣提升（與下降）的詳細歷程是研究眾多的主題，並擁有眾多對立的假說。

若是有外星天文學家，我相信地球大氣層出現巨量氧氣的訊息，很容易被推斷為地球出現生物的證據。的確，氧氣也是地球天文學家尋找外星生物的生物指標關鍵。

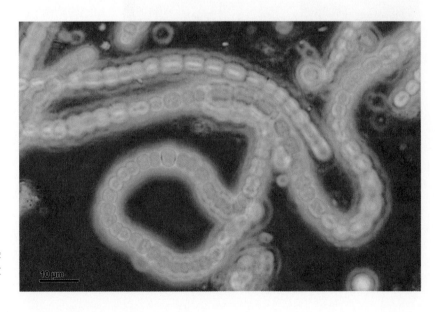

高解析顯微鏡之下，以綠色濾鏡觀察的藍綠菌絲狀股。

參照條目 冥古宙（約西元前四十五至前四十億年）；地球的海洋（約西元前四十億年）；太古宙（約西元前四十至前二十五億年）；光合作用（約西元前三十四億年）；帶狀鐵岩層（約西元前三十至前十八億年）；雪球地球？（約西元前七億兩千萬至前六億三千五百萬年）。

真核生物

從大約三十八億年前起始，並穿越整段太古宙，地球上的生物包含了一種最樸素的簡單單一細胞原核生物（prokaryotic organisms）。原核生物是一種單細胞生物，細胞內沒有較複雜生物擁有的細胞核，也沒有任何胞器（特殊的細胞構造）。雖然它們的構造相對簡單，但原核生物依舊擁有能力進行相對較複雜的化學反應（例如光合作用），並持續存活、演化。

然而，大約在二十億年前，演化邁出了一個相當創新的步伐，建立了一座地球歷史的重要里程碑。某些原核生物發展出帶膜的細胞核與其他膜性胞器，演化成為真核生物。例如，真核生物的細胞核變成一個儲存繁衍用的基因物質（例如 DNA 與 RNA）之特殊場所。在真核生物細胞中獨立分隔出的粒線體（mitochondria），則成為細胞內生產化學能的特殊地點。

真核生物是地球生命樹上第三個獨特分枝。其他兩個分支則分別是細菌與古菌（archaea），兩者都為原核生物，也都擁有足以區分成生命樹不同分枝的 DNA、RNA 與構造。雖然現存的細菌與古菌自地球歷史早期現身後，便沒有出現多少演化發展，但真核生物卻演化出許多擁有驚人形態與複雜度的多細胞生物，包括藻類、植物、真菌與動物。譬如說，各位就是真核生物。

目前沒有任何人得知真核細胞究竟如何現身，但假說林立。其中一個假說模型認為，大型前驅原核細胞們聚集時，細胞之間的壓痕相互包圍封閉，形成一個細胞內的特別結構。另一個想法則是某些類型的掠食性前驅原核細胞會包圍其他細胞進行吃食，進一步將獵物納入自己的結構，成為特定的胞器，此過程稱為內共生。例如，位於真核細胞內的葉綠體胞器（也就是光合作用發生之處），便可能演化自前驅藍綠菌的內共生合成。另一個與內共生相關的假說則是前驅細菌與古菌細胞因某些（化學性的）原因相融結合成真核細胞。演化生物學家目前依舊試著找尋真正解答。

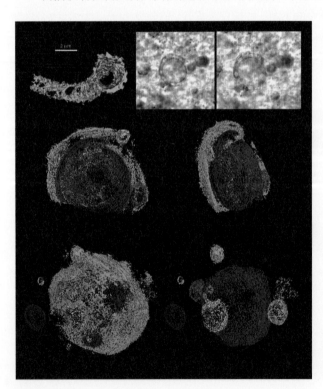

圖中為一種稱為「Eosphaera」的微生物化石遺骸，在位於西澳皮爾布拉（Pilbara）且年代超過三十四億年前的岡弗林特燧石層（Gunflint chert formation）中發現。這些神祕的微生物可能是原核與真核生物之間的轉換形態。

參照條目　太古宙（約西元前四十至前二十五億年）；地球的生命（約西元前三十八億年？）；光合作用（約西元前三十四億年）；複雜多細胞生物（約西元前十億年）；內共生（西元1966年）。

性的起源

　　真核生物是地球首度擁有複雜細胞內結構的單細胞與多細胞生物，其中的胞器包括細胞核與粒線體等等。在真核細胞現身的數億年來，一直以無性生殖繁衍後代，此過程稱為有絲分裂（mitosis）。在有絲分裂的過程中，染色體會在細胞核內自我複製，接著，細胞會分裂成兩個子細胞，每個子細胞都擁有一個與母細胞基因完全相同的細胞核。以有絲分裂進行的無性生殖是相當有效的生存策略，因為此方式確保每一個生物都能獨自產出下一代，然而，同時也有缺點，例如此方式無法預防基因突變累積傳至後代。

　　大約在十二億年前，真核細胞演化出另一種不同的生殖方式。經由一種稱為減數分裂（meiosis）的新方式，某些生物開始進入有性生殖。進行減數分裂時，染色體一樣會先在細胞核中複製，接著，細胞會經過兩次的分裂，如此一來，複製的染色體對就可以交換基因資訊，再者，成對的染色體會分裂成四個稱為配子（gametes）的新細胞，每一個配子的染色體數量都是原本母細胞的一半。接下來的步驟最為關鍵，母細胞的配子之一會與另一個母細胞的配子融合，亦即受精作用。有性生殖於焉誕生。

　　需要找到交配對象的有性生殖比自己就能完成的無性生殖具有演化優勢，此話乍聽之下有些違反直覺。而且，有性生殖除了效率比較低之外，傳給後代的基因物質也只有一半。然而，這也許就是有性生殖的成功關鍵。將親代染色體拆開的機制，不僅能夠預防有害的基因突變累積，同時也可以累積具備優勢的基因變異。

　　另一方面，有性生殖也正好是自然天擇（一族群遺傳性徵的長期變遷，此變遷將增加或降低其存活機率）的強大原動力。例如，不斷累加的優勢變異或競爭強項，能大大提升物種適應不斷改變的環境的機率。

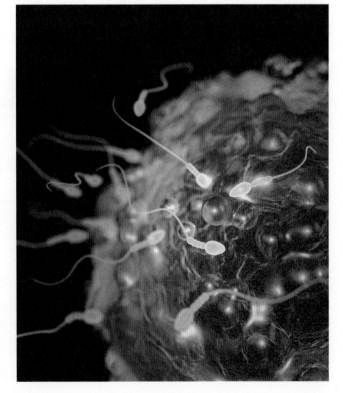

利用兩親代（例如本圖的雄性精子與雌性卵子）基因資訊的結合創造出獨特後代，有性生殖是十二億年前早期真核生物首先開啟的創新方式。成為一項相當實用的演化革新！

參照
條目　地球的生命（約西元前三十八億年？）；真核生物（約西元前二十億年）；自然天擇（西元1858至1859年）；內共生（西元1966年）；作物基因工程（西元1982年）。

複雜多細胞生物

生物在大約三十億年前形成後，地球幾乎所有生命形態都是單細胞生物。首先是原核生物（不具任何細胞內胞器構造的簡單單細胞生物），接著，幾十億年過後，出現了真核生物（擁有細胞和與其他細胞內特化構造的複雜單細胞生物）。根據地質化學與化石的生物紀錄，在生命出現的前三十億年中，多細胞原核生物與真核生物的演化似乎相當稀少。

以外膜包著多種類型細胞且更複雜的真正多細胞生物，其首度出現可能僅僅是十億年前，但是自此，屬於真核生物的演化樹分支開始廣泛地開枝散葉。其中，保存最好的化石之一來自六億五千萬年前，發掘於中國南部的陡山沱層（Doushantuo Formation），裡面包含著狀似胚胎的化石化細胞叢，這是種類各異的細胞包裹於相同整體結構的證據。另外，還有證據顯示真核細胞僅有六種明顯的類型或演化分支，分別演化出複雜多細胞結構，也就是動物、陸地植物、兩種藻類與兩種真菌。

就像是演化生物學家一直想解開生物如何從原核細胞轉化成真核細胞之謎，他們也努力試著發展真核生物複雜多細胞源起的假說。不過，留存至今的微化石構造細節，以及古生物與更現代基因的演化連結，讓演化生物學家構想出了幾項假說。例如，其中一項想法是複雜多細胞生物是由相同的單細胞生物群落融合而成。另一項類似的假說則是複雜多細胞生物源自不同物種的單細胞生物以共生的形式融合。還有一項說法是某些單細胞生物發展出多個核，並進一步演變成不同特定功能。

古生物學家近期的微化石發現，偶爾也能協助測試種種假說，但是，由於這些古生物都相當微小、簡單且缺乏殼或其他堅硬身體構造，因此它們的化石紀錄極為稀有，而尋找它們源起線索也是極為令人氣餒的任務。

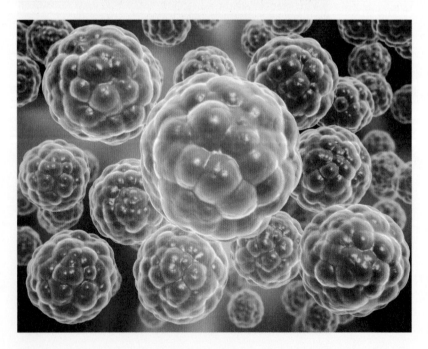

叢聚的多細胞真核生物（示意圖）。包在外膜內的是許多類型的細胞，設計為能各自完成不同特定功能。

參照條目 　地球的生命（約西元前三十八億年？）；真核生物（約西元前二十億年）；內共生（西元1966年）。

雪球地球？

我們除了可以從冰芯紀錄知道地球表面平均溫度歷經劇烈的週期變化，另外，地球軌道參數的變化，讓我們知道在過去百萬年之間，地球大約每十萬年會進入一次冰河時期。不過，相比於藏在更遠古岩石紀錄中至少五次更長期的龐大規模行星冷卻狀態，冰河時期似乎是相對小型的事件。

在地質年代中，也許受到最廣泛研究且最為人熟知的超長寒冷氣候事件，就是著名的成冰紀（Cryogenian，希臘文，意為「寒凍的誕生」），自七億兩千萬年前開始，時間長達八千五百萬年。地質學家認為地球在這段時間，應該經歷了三次史上最嚴重的極長冰河時期。

當時究竟多麼寒冷？地質學家藉由調查描繪成冰紀全球各地獨特的冰河沉積物，以及各大陸的位置，發現當時南、北半球的冰川皆從極區一路延伸至赤道。身處這段極端冰河時期的地球，擁有霜凍的海洋與覆滿白雪的陸地，因此被封上了「雪球地球」的稱號。另外，科學家推測還有另一個時間更遠古的嚴寒雪球地球事件，可能在二十四至二十一億年前的太古宙。

是什麼導致全球氣溫出現如此大規模且長期的下降？我們的行星又是如何回溫？太古宙的冰河時期在大氧化事件之後隨即發生，因此，許多地質學家認為也許氧氣濃度的提升，會使甲烷等強烈的溫室氣體瓦解，大氣與地表便進入劇烈的冷卻過程。不過，成冰紀雪球地球事件的成因至今仍舊沒有任何方向一致或類似的可能假說。至於全球氣候又是如何恢復？大多數的假說都認為是因為大氣逐漸重新累積了足夠的溫室氣體，讓我們的行星再度暖和。然而，古氣候學家依舊十分困惑地球是怎麼從如此深度的寒冰狀態解凍，以及其中細節。

在遙遠的過去，我們的星球可能曾一度或數度成為「雪球地球」（示意圖），當時可能幾乎整座地球都覆滿了冰雪。

參照條目　大氧化事件（約西元前二十五億年）；寒武紀大爆發（約西元前五億五千萬年）；「冰河時期」的尾聲（約西元前一萬年）；小冰期（約西元1500年）；發現冰河時期（西元1837年）；溫室效應（西元1896年）。

寒武紀大爆發

地球首度出現的生物形態是原核生物，這是一種簡單的單細胞生物，不僅沒有明顯帶膜的細胞核，也不具備較複雜真核生物常見的細胞內特化構造。在地球歷史大約前三十億年期間，生物界主要都是這類單細胞生物。即使時間終於進展到約十億年前，地球演化出第一個複雜多細胞生物，我們仍然很難找到這些早期「柔軟」生物的化石紀錄證據。

不過，大約在五億五千萬年前，地球的生物多樣化突然劇烈飆升，此時經常被稱為寒武紀大爆發，因為這個進入寒武紀的分野，在地層地質紀錄中具備極為戲劇性的轉變。具體而言，此時許多真核生物開始發展出堅硬的外骨骼與其他身體部位，這些構造都能讓死亡後落於海底的生物遺骸得以保存在沉積物中。因此，許多現代植物與動物的祖先在相當早期的化石紀錄就已經出現，而且確實在寒武紀大爆發最初就存在。生物學家認為外骨骼的出現，可能是為了適應與其他生物的競爭（例如掠食者的眼睛等優勢能力的發展）所產生的演化反應。

另外，為了嘗試了解物種多樣性的大規模提升，生物學家也反過來找出化石紀錄裡至少五次猛烈驟然降臨的大規模滅絕事件。其中最戲劇化的事件可以在二疊紀（Permian）與三疊紀（Triassic）的地層交界看到，約兩億五千萬年前。在僅僅大約一百萬年之間，大約 70% 的陸地物種與 96% 的海洋物種盡數滅絕，此時期擁有「大滅絕」與「大規模滅絕之母」等非正式的稱號。

是什麼造成地球生物在相對極短的時間內大規模喪命？地質學家推斷可能是氣候變遷、大規模撞擊事件與巨大火山爆發。不論成因為何，地球從寒武紀大爆發開始蓬勃發展的生物多樣性，在歷經這次事件之後的一億年，才再度回到二疊紀之前的多元程度。

圖中包裹在經過成岩作用之海床沉積層中的是化石化的生物遺骸，這些擁有外骨骼與硬殼身體部位的新生物，在大約五億五千萬年前出現，此時期稱為「寒武紀大爆發」，標記著地球生物多樣性從此時開始有了巨大規模的躍升。

參照條目　地球的生命（約西元前三十八億年？）；疊層石（約西元前三十七億年）；真核生物（約西元前二十億年）；複雜多細胞生物（約西元前十億年）；恐龍滅絕撞擊事件（約西元前六千五百萬年）。

庇里牛斯山的山根

　　地質學家將地球地殼上的山脈建造過程稱為造山運動（orogeny）。地質學家辨認出全球大約一百個不同且獨特的造山運動時期，從某些極為古老的大陸地區，一直到至今依舊不斷抬升的地球頂峰。

　　造山運動的推動力為地球岩石圈板塊移動。精確地說，便是大陸板塊與其他板塊碰撞時，大陸板塊向上突出或堆皺成沿著大陸板塊交界的一道或多道山脈。此過程蘊含的構造作用力十分巨大，造成的地殼與岩石圈形變不只在於地表可見的山脈，還能向下延伸相當深遠。

　　世上許多高聳且形貌原始自然的山脈都相對年輕，因為它們尚未經過風、雨、冰川等等侵蝕過程的洗禮。不過，許多正在成長的年輕山脈都擁有古老的山根。年輕山脈的代表之一就是身為法國、西班牙、葡萄牙與安道爾（Andorra）國界的庇里牛斯山脈（Pyrénées）。年輕的庇里牛斯山頂峰擁有海拔3,400公尺，其源自伊比利（Iberian）「微大陸」與歐亞板塊從五千五百萬至兩千五百萬年前的碰撞。然而，庇里牛斯山的山根與許多組成此山脈的抬升岩石都相當古老。

　　嚴格來說，建造庇里牛斯山的岩石最初的形成從大約五億年前展開，那是更早之前的造山過程，稱為華力西造山運動（Variscan orogeny）。當時大型大陸板塊岡瓦納大陸（Gondwana，最終會分裂成非洲、南美洲、南極洲、澳洲與印度微大陸）與勞倫西亞大陸（Laurussia，最終將分裂為北美洲、格陵蘭與歐洲）正值相互碰撞，並逐漸形成超級大陸盤古大陸（Pangea）。碰撞交界因構造作用帶來的極高壓力與溫度，造成沿線區域大陸地殼、海洋地殼，甚至是部分上部地函的岩石，出現變形、變質與熔融。這些範圍廣泛的特徵與古老「地下室」的褶皺岩石，許多都能在現今地表看見，甚至是遠在庇里牛斯山高聳的山峰上。

西班牙奧德薩國家公園（Ordesa National Park）內，「歷久彌新」的庇里牛斯山。

參照條目　大陸地殼（約西元前四十五億年）；板塊構造運動（約西元前四十至前三十億年？）；阿帕拉契山脈（約西元前四億八千萬年）；盤古大陸（約西元前三億年）；內華達山脈（約西元前一億五千五百萬年）；洛磯山脈（約西元前八千萬年）；喜馬拉雅山脈（約西元前七千萬年）；阿爾卑斯山脈（約西元前六千五百萬年）。

阿帕拉契山脈

　　當晴朗天候搭乘飛機越過美國賓州（Pennsylvania），或駕車以之字形蜿蜒攀上田納西州的大煙山（Smoky Mountains）時，各位一定無法忽視一路上那些似乎經過嚴刑拷打的扭曲岩石。這些如今樹林叢生且平緩的山丘與山，都屬於今日尚存的阿帕拉契山脈（Appalachians）。阿帕拉契山脈的形成約從四億八千萬年前開始，歷經了多次長期的大陸板塊碰撞，其頂峰的高度曾一度能與現今的阿爾卑斯山（Alps）與洛磯山相提並論，但隨著時間逐漸沖刷且侵蝕掉了變化劇烈的地形，如今，山脈沿線高度已鮮少能達到兩千公尺。

　　比阿帕拉契山脈形成的更早之前，這部分的北美洲古陸核是地質學家所稱的板塊被動邊緣（passive margin，即是兩個相鄰卻沒有相對運動的板塊之間穩定平靜的邊界）。然而，大約在四億八千萬年前，板塊的運動方式有了變化，此邊界驅動為板塊聚合邊緣（convergent margin，即是相鄰兩個板塊彼此碰撞）。此時的造山運動源自如今已消失的高密度海洋板塊，碰撞並隱沒至低密度北美大陸板塊的東緣，稱為塔康造山運動（Taconic orogeny）。

　　沿著曾是北美東部海岸線與板塊被動邊緣海床沉積的岩石與沉積物，此時受到板塊碰撞帶來的抬升、斷層錯動、褶皺與變質。當隱沒板塊熔融與低密度岩漿團塊上升至地表時，板塊邊緣沿線的火山便開始噴發。此過程將持續約四千萬年，直到海洋板塊完全在北美大陸板塊之下耗盡。此區域的狀態再度回到板塊被動邊緣，而上方年輕且高聳的山脈開始被侵蝕。

　　阿帕拉契山脈的造山時期便在此時畫上句點。在板塊東部邊緣，類似的造山運動在接下來的兩億五千萬年持續進行。每一次的山脈形成事件，都會將原本的海洋沉積物與新的大陸沉積物，逆衝上覆且與陸塊焊接，並形成新的宏偉山脈。如今，此處再度進入被動板塊邊緣狀態，我們僅能看見這個遠古的板塊碰撞歷經劇烈侵蝕的殘餘。

衛星影像之下，歷經褶皺與侵蝕殘餘的遠古阿帕拉契山脈（棕色條帶），位於美國東北部。紐約市就在中間右上方。

參照條目 大陸地殼（約西元前四十五億年）；板塊構造運動（約西元前四十至前三十億年？）；庇里牛斯山的山根（約西元前五億年）；盤古大陸（約西元前三億年）；內華達山脈（約西元前一億五千五百萬年）；洛磯山脈（約西元前八千萬年）；喜馬拉雅山脈（約西元前七千萬年）；阿爾卑斯山脈（約西元前六千五百萬年）。

約西元前四億七千萬年

陸地植物首度現身

　　地球生物約有超過 85% 的時間都生活在水中。也許最知名的化石紀錄例外就是藍綠菌，這群可行光合作用的古老真核生物，似乎在偶爾會遇到乾涸情形的海岸沿線，演化出能夠在這種環境生存的能力。演化生物學家相信這種額外發展出的適應能力，最終幫助這些生物演化成第一批能在陸地定居的植物。

　　部分首批陸地植物最古老的證據，源自一種微小的化石化孢子（植物繁殖細胞），年代大約為四億七千萬年前，孢子中的某些構造類似現代苔蘚的苔類植物，即蘚門（Marchantiophyta）植物，這類植物經常出現在今日潮溼的赤道地區。這些最早的陸棲植物形態為無維管束植物（non-vascular），它們不具備能深植地底的根，也沒有之後陸地植物演化出能夠將水與礦物運送至整株植物的維管束（輸送管）組織。

　　為了不斷對抗乾枯的威脅（耐旱能力），植物發展出各式各樣具革命性的策略與形態。有的植物選擇只生長在靠近水源的地區，試著完全避免碰到乾旱的情形。有的植物則發展出在遇到乾旱情形時，大幅減緩代謝速度的能力。還有一些植物發展出特別的構造，例如維管束組織與氣孔（stomata），這些構造除了有助於儲存水分與防止水分蒸發，同時還可以將光合作用所需的氣體送入體內。

　　這些機制的出現，以及永久陸棲植物的迅速繁衍，對地球大氣層與地表產生了極為顯著的影響，也就是植物光合作用的副產品——氧氣——開始在地球表面大幅累積。這般戲劇性的轉變也代表甲烷氣體將迅速被氧氣破壞，大氣層中的溫室氣體因此顯著下降，很有可能進一步導致地球多次進入「雪球地球」的冰河時期。另一個氧氣迅速累積的重要影響，就是地表第一次有了火焰出現的可能，自此，野火成為植物生態與許多古代（以及現代）植物生命週期中，相當重要的關鍵之一。

首度在陸地立足的植物模樣可能就像圖中的苔蘚，也可能生長在靠近水源的岩石上。

 參照條目　光合作用（約西元前三十四億年）；大氧化事件（約西元前二十五億年）；真核生物（約西元前二十億年）；雪球地球？（約西元前七億兩千萬至前六億三千五百萬年）；野火燎原（西元1910年）。

大規模滅絕

從化石紀錄可見，地球生物多樣性大範圍地以相對急遽的速度不斷下降的事件，地球歷史上便至少經歷了五次，這樣的災難性事件也稱為大規模滅絕。最古老的大規模滅絕事件紀錄，大約發生在四億五千萬年前。此時正值奧陶紀（Ordovician）與志留紀（Silurian）的交界，或「奧陶紀末」的生物大規模滅絕時期，在這段可能僅有數百萬年（或更短）的時間內，約有 70 至 85% 的地球生物物種滅絕。這也是地球歷史中，滅絕規模位居第二的事件，僅次於二疊紀（Permian）末期的「大滅絕」（Great Dying），大約發生在兩億五千萬年前。

在奧陶紀末的大規模滅絕事件中，海洋生物的數量巨幅下降。例如，眾多屬於腕足動物（brachiopods）、苔蘚蟲類（bryozoans）、牙形動物（conodonts）與三葉蟲（trilobites）等物種的化石，都在大約四億五千萬年前突然消失無蹤。不同生物遭到滅除的程度不一，會依據生活形態而有規模大小的差異，其中尤其是主要棲居於淺水環境的物種，或生活在浮游生物帶（planktonic zone）等較靠近海洋表面的生物，就比棲居於深水環境的物種更容易滅絕。

雖然我們目前仍不知道奧陶紀末大規模滅絕的成因，但是，由於淺水或富陽光水域的生活形態與滅絕物種之間的關聯，顯示滅絕成因很有可能就是自然氣候，也許與氣溫和／或地表日照等相關巨變有關。許多種事件都可能造成類似的氣候劇烈轉變。例如，大型撞擊事件（約六千五百萬年前的恐龍滅絕就被認為與此強烈相關）造成的煙塵，以及野火進一步產生的煤灰與灰燼，就有可能阻絕日照，並實質大幅改變氣候。大型火山爆發也可能造成類似的效應。也許，當時是歷經了類似雪球地球的冷卻事件，冰河時期使得浮游生物等位於食物鏈基石般的物種大量滅絕。另外還有一種假說認為也許當

時附近的恆星歷經超新星爆炸，其爆發的高能量伽瑪射線造成大量生物死亡，並引發一場大規模滅絕。不論真正的成因為何，地球上的生物依舊可能會再次面臨如此重大的災難。

大規模火山爆發、劇烈的大陸冰河作用、小行星撞擊與／或海洋化學成分改變等等，都是分別在四億五千萬年前與三億六千萬年前，奧陶紀與泥盆紀（Devonian）末期生物大規模滅絕的可能原因，兩次滅絕事件都在短時間內抹除了地球約有 70 至 85% 的物種。

參照條目 複雜多細胞生物（約西元前十億年）；雪球地球？（約西元前七億兩千萬至前六億三千五百萬年）；大滅絕（約西元前兩億五千兩百萬年）；三疊紀滅絕（約西元前兩億年）；德干暗色岩（約西元前六千六百萬年）；恐龍滅絕撞擊事件（約西元前六千五百萬年）；亞利桑那撞擊事件（約西元前五萬年）。

陸地動物首度現身

　　大約在五億五千萬年前，也就是所謂的寒武紀大爆發，複雜多細胞生物的多元程度急遽攀升。再加上有機生物首度發展出外殼與其他堅硬的身體構造，世上第一個脊椎動物（vertebrates，擁有軟骨或骨骼脊椎的生物，且具有明顯的頭與尾）也大約在此時期演化誕生。第一個脊椎動物為不具有顎骨的濾食性動物。顎骨這項革命性的演化則很快地會在地質年代泥盆紀（約四億兩千萬至三億六千萬年前）出現，而地球將首度出現有頜魚。

　　另一個化石紀錄中的戲劇性演化則是四足動物（tetrapods）的第一次現身，當時的四足動物為四足兩棲脊椎動物，在泥盆紀由某些肉鰭魚類（lobe-finned fishes）演化而來。四足動物成為第一個使用原始腿足在海中游泳與在陸地行走的脊椎動物。目前已知最有趣的四足動物化石之一，是一種稱為魚石螈（Ichthyostega）的脊椎動物，但牠也是首度擁有魚類模樣又能在陸地行走的生物之一，大約從三億七千五百萬年前開始出現。魚石螈很可能生活在沼澤或其他淺水環境，另外，由於牠的體重與相對虛弱且粗短的腿，魚石螈在絕大多數時間中，應該都是生活在水中，而非陸地。再者，魚石螈另一項達成的重要革新突破，則是能直接使用肺部呼吸空氣，而不是用鰓。

　　魚類轉換成四足兩棲類動物的細節，一直是演化生物學家之間激烈辯論的主題，他們也一直等待新的泥盆紀化石，希望可以發現這項轉換的直接證據。不論是什麼演化與／或環境壓力推動肉鰭魚類的分支演化出腿部並能夠離開水中生活，結果都對地球生物形成巨大的影響：四足動物的成功，使其在接下來千萬到億年之間，最終演化發展出兩棲類、爬蟲類與哺乳類等特化的四足動物亞綱。

魚石螈的示意圖，一隻 150 公分長的「傳統」脊椎動物，模樣介於魚類與四足動物之間，結合了像是魚類的尾巴與鰓，以及兩棲類的頭顱與四肢。

參照條目　寒武紀大爆發（約西元前五億五千萬年）；陸地植物首度現身（約西元前四億七千萬年）；爬蟲類（約西元前三億兩千萬年）；哺乳類（約西元前兩億兩千萬年）；恐龍時代（約西元前兩億至前六千五百萬年）。

烏拉山脈

如同地球許多大型陸塊，亞洲也是一個「超級大陸」，由一塊塊海洋與大陸地殼撞上太古宙形成的遠古大陸核心或古陸核，並一步步拼接黏起而成。當板塊互相碰撞時，板塊聚合帶常常就會形成高聳的山脈。然而，在漫長的時間逐漸流過，大量的侵蝕與／或後續的板塊張裂與分離，將逐步消磨古老的山脈，直到它們終於成為一道過往的影子。

不過，古老烏拉山脈（Ural Mountains）的故事並非如此，如今，它依舊是一道在天際畫上尖銳鋸齒稜線的高大山脈，坐落在歐亞邊境附近，以近乎南北的走向從現代哈薩克（Kazakhstan）的中心延伸至俄羅斯西部。烏拉山脈是目前地球少數依舊健在的古老山脈，它在一場時間橫跨約九千萬年的烏拉造山運動（Uralian orogeny）中建造而成，約從三億兩千萬年前的古生代（Paleozoic era）晚期開始。當時，一塊大陸板塊的東部邊緣撞上了另一塊的西部邊緣，產生極為猛烈的擠壓、褶皺與抬升，進而形成一道南北走向的碰撞帶。板塊邊緣的沉積岩與火成岩都在碰撞過程中歷經破碎、變質與熔融，兩個原本各自獨立的板塊此時便相互結合；地質學家將這個大陸地塊的生成過程稱為增積（accretion）。

然而，因為亞洲超級大陸長期穩定的狀態，烏拉山脈自古生代展開的演進，其實與當時地球其他許多山脈的形成過程十分不同。由於當時全球的岩石圈板塊活動持續活躍，地球絕大多數的超級大陸都會在最初的形成之後，隨著漫長的時間演進而逐漸張裂。不過，烏拉山脈形成的亞洲區域並未經過張裂，烏拉山脈也因此未歷經其他山脈度過的板塊構造與侵蝕作用。當然，它仍經歷了其他像是風、水與冰川等許多「正常」的侵蝕作用，但僅僅讓它磨蝕下降至 1,500 到 1,900 公尺；對一座如此古老的山脈而言，此高度相當令人驚訝。

一道在天際畫上尖銳鋸齒稜線的高大烏拉山脈，讓這座地球最古老的山脈之一擁有如此年輕的模樣，此處位於俄羅斯中心的薩蘭堡爾村（Saranpaul）附近。

參照條目 大陸地殼（約西元前四十五億年）；板塊構造運動（約西元前四十至前三十億年？）；庇里牛斯山的山根（約西元前五億年）；阿帕拉契山脈（約西元前四億八千萬年）；盤古大陸（約西元前三億年）；洛磯山脈（約西元前八千萬年）；喜馬拉雅山脈（約西元前七千萬年）；阿爾卑斯山脈（約西元前六千五百萬年）。

爬蟲類 |

　　動物演化成能在乾燥陸地生活的時間大約是三億七千五百萬年前（至少一開始能暫時生活在陸地），並很快地發展出特化的四足兩棲脊椎動物亞綱，進一步開拓新食物與生存安全的生態棲位。首度出現的動物新綱便包含了爬蟲類。與其兩棲類祖先不同的是，爬蟲類開始能在乾燥陸地產下軟殼的羊膜蛋（內部充滿液體），因此，不像當時其他許多動物，必須回到水中進行繁殖。

　　部分目前發掘最古老且保留完整的爬蟲類化石，是如今已然滅絕的樹龍（Hylonomus，拉丁文，意為「森林棲居者」），這是一種身長大約 20 到 25 公分的四足脊椎動物，生活在地質年代賓夕法尼亞紀（Pennsylvanian），約三億兩千萬至三億年前，長得很像小型現代蜥蜴。根據化石紀錄，樹龍的食物主要是昆蟲，並棲居於海岸邊森林地帶的腐爛樹木與葉堆。

　　對早期與現代爬蟲類而言，永久生活在陸地其實同時充滿了機會與挑戰。舉例來說，早期爬蟲類上了陸地之後，便無須擔憂其他掠食者，因為雖然一開始爬蟲類的數量依照食物來源的生態棲位增長茁壯，但爬蟲類物種最終漸漸演化成為相互的掠食者。另外，爬蟲類必須能夠適應相較於水中變化更劇烈的陸地氣溫與其他環境條件，例如冷血動物容易在低溫或日光曝晒的環境中變成嗜睡的獵物，都是重要考量。

　　雖有種種挑戰，但爬蟲類仍持續發展演化，並成功適應陸地生活，最終成為蠻荒大地最大型的動物。樹龍等首批爬蟲類的後裔包括鳥臀目（ornithischian）、蜥臀目（saurischian）、海龜、陸龜、鱷魚、短吻鱷、蛇、蜥蜴，沒錯，當然還有鳥。現代爬蟲類物種數量成千上萬，但如今已然滅絕的物種也同樣成千上萬；許多物種被緩慢的天擇一步步逼向絕境，但就像是遠古的恐龍，許多爬蟲物種也因為災難性的事件在相對短暫的時間中滅絕，例如隕石撞擊、火山爆發，或其他大規模的氣候變遷事件。

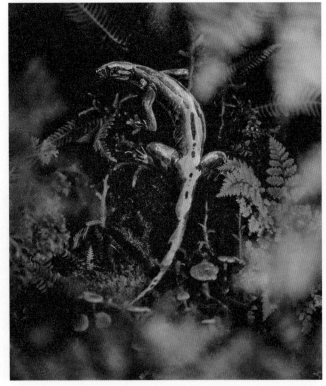

根據化石紀錄，樹龍等早期爬蟲類可能與現代蜥蜴（如圖）的長相差距不大。

參照條目 雪球地球？（約西元前七億兩千萬至前六億三千五百萬年）；寒武紀大爆發（約西元前五億五千萬年）；陸地植物首度現身（約西元前四億七千萬年）；陸地動物首度現身（約西元前三億七千五百萬年）；大滅絕（約西元前兩億五千兩百萬年）；三疊紀滅絕（約西元前兩億年）；德干暗色岩（約西元前六千六百萬年）；恐龍滅絕撞擊事件（約西元前六千五百萬年）；亞利桑那撞擊事件（約西元前五萬年）。

亞特拉斯山脈

　　距今約三億年前，板塊間的相對運動促使非洲北部邊緣與北美洲東部邊緣互相碰撞，而這也許就是非洲歷史中最重要的地質事件之一。這場大陸板塊與大陸板塊的對撞，造成了地殼巨大的擠壓、碎裂、變形與抬升，同時也打造了雄偉的高山（堪比現今的阿爾卑斯山脈及洛磯山脈），地質學家將這次事件稱為阿萊干尼造山運動（Alleghenian orogeny）。最終，非洲與北美洲逐漸在大西洋的開展過程中分離，而此山脈的一部分留在北美洲，並成為今日的阿帕拉契山脈，另一方面，留存於非洲的山脈則是現在的亞特拉斯山脈（Atlas Mountains），亞特拉斯山脈一系列的頂峰絕大部分以東西走向延伸，穿越了摩洛哥、阿爾及利亞與突尼西亞。

　　在大西洋的開展過程與結束之後，亞特拉斯山脈中從遠古遺留下來的區域，勢必歷經了相當程度的侵蝕耗損。今日，這部分的古老山脈稱為小亞特拉斯山脈（Anti-Atlas mountains）。到了更近期（大約是六千至七千萬年前），板塊之間的相對活動再度轉變，當非洲大陸北部與歐洲板塊的西南部（位於今日西班牙與葡萄牙的伊比利半島〔Iberian Peninsula〕）開始碰撞，亞特拉斯山脈的造山運動再次啟動。這次的碰撞使這座山脈再度抬升（同時也伴隨沉積層與海床沉積物）至宏偉的高度，創造出現今的高亞特拉斯山（High Atlas）與其他高聳的支脈，其中許多挺拔的尖銳頂峰都擁有超過 4,000 公尺的高度。

　　雖然此板塊運動的過程仍留有許多關於時間點與形式的謎團與不確定性，但是近期這場在北非創造了高亞特拉斯山與其他年輕支脈的非洲與歐洲大陸板塊碰撞，似乎也同時產生了現今位於歐洲的庇里牛斯山脈與阿爾卑斯山脈，並關上了直布羅陀海峽（Strait of Gibraltar），讓現代地中海得以生成。

亞特拉斯山脈遠古的山峰與峽谷，範圍延伸近 2,500 公里，橫跨了摩洛哥、阿爾及利亞與突尼西亞。

參照條目　大陸地殼（約西元前四十五億年）；板塊構造運動（約西元前四十至前三十億年？）；庇里牛斯山的山根（約西元前五億年）；阿帕拉契山脈（約西元前四億八千萬年）；盤古大陸（約西元前三億年）；大西洋（約西元前一億四千萬年）；阿爾卑斯山脈（約西元前六千五百萬年）；地中海（約西元前六百萬至前五百萬年）。

盤古大陸

阿爾弗雷德・韋格納（**Alfred Wegener**，西元 **1880－1930** 年）

自從遠古大陸核心（古陸核）在遙遠的太古宙首度成形之後，低密度的高矽質大陸地殼，便「漂浮」在高密度且富含鐵元素的海洋地殼上。板塊構造輸送帶在漫長的時間中，載著這些宛如「冰山」的岩石圈板塊在全球四處移動，偶爾，這些「冰山」會撞上海洋地殼板塊，或是更戲劇化地與其他大陸性的「冰山」板塊相撞。

大陸板塊的相撞通常會是史詩般的對決，因為沒有任何一方甘願屈服。當大陸板塊迎面對撞海洋板塊時，密度較高的海洋板塊通常會潛入（隱沒）至大陸板塊的下方。然而，當密度與強度皆相當的大陸板塊與大陸板塊對撞時，兩方的碰撞邊緣通常會變形、彎曲、扭曲、褶皺與抬升成為巨型高山，而一切戲劇般的場景都以數百萬年的慢動作上演。絕大多數的這類碰撞，最終都會讓兩方板塊鑲合連接成超級大陸。

這般超級大陸的建設過程似乎從至少三億年前展開，一連串大陸板塊與大陸板塊的對撞進行了數千萬年，使得全世界基本上所有大陸陸地地塊全部連成單一一塊超級大陸，稱為盤古大陸（Pangea，結合了「全部」與「地球」兩詞之意），此名稱由德國地質物理兼氣象學家阿爾弗雷德・韋格納命名，而他也是早期提倡板塊漂移學說的學者之一。目前認為，單一大陸陸塊的盤古大陸大約維持了一億兩千五百萬年，之後，大陸內部的張裂便開始將這塊超級大陸拆散成較小的陸塊，很快地便形成今日我們所熟知的七塊主要大陸。

即使盤古大陸出現於遙遠的古代，但依舊有各式各樣的證據顯示這塊單一、龐大且不間斷的超級大陸曾經存在。例如，生存在相似年代的相同物種化石，廣泛散布在世界各個地區；許許多多如今相距遙遠地區有地質層面的特徵吻合（組成成分與山脈等等），也顯示這些區域勢必曾經相鄰；另外，透過衛星等其他現代科技所發現大陸地塊的微小運動，也讓我們確定大陸之間在漫長的地質時間中一直進行著相對運動。

大約在兩億五千萬至三億年前，地球上稱為盤古大陸的超級大陸（示意圖）。圖中東部邊緣的北美洲大陸正要與之後將成為非洲大陸的北部邊緣張裂開來。

參照條目 大陸地殼（約西元前四十五億年）；太古宙（約西元前四十至前二十五億年）；板塊構造運動（約西元前四十至前三十億年？）；大西洋（約西元前一億四千萬年）；東非裂谷（約西元前三千萬年）；大陸漂移（西元1912年）。

大滅絕

地球上的生物曾歷經至少五次的大規模滅絕事件，當時，主要物種都在相對十分短暫的時間內，突然在地質紀錄中消失無蹤。第一次的大規模滅絕事件發生在大約四億五千萬年前，也就是奧陶紀末期，世上約 70 至 85% 的物種在僅僅數百萬年內，盡數滅絕。即便這已經是地球生物歷史中極為驚人且毀滅式的事件，但在目前已知最龐大的生物滅絕事件之下，依舊相形見絀，這起史上規模最巨大的滅絕事件發生在二疊紀末期，約兩億五千兩百萬年前。二疊紀末大滅絕事件差一點就為地球的生物歷史畫下句點，因此，這次事件也常常被稱為「大滅絕」。

「大滅絕」事件使大約 96% 的海洋物種消失，而約有 70% 的陸地脊椎物種滅絕。某些物種在大約數百萬到數萬年之間，便盡數從地球消失不見；有的物種則是在數百萬年之間逐步凋零。

「大滅絕」事件起因的假說大約可以分為兩大類：其一是突發事件，例如隕石撞擊或大規模火山爆發，使得日照與／或氣溫驟變；其二則是漸變事件，例如海水酸化、海平面升高或大氣層氧氣大量增加等變化，使得氣候產生劇烈但緩慢的變遷。史上五大滅絕事件都以種種假說經過密集的研究，目前，五大滅絕事件僅有一起事件比較傾向撞擊事件，這起事件就是白堊紀（Cretaceous）末期造成恐龍滅絕的隕石撞擊，大約發生在六千五百萬年前。

雖然地球上的生物曾經在兩億五千兩百萬年前被近乎全數抹除，但幸運的是，某些物種依舊成功存活，而且在新的演化生態棲位繁盛茁壯。然而，生命花費了數千萬年才重新回到原有的生物多樣性。

板狀珊瑚化石，年代剛好在快要進入二疊紀末期，這類物種與其他 96% 的海洋物種都在二疊紀末期步入滅絕。

參照條目　複雜多細胞生物（約西元前十億年）；雪球地球？（約西元前七億兩千萬至前六億三千五百萬年）；寒武紀大爆發（約西元前五億五千萬年）；大規模滅絕（約西元前四億五千萬年）；三疊紀滅絕（約西元前兩億年）；德干暗色岩（約西元前六千六百萬年）；恐龍滅絕撞擊事件（約西元前六千五百萬年）。

哺乳類

地球首批陸棲羊膜動物（amniotes，將蛋產於陸地的四足脊椎動物），在賓夕法尼亞紀（約三億兩千萬至三億年前）現身，而且很快便占據許多當時的生存與繁殖生態棲位。自然天擇也相對快速地讓羊膜物種多樣化，而且在羊膜動物出現不久後，其中相當重要的分支之一就已經出現在化石紀錄裡，此分支介於蜥形類（sauropsids，爬蟲類與鳥類的前身）與單弓類（synapsids，其他所有陸地脊椎動物）生物。在接下來大約五千萬年之間的化石紀錄可以看到，單弓類中稱為獸弓類（therapsids，大型四足食肉動物）的動物，似乎逐漸成為陸地脊椎動物的主宰。而獸弓類中的犬齒類（cynodonts）更在二疊紀晚期成為尤其強勢的物種。

然而，自兩億五千兩百萬年前之後，一切驟變。這場二疊紀末期的「大滅絕」事件，滅除了大約70%的陸棲脊椎動物，終結了大型食肉獸弓類的主宰，而從大規模滅絕事件存活下來的幾個獸弓類動物中，犬齒類就是其中之一。在相對短暫的時間過後，大約在兩億兩千萬年前，化石紀錄出現了一群新的夜行食蟲犬齒類：哺乳類。

哺乳類是一種擁有毛髮、複雜的中耳骨、大腦新皮質（neocortex）與其他演化創新發展（例如雌性哺乳類會從乳腺排出乳汁以餵養幼兒）的脊椎羊膜動物。此時，「大滅絕」事件倖存的大型食肉與食草動物後裔逐漸占據主宰地位，這些主要動物包括了恐龍與其他掠食性爬蟲類，因此，哺乳類較大型的大腦、較強的嗅覺、普遍較小的體型，以及夜行的生活方式，種種都似乎有助於早期哺乳類在這樣的三疊紀世界中，找到能夠成功存活的特定演化生態棲位。然而，生活在三疊紀至白堊紀（約兩億五千萬至六千五百萬年前之間）的生物們尚不知道，未來仍會遇到數起大規模滅絕事件，最接近的一次似乎便是因大型隕石撞擊而步入的白堊紀末期。一起起的滅絕事件使得古代恐龍的制霸終結（雖然恐龍的後裔仍舊存活下來，成為現代鳥類），並開啟了新的演化生態棲位，最終，讓哺乳類成為地球的主要掠食者。

示意圖中這隻毛茸茸且長得像樹鼩（shrew）的小型哺乳類，叫做大帶齒獸（Megazostrodon），正受到一隻蠍子的驚嚇。大帶齒獸首度發現的化石證據年代約在兩億年前。

參照條目　寒武紀大爆發（約西元前五億五千萬年）；陸地植物首度現身（約西元前四億七千萬年）；陸地動物首度現身（約西元前三億七千五百萬年）；爬蟲類（約西元前三億兩千萬年）；大滅絕（約西元前兩億五千兩百萬年）；恐龍滅絕撞擊事件（約西元前六千五百萬年）。

三疊紀滅絕

　　大約在剛過兩億年前不久，也就是三疊紀末期，發生了地球五次大規模滅絕事件位居第二的事件。在相對短暫的地質時間中（約數萬年），地球已知物種至少有一半遭到滅絕。遭到尤其嚴重打擊的陸地動物包括古龍類（archosaurs），以及一群在三疊紀演化成為優勢陸地脊椎羊膜動物的蜥形類脊椎羊膜動物。

　　海洋方面，約有三分之一的屬（genera，高於物種的分類）遭到滅絕，包括許多大型兩棲類，以及一整個長相如同鰻魚的脊椎動物牙形綱。牙形動物的前身曾經在地球生存了數億年，牙形動物還曾經成功度過了更為嚴重的二疊紀末期大規模滅絕，牙形動物為何會在此時盡數消失的原因，依舊成謎。絕大多數留有化石紀錄的海洋動物，都有大量且尖銳的化石化牙齒；包括第一批以氫氧磷灰石（hydroxyapatite，一種富鈣質的礦物，此成分依舊是我們現今骨頭與牙齒的關鍵化合物）組成的生物構造。

　　三疊紀末期的大規模滅絕事件或狀態，就像是「大滅絕」與其他大規模滅絕事件一樣，仍充滿爭議。大型小行星撞擊事件雖然確實是全球大量物種短時間消失的明顯候選原因之一，但是，我們目前尚未找到引起此事件的關鍵證據：撞擊隕石坑或其他明確的地質證據。另外，大型火山爆發與大量溫室氣體的排放也是可能的成因之一，這類現象也許源於大規模的地函岩漿湧升，此假說也能夠解釋大約同時間開始的超級陸塊盤古大陸分裂。除此之外，還有不少氣候變遷的假說，不過許多變遷都相當緩慢，難以符合此事件。

　　成功度過此事件的古龍類包括恐龍的前身，而恐龍將在接下來的一億三千萬年之間，從侏羅紀（Jurassic）到下一次發生於白堊紀末期的大規模滅絕事件之間，成為陸地脊椎動物的霸主。另一群倖存於三疊紀末期滅絕事件的物種們就是哺乳類，哺乳類繼續演化出獨特的特徵與行為，讓牠們最終能夠跳脫非飛行恐龍的命運，並再次度過下一次的大規模生物滅絕。

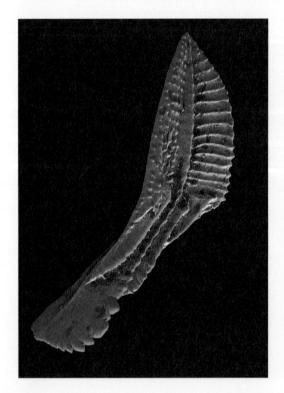

以高解析顯微鏡觀察公釐尺寸的化石化牙齒，此牙齒源自三疊紀一種無頜且形如鰻魚的脊椎動物，稱為牙形動物。

參照條目　寒武紀大爆發（約西元前五億五千萬年）；陸地動物首度現身（約西元前三億七千五百萬年）；盤古大陸（約西元前三億年）；大滅絕（約西元前兩億五千兩百萬年）；哺乳類（約西元前兩億兩千萬年）；大西洋（約西元前一億四千萬年）；恐龍滅絕撞擊事件（約西元前六千五百萬年）。

恐龍時代

當二疊紀與三疊紀末期的大規模滅絕，嚴重摧毀了地球陸地脊椎動物曾經的主宰地位，對於任何原本相對小型或甚至還未存在的生物而言，此時，生態與演化的生存棲位正大大敞開。抓準此機會的生物之一，就是一種地球前所未見的動物：古代恐龍。

恐龍是一種羊膜脊椎爬蟲類，首度現身便是在三疊紀中期（約兩億四千萬年前）的化石紀錄，恐龍大約就是在此時從同時代古龍類的演化路線中分裂出來。古龍類是三疊紀最主要的陸地掠食者，然而，古龍類僅有少數幾個綱得以倖存於三疊紀末期的大規模滅絕事件，其中便包括恐龍。從目前已知最古老的三疊紀恐龍化石可知，牠們可能最早是相對小型（尺寸約與狗相同）的雙足掠食者，當時還完全不是即將成為地球制霸陸地的巨大動物。

為什麼侏羅紀早期恐龍會演化出如此巨大的體型？而且又為什麼我們能在化石紀錄中看到一系列風格多變的體型？目前主要假說之一認為，許多倖存於三疊紀末期大規模滅絕的恐龍早期後裔，突然間身處一座主要陸地掠食者都幾乎盡數消失的世界，此時的植物與動物都正迅速且繁盛地復原。在擁有大量食物與獵物的侏羅紀世界，恐龍很快地就成為頂尖競爭者。在這場豐收中，恐龍演化出至少七百個不同物種。牠們的體型尺寸從身長 75 公分的始盜龍（*Eoraptor*），到身高約為 40 公尺的阿根廷龍（*Argentinosaurus*），其中當然還包括史上掠食能力最強且力量最令人驚駭的霸王龍（*Tyrannosaurus Rex*，又稱為暴龍）。

然而，恐龍時代卻結束得相對短暫，大約在六千五百萬年前，地球可能因為一顆大型小行星的撞擊，歷經一場氣候與食物鏈的巨大災難，進而導致絕大多數的恐龍快速消失，而地球大約 75% 的生物亦全數滅絕。不過，隸屬於恐龍的一個綱仍然成功度過了白堊紀末期的大型滅絕，牠們至今也依舊與我們一起生活在地球上：現代超過一萬個物種的鳥類，正是當時帶羽恐龍的後裔。

在地球陸地稱霸超過一億三千五百萬年的脊椎動物恐龍，其體型與尺寸的多元都相當驚人。此示意圖中，身長四公尺的食草恐龍梁龍（*Diplodocus*）正涉水而過，漫飛空中的則是翼龍（*Pterosaurs*）。

參照
條目
陸地動物首度現身（約西元前三億七千五百萬年）；大滅絕（約西元前兩億五千兩百萬年）；哺乳類（約西元前兩億兩千萬年）；三疊紀滅絕（約西元前兩億年）；鳥類首度現身（約西元前一億六千萬年）；恐龍滅絕撞擊事件（約西元前六千五百萬年）。

鳥類首度現身

在恐龍時代中（約兩億至六千五百萬年前），大型肉食與草食動物物種因為數次大型滅絕事件演化出完整的生態棲位。但是，恐龍首度出現的時間大致而言相對較早，大約是三疊紀中期（約兩億四千萬年前）。當時，一群長有羽毛的恐龍也在化石紀錄的相對早期便出現。普遍而言，帶羽恐龍為恐龍的一個亞綱，稱為獸腳類（theropods），其特徵為擁有中空的骨頭與三趾肢。

許多獸腳類物種都倖存於三疊紀末期的滅絕，並進一步在侏羅紀演化成優勢掠食者。目前，迅猛龍（Velociraptor）或霸王龍等知名獸腳類是否也長有羽毛的議題，依舊存有許多爭論，另外，古生物學家之間也普遍不甚確定為何某些恐龍種類會演化出羽毛。也許羽毛是能夠控制體溫的絕佳阻隔，也或許羽毛有躲避掠食者的隱匿優勢，或是美麗羽衣有吸引交配對象的功用，羽毛也有可能只是對於非帶羽恐龍來說很不美味。也許重要的是，與裸露鱗片狀皮膚相比，長有羽毛對所有恐龍種類而言都比較有利。

的確，當我們分析最古老的帶羽恐龍化石之骨骼與模擬肌肉構造時，例如屬於鳥翼類（avialans）且已有一億六千萬年歷史的始祖鳥（Archaeopteryx）化石，許多古生物學家甚至根本不確定這些動物是否真的能飛。除了飛行，羽毛的功能實在不少。

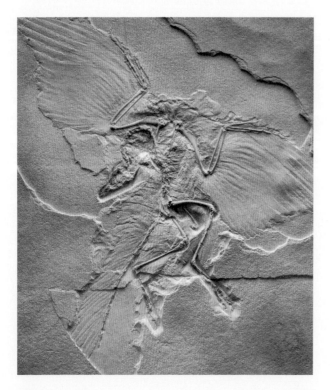

儘管如此，年代較近的化石紀錄確實有明顯能夠飛翔的帶羽恐龍，也讓我們得知，在白堊紀期間，鳥翼類的分支之一鳥綱（aves）出現極為驚人的多元化，並發展出能夠幫助牠們成功飛翔、狩獵與擁有比陸棲祖先更高機動性的構造與特徵。或許，正是這樣的極佳機動性，讓牠們成為在白堊紀末期大規模滅絕災變中唯一存活的古代恐龍。自此之後，鳥類繼續演化出大量且多彩多姿的物種，並成為地球上擁有最高智力的動物之一。

早期始祖鳥的化石印痕，擁有一億六千萬年的歷史。這類帶羽且長相如鳥的恐龍正是現代鳥類物種的前身。這件典型化石樣本的尺寸大約等同於一般渡鴉（raven）。

參照條目　陸地動物首度現身（約西元前三億七千五百萬年）；大滅絕（約西元前兩億五千兩百萬年）；三疊紀滅絕（約西元前兩億年）；恐龍時代（約西元前兩億至前六千五百萬年）；恐龍滅絕撞擊事件（約西元前六千五百萬年）。

約西元前一億五千五百萬年

內華達山脈

　　雖然極不明顯，但地球最強烈的火山活動許多都發生在地底深處。在岩石圈上部地函與地函逐漸升高的溫度中，炎熱的「塑性」（可變形）岩石會形成相當巨大的對流。在許多地區，岩石也會被熔融。在地底熔融的岩漿稱為「magma」；地表的熔融岩漿則稱為「lava」。巨量的岩漿會聚集成地底相當龐大的囊袋，稱為岩漿庫。岩漿能從岩漿庫沿著裂隙或斷層侵入周邊的岩層，有時也會形成線型條帶的岩脈，或是切過淺色岩石的深色岩石岩脈群（或深色岩石被淺色岩石切過）。這些類型的火成岩侵入地形稱為深成岩（plutons）。

　　北美板塊的東部邊緣在白堊紀時漸漸轉變成被動大陸邊緣，此時，板塊的西部邊緣則變得更活躍。精確地說，此處在大約一億五千五百萬年前，經歷了密度較高的海洋板塊法拉榮（Farallon）隱沒至大陸板塊之下。隱沒板塊逐漸深探地底，而最前緣的板塊甚至開始熔融，最終產生極大量的地底岩漿，這些岩漿在北美板塊西部邊緣的地下，形成大約為南北走向的一系列岩漿庫，也就是沿著現今的美國加州東部。由於玄武岩質的熔融法拉榮板塊（同時混合了周遭大陸地殼的熔融圍岩）所產生的分化結晶作用（fractional crystallization），此岩漿庫的許多火成岩都是高矽質，因此花崗岩（granite）比例很高。如今，我們將這個已經固化的岩漿庫集合體稱為內華達岩基（Sierra Nevada batholith），而曾經深埋地底的內華達岩基現在更展露在地球表面，遠遠高過海平面，且因身為部分內華達山脈而歷經了劇烈的侵蝕。

　　曾經的岩漿庫該如何變成山脈？大約在兩千萬年前，北美板塊西部邊緣的板塊構造環境再度轉變，這塊大陸的遙遠西部區域開始受到拉張，並形成今天依舊得見的盆嶺地形（basin-and-range）。地函的火山加熱也有助於內華達岩基區域的抬升。然而，覆於岩基之上的山脈與沉積物經過冰川與河流的洗禮，最終讓地表出露了巨量的花崗深成岩。形成美國優勝美地國家公園（Yosemite National Park）等令人駐足驚嘆的地質奇景。

自冰川點（Glacier Point）遠眺優勝美地山谷，圖中的最高峰便是此國家公園著名的半穹頂（Half Dome）。

參照條目

大陸地殼（約西元前四十五億年）；板塊構造運動（約西元前四十至前三十億年？）；庇里牛斯山的山根（約西元前五億年）；阿帕拉契山脈（約西元前四億八千萬年）；盤古大陸（約西元前三億年）；大西洋（約西元前一億四千萬年）；洛磯山脈（約西元前八千萬年）；喜馬拉雅山脈（約西元前七千萬年）；國家公園（西元1872年）；盆嶺地形（西元1982年）。

大西洋

地球數十塊主要岩石圈板塊的交互運動歷史重建，依靠的就是植物與動物化石紀錄證據，以及造山運動的地質紀錄。這段歷史告訴我們，地球的大陸板塊自太古宙以來，已經至少數度聚合成一個單一超級大陸。地球最後一次也最知名的超級大陸，就是盤古大陸，而其開始形成的時間大約是三億年前。然而，地球的岩石圈是動態的，因此不久後（僅約一億年），讓其相聚成形的內部推動力，再度分裂拆散盤古大陸。盤古大陸開始分裂的時間與地點，其實與地函大規模湧升引起的大型火山爆發大致相同，這樣的吻合並非機緣巧合，當然，同樣在這段時期發生的三疊紀末期大規模滅絕事件，也並非純屬湊巧。盤古大陸的分裂是一場遍及全球的劃時代轉變。

盤古大陸地殼因此產生的裂谷，以及北美洲與非洲板塊、非洲與南美洲板塊、北美洲與歐亞大陸板塊的分裂，進一步創造了能夠共同容納世界海水的深海盆地（deep basin）。大西洋就此誕生。讓盤古大陸展開分裂的地函柱此時開始向外噴出大量火成岩，因此在美洲板塊與非洲及歐亞大陸板塊之間的廣闊盆地中，建造新的山脈。這道大西洋中洋脊成為新的張裂板塊邊界，以大致南北的走向朝東西兩方持續推送新的海洋板塊火成岩。此後，這般火山與板塊運動持續至今日。

大西洋中洋脊是地球最巨大的系列山脈的一部分，一路從靠近冰島（Iceland）的北半球極圈，延伸至南半球極圈的南極洲。在絕大部分的人類歷史中，此區域火山運動活躍的山脈都不為人知，直到聲納等現代海洋科技的發展之後，海底地圖才從 1950 至 1970 年代依序讓這些山脈現形，也讓我們終於了解板塊運動的機制。

大西洋海面的日出與悠遊的海鷗。大西洋約在一億四千萬年前由盤古大陸的分裂誕生，並分裂出現今的北美洲與非洲板塊構造。

參照條目 大陸地殼（約西元前四十五億年）；太古宙（約西元前四十至前二十五億年）；板塊構造運動（約西元前四十至前三十億年？）；亞特拉斯山脈（約西元前三億年）；盤古大陸（約西元前三億年）；三疊紀滅絕（約西元前兩億年）；喜馬拉雅山脈（約西元前七千萬年）；海底地圖（西元1957年）；磁極反轉（西元1963年）；海底擴張（西元1973年）。

花

　　一直以來，我們都將花朵視為理所當然，不論是花店裡怒放的豔麗花朵，或是靜靜踞落在人行道縫隙間的小小水仙。想像一下，如果地球是一座沒有花朵的世界。同樣難以想像的是，地球在絕大多數的時間裡，其實一朵花兒都沒有。花相當年輕嶄新！至少，花的歷史可以說是相當短暫。陸地植物大約從四億七千萬年前開始繁盛茁壯，當時主要的植物不具維管束且形如苔蘚，例如蘚類（liverwort），緊接著便出現了能探索至離岸更遠處的維管束植物，因為它們已經擁有能以毛細作用吸水的根部，還有可以儲存水分的莖與其他構造。

　　早期的海洋植物以散布孢子繁殖，包含了它們基因物質的孢子能以水運載，希望能藉此遇到其他相似的孢子，並進一步在其他地方繁衍、成長。孢子繁殖的方式在陸地的效率較低（因為孢子可能會脫水乾枯），因此，部分植物便演化出花粉與種子，保護它們的基因物質度過嚴苛的天候條件或不幸遇到的長期乾旱。但是，為何植物需要發展出花朵呢？也許背後的原因就是我們動物。

　　早在三億五千萬年前，許多早期植物都與昆蟲及其他動物發展出了共生關係。屬於種子植物的裸子植物（gymnosperms）的花粉粒，勢必需要被實際從特定的花粉毬果帶到另一株植物的胚珠毬果以完成受精，例如針葉樹（conifers）。大自然的風的確能隨機達成，但若是有了昆蟲的幫助，受精成功機率將急遽增加。

　　當白堊紀出現首批開花植物（被子植物〔angiosperms〕），這般的共生關係有了極為戲劇化（也極為美麗）的發展。花朵，是一種被子植物的生殖器官，花朵的亮麗色彩與精緻構造似乎正是為了吸引昆蟲、鳥類與其他授粉者而特別設計，而這些授粉者的功用就是協助植物之間的花粉傳遞。更令人驚豔的是，花朵可能甚至為了吸引特定的授粉者，而演化出特定的顏色與形態，如此一來，便更能保證花粉在相同物種的植物之間傳遞。這種鎖定特別物種授粉者的方式，也可能可以幫助開花植物更頻繁地針對環境條件的變化做出適應與演化，而開花植物也因此成為今日世界最多元且分布最廣闊的陸地植物。

右圖　約有一億兩千五百萬年歷史的遼寧古果（Archaefructus liaoningensis）化石，它也是地球目前已知最古老的開花植物。
左圖　一隻正在百日草（Zinnia）花朵中收集花粉的蜜蜂。

參照條目　性的起源（約西元前十二億年）；陸地植物首度現身（約西元前四億七千萬年）；陸地動物首度現身（約西元前三億七千五百萬年）；鳥類首度現身（約西元前一億六千萬年）；作物基因工程（西元1982年）。

洛磯山脈

　　以穩定大陸地殼（古地核）為中心聚集而成的區域，其年代最早可以回溯至早期太古宙的地殼形成時期。一旦這些區域隨著數十億年的時間過去，邊緣漸漸增積並形成真正的大陸板塊尺寸後，區域的中心便大致進入地質「寧靜」區。因此，離穩定大陸邊緣之處，其實很難看到相對年輕的大型造山證據。然而，由北美板塊西部邊緣深入內部之處就坐落著一道這樣的山脈，那便是洛磯山脈。洛磯山脈是如何能在此處形成？

　　洛磯山脈遠古山根的岩石，是由原本的古老大陸地殼與淺海沉積物地層組成，並在大約三億年前盤古大陸形成之時，經歷了破裂、變形、變質、熔融與抬升等作用。不過，絕大部分的古代洛磯山脈都因此後數億年的侵蝕而消磨殆盡，此時所有激烈的造山運動都發生在遙遠的板塊西部邊緣。

　　然而，這些發生在遙遠西方的事件，最終依舊影響了內陸區域。確切地說，法拉榮海洋板塊以一個淺薄的小角度沉降（隱沒）至北美洲板塊西部邊緣下方，使得更遙遠的內陸地帶也會受到板塊構造與火山運動的影響。大約在八千萬年前，下方滑動的海洋板塊所造成的摩擦與擠壓應力，在抬升上方板塊的同時也持續造成巨大的斷層，古代洛磯山脈一帶因此向上抬升。洛磯山脈再度竄起宏偉的山峰，在兩千萬年間的造山運動中，山脈一路從現代英屬哥倫比亞（British Columbia）北部向南延伸至新墨西哥（New Mexico）。當大陸板塊的隆起歇止，重生的洛磯山脈之最高頂峰很可能超過 6,000 公尺，高聳如現今的喜馬拉雅山。

　　在最近的六千萬年之間，洛磯山脈周遭的北美古陸核再度沉靜下來，經過這段時間之風、水與冰川的侵蝕，洛磯山脈的高度大約降下 30%，成為今日依舊令人驚嘆的模樣。

1866 年，亞伯特・比爾施塔特（Albert Bierstadt）的油畫作品〈風暴中的洛磯山脈羅沙利山〉（A Storm in the Rocky Mountains, Mt. Rosalie），捕捉了這座年輕山脈一帶足具戲劇性的地質與天候性質。

參照
條目　大陸地殼（約西元前四十五億年）；板塊構造運動（約西元前四十至前三十億年？）；阿帕契山脈（約西元前四億八千萬年）；盤古大陸（約西元前三億年）；內華達山脈（約西元前一億五千五百萬年）；大西洋（約西元前一億四千萬年）；喜馬拉雅山脈（約西元前七千萬年）；盆嶺地形（西元1982年）；黃石超級火山（約十萬年後）。

約西元前七千萬年

喜馬拉雅山脈

　　綜觀地球歷史，岩石圈數十塊主要構造板塊之間的碰撞，正是火山運動、造山運動與大陸面積增長的主要原因。尤其是大陸地殼與大陸地殼的相撞，更引起了世界最主要的幾次造山運動，在兩個地殼相互擠壓、褶皺與揉皺之際，一連串山峰一座座誕生，例如阿帕拉契山脈、烏拉山脈與亞特拉斯山脈，還有現代的洛磯山脈、阿爾卑斯山脈與庇里牛斯山脈。

　　另一方面，當海洋地殼遇到了大陸地殼時，海洋地殼幾乎無一例外地都會潛入（隱沒）大陸地殼下方，因為海洋地殼是以高密度富鐵質的玄武火成岩組成，而大陸地殼則是以低密度富矽質的火成岩與沉積岩構成。一般而言，隱沒作用將使海洋板塊熔融、形成深邃的海溝、高聳的火山，以及抬升大陸地殼。但是，以板塊碰撞的標準而言，板塊隱沒其實相對溫和。即使在某些情況之下，大陸地殼不得不隱沒至另一大陸地殼之下，大陸地殼與大陸地殼碰撞的劇烈程度依舊更如同鐵達尼號般的撞擊。成果便是碰撞帶因巨大擠壓而使地殼抬升，板塊碰撞尤其明顯。全世界最高聳的山脈便因此誕生。

　　這就是尼泊爾（Nepal）一帶所歷經的過程。自大約七千萬年前開始，一塊相對小型的印度大陸板塊（約於一億四千萬年前從盤古超級大陸分裂而出）迎頭朝向歐亞大陸板塊碰撞。兩塊大陸從大約一千至兩千萬年前開始全速相向撞擊，直到今日，兩個板塊持續互相擠壓與褶皺抬升。

　　其成果就是驚人宏偉、高聳、年輕且原始的山脈——喜馬拉雅山脈，山脈沿線包括 50 座參天般的山峰，每一座都超過 7,200 公尺，而擁有 8,850 公尺高度的世界頂峰聖母峰（Mt. Everest）便是其中一座。建造這些山峰的機制即是所謂的逆衝斷層（thrust-faulting），持續聚合的地殼地塊會不斷逆衝向上，並覆蓋到彼此上方。力道之巨大，讓曾經靜落於深深海底的沉積物，如今立於世界頂峰。

自西藏高原上空向南瞭望喜馬拉雅山脈之景色，此照片由國際太空站（International Space Station）的太空員於 2004 年拍攝。照片中間正是聖母峰。

參照條目　大陸地殼（約西元前四十五億年）；板塊構造運動（約西元前四十至前三十億年？）；庇里牛斯山的山根（約西元前五億年）；阿帕拉契山脈（約西元前四億八千萬年）；洛磯山脈（約西元前八千萬年）。

德干暗色岩

十八與十九世紀的地質學家大多會劃分成兩門學派。漸變說（gradualism）的學者認為地球地質、生物與氣候的變化，必須歷經百萬年至數十億年的長時間緩慢轉變，例如經過緩慢的板塊移動，或是自然天擇的代代演化。另一方面，災變說（catastrophism）的學者則認為轉變源自短暫的災難性事件，例如暴風雪、火山爆發、地震、基因突變或隕石撞擊等事件。兩方學派爭論激烈。如今，現代地質學家發現種種主要轉變可以綜合了兩種方式。

火山爆發就是災變事件的例子，其造成的影響相對瞬間且會對地景與氣候產生劇烈變化。地球史上最大規模的火山系列活動就是驚人的例子，這系列的事件發生在小型印度的大陸板塊朝向歐亞大陸板塊碰撞（穿越現今的印度洋〔Indian Ocean〕），在形成喜馬拉雅山脈之際，也引發巨量的岩漿噴發。在不到五萬年之間，噴流出的岩漿完全覆蓋了這塊微型板塊一半的面積，而且厚度超過兩千公尺。

覆蓋此區的大量岩漿稱為德干暗色岩（Deccan Traps），因為這層厚厚的熔岩流模樣如同階梯而命名為「Traps」（斯堪地那維亞〔Scandinavian〕的階梯一詞為「trappa」），而「deccan」一詞則源於梵語，意為南方。關於德干暗色岩的來源，目前最主流的假說認為當印度板塊在移動之際，行經印度洋之下炎熱的地函對流柱，並使得極大量的岩漿向上湧出至地表。

火山除了噴發出熔融的岩石，也還有有巨量的溫室氣體。因此，另一個假說認為，德干暗色岩噴發可能與不久後的生物大規模滅絕有關，也就是約六千五百萬年前的白堊紀末期。此時期的大規模滅絕還有另一個競爭假說，也就是使氣候在短時間內驟變的隕石撞擊假說，此假說能夠解釋古代恐龍與許多其他物種的快速滅絕。不過，就像漸變說與災變說能夠結合的方式，現代許多地質學家與古生物學家都更能接受也許這兩件幾乎同時發生災難性的事件，共同將當時的災變程度疊高，達到了地球史上五次生物大規模滅絕之一。

這片田園美好光景的周遭圍繞著層狀火山山丘，位於印度南部的西高止山脈（Western Ghats Mountains），也是德干暗色岩廣大的火成岩區域之一部分。

參照條目　重撞擊後期（約西元前四十一億年）；雪球地球？（約西元前七億兩千萬至前六億三千五百萬年）；三疊紀滅絕（約西元前兩億年）；恐龍滅絕撞擊事件（約西元前六千五百萬年）；亞利桑那撞擊事件（約西元前五萬年）。

阿爾卑斯山脈

　　盤古超級大陸大約在兩億至一億五千萬年前開始的分裂，形成的影響之一便是創造了朝東西兩方分裂的張裂板塊邊界——大西洋中洋脊，最終導致非洲與歐亞大陸板塊的碰撞（約六千五百萬年前展開）。自地球板塊構造運動啟動，所有主要的大陸地殼與大陸地殼碰撞都創造了令人驚嘆的雄偉山脈，其中便包括了阿爾卑斯山脈。

　　在非洲與歐亞大陸板塊碰撞之前，如今已不復存在的古地中海（Tethys Sea）其實藏著寬闊且深邃的海底盆地。如同所有發展良好的海洋盆地，古地中海海床沉積聚集了數量龐大的石灰岩與泥岩，沿岸同時還有鹽類礦物沉積物，也就是蒸發岩（evaporites）。在非洲與歐亞大陸板塊逐漸接近的過程中，這些岩石都經歷了擠壓、褶皺、變質與抬升。最終，古地中海完全閉合消失，而原本的海洋沉積物抬升且互相堆疊成為阿爾卑斯山脈，就像是被推向桌面另一端而揉皺的桌巾，組成阿爾卑斯山脈的逆衝岩塊因此也被地質學家稱為推覆岩蓋（nappes，源於法文，意為桌巾）。

　　歐洲境內綿延約 1,200 公里的阿爾卑斯山脈，其造山運動總時間超過了數千萬年之久，期間經歷了各式不同的過程。受變質的沉積岩與火成岩在形成與混合過程中，同時也受到板塊碰撞持續不斷的擠壓力。因此，許多阿爾卑斯山脈的地形都如一片迷霧般錯綜複雜而難解。例如，立於瑞士的知名馬特峰（Matterhorn），其山腳由變質的古代歐亞大陸地殼組成，而其頂峰卻是源自非洲板塊的古老岩石。而夾在山峰與山腳中間的岩石，則是混合了非洲與歐亞大陸板塊的岩石，這些曾靜置於古地中海海底的沉積岩亦受到了擠壓與褶皺。

　　創造了阿爾卑斯山脈的造山運動至今不歇，持續以每年約 1.1 公分的速率向上抬升。然而，雪、雨與冰川每年也用大約相同的速率向下侵蝕此山脈。

崎嶇多變且地質年代相對年輕的義大利阿爾卑斯山夏日風貌，自高山湖泊間拔地高起。

參照條目　大陸地殼（約西元前四十五億年）；板塊構造運動（約西元前四十至前三十億年？）；庇里牛斯山的山根（約西元前五億年）；烏拉山脈（約西元前三億兩千萬年）；亞特拉斯山脈（約西元前三億年）；盤古大陸（約西元前三億年）；喜馬拉雅山脈（約西元前七千萬年）；發現冰河時期（西元1837年）；環境主義的誕生（西元1845年）。

恐龍滅絕撞擊事件

　　地球氣候與生物圈因為大型隕石撞擊而受到災難性轉變的假說，一直以來都未被完全接受，直到我們發現了地球遭受大型小行星撞擊的關鍵證據，這場撞擊很可能造成了恐龍與其他許多物種的滅絕，而時間就發生在大約六千五百萬年前，即白堊紀與古第三紀（Paleogene）的交界。這項關鍵證據就是遍布全球的一層薄薄沉積層，其中富含相當稀有的銥（iridium）元素。銥是一種重金屬，屬於鉑（platinum）族金屬，鉑族金屬在岩石與礦物中經常與鐵鍵結。地球的重金屬在地球形成之時，絕大多數都已沉入地函與地核深處，因此，地殼出現一層全球可見的富銥沉積層，實屬異常。地質學家為此異常現象提出了一項假說，他們認為這些銥隨著大型含金屬的小行星一起墜落地球，爾後蒸發，使得地球氣候產生急遽變化，進而掀起植物與動物物種的一場巨大浩劫。

　　這場撞擊揚起了蒸發的岩石與塵土至大氣層，並點燃了規模龐大的燎原野火，使天空充斥塵煙與煙霧，陽光因此阻絕在外，而全球地表氣溫持續了數年的低溫。雖然地球生物此時遭受的災難不若二疊紀與三疊紀之間的大滅絕（約兩億五千兩百萬年前）嚴重，但由於食物鏈的基礎必須倚靠日照與光合作用，恐龍等物種依舊面臨大量毀滅。然而，哺乳類與鳥類等物種，因為穴居與以昆蟲、腐肉或其他非植物為主食，而撐過這場浩劫而未步入滅絕。

　　古代恐龍因小行星撞擊而滅絕，還有其他地球歷史中因大型撞擊事件造成的大規模生物滅絕事件，都是持續受到檢驗的假說。其他地質與氣候影響，例如大氣的氧氣含量劇烈變化、海平面高度大幅轉變，或是火山岩石與氣體的大量噴發，都不斷地在地球歷史篇章上演，發生的時間有時也會與滅絕等級的撞擊事件假說相同。因此，導致地球主要生物大規模滅絕的環境條件，可能是由多起事件共同影響。

大型小行星在地球墜落（示意圖），此事件正是白堊紀終點與古第三紀（舊名為第三紀〔Tertiary〕）起點的標記，時間大約是六千五百萬年前。

參照條目　地球地核的形成（大約西元前四十五億四千萬年）；重撞擊後期（約西元前四十一億年）；寒武紀大爆發（約西元前五億五千萬年）；大滅絕（約西元前兩億五千兩百萬年）；亞利桑那撞擊事件（約西元前五萬年）；通古斯加火山爆發（西元1908年）；滅絕撞擊假說（西元1980年）。

靈長類

　　雖然哺乳類成功挺過兩次大規模生物滅絕，但是，在面對一座通常充滿更大型且更強壯的掠食者的世界中，早期哺乳類依舊必須發展出能夠幫助牠們成功生存的行為策略與演化適應優勢。有的哺乳類發展出挖掘洞穴的能力，協助牠們以隱匿的生活方式躲過絕大多數的掠食者。有的哺乳類則學會爬到樹上，例如現代靈長類的前身。

　　靈長類屬於哺乳類，擁有雙手、如手般的雙腳與前視的雙眼。牠們的體型從嬌小的 30 公克重的狐猴（lemurs），一路到 200 公斤的大猩猩（gorillas）皆有，兩個極端體型之間包括了許多物種，例如狨猿（marmosets）、眼鏡猴（tarsiers）、猴、人猿（apes），當然還有人類。絕大多數的靈長類都是技巧純熟的樹棲動物，最知名的例外就是我們人類。由於樹棲的生活方式，靈長類因此演化得更依賴視覺與嗅覺感官（勝過絕大多數的哺乳類），另外，更敏銳的立體視覺、色彩感知，以及對生拇指，都是極具優勢的適應發展。

　　最早的靈長類紀錄大約可以回溯到六千至五千萬年前，例如達爾文麥塞爾猴（*Darwinius masillae*）。這種如今已經絕種的動物，模樣其實如同現代的狐猴，但兩者的爪與牙齒有相當顯著的不同。靈長類的後裔究竟如何且為何與其他哺乳類分道揚鑣，是現今密集探討研究與爭論的主題。例如，某些基因證據顯示，一小部分的早期靈長類與靈長類前身可能因為與主要群體有了地理的隔絕，迫使牠們重新建立不同的生態棲位。

　　另一方面，最早的類靈長動物（猴與人猿）可回溯至大約四千萬年前。目前的假說認為牠們的起源地為亞洲，並且似乎很快就以某種方式越過大西洋（當時的大西洋寬度比今日狹窄，但距離依舊可觀），接著定居於非洲、歐洲與南北美洲等地的熱帶環境。

　　靈長類的生活方式包括獨居、配偶生活，以及大型社會結構。相較於其他體型相似的哺乳類，靈長類動物從幼年發展至成年的速度較為緩慢，但壽命也相對較長。許多現代靈長類的行為研究也發現牠們擁有較高的智力，發明與使用工具的歷史似乎也比較長。

訪客正在英國倫敦的自然史博物館（Natural History Museum），參觀一件已有四千七百萬年歷史且保存狀態絕佳的靈長類骨骸標本之一，此標本正是著名的達爾文麥塞爾猴，也暱稱為「伊達」（Ida）。此動物的體型大約如同一隻擁有長尾巴的小貓。

參照條目　陸地動物首度現身（約西元前三億七千五百萬年）；哺乳類（約西元前兩億兩千萬年）；最初的人類（約西元前一千萬年）；智人現身（約西元前二十萬年）；迷霧森林十八年（西元1983年）；黑猩猩（西元1988年）。

南極洲

在我們的想像中，南極洲就是一個嚴寒、渺遠之地，一個位於地球底部、荒涼且無法居住的島。然而，南極洲其實是一個五臟俱全的大陸，而且經歷過地球陸塊在漫長歷史間某些最劇烈的轉變。這是一座將種種歷史深埋冰雪之下的世界。

最終成為南極洲的大陸地殼，原本是大約六、七塊的低密度古陸核，這幾塊古陸核大約在元古宙晚期（約七億五千至六億年前）聚合成為超級大陸，岡瓦納大陸。岡瓦納大陸是當時地球最大型的陸塊，並持續數億年之久，直到它與另一個大型陸塊勞倫西亞（其中包含了北美洲與歐亞大陸板塊）聚合，並形成了新的超級大陸——盤古大陸。最終，盤古大陸從大約一億七千五百萬年開始分裂成小塊的大陸板塊，一塊接著一塊散裂成今日我們熟知的各州大陸。澳洲與南極洲是最後分裂的陸塊，大約從三千五百萬年前開始，澳洲漸漸向北方漂移，而南極洲則向南方前進。

南極洲是尺寸大小倒數第三的大陸（只比歐洲大一些，又比南美洲小一些），僅占地球大陸陸塊總面積的9%。當南極洲越來越接近南極之時，冰川與冰層便隨著年均溫的下降而逐漸形成並增長。最終，南極洲也被環極洋流包圍。持續流動的冰冷海水將南極洲完全包進深層冰凍中，維持且甚至增長了冰、雪與冰川，直到大約一千五百萬年前開始，它們覆蓋了所有陸地。

當南極洲還是岡瓦納大陸的一部分時，它位於中緯度的熱帶地區。然而，南極洲絕大多數的地質與生物之謎如今都深埋於數公里的冰雪之下。雖然我們的確可以經由野外調查與鑽探研究，解讀出部分火山、板塊構造與沉積歷史，但南極洲大陸的歷史全貌可能必須等待有朝一日它再度漂移至溫暖氣候地帶才得以揭曉。

美國太空總署製作的南極洲大陸合成圖，中心為南極。南極洲大陸陸塊被冰、雪與冰川覆蓋，而主要海灣與潮口也都被海冰掩蓋。

參照條目　大陸地殼（約西元前四十五億年）；板塊構造運動（約西元前四十至前三十億年？）；盤古大陸（約西元前三億年）；大陸漂移（西元1912年）；航空探索（西元1926年）；國際地球物理年（西元1957至1958年）；沃斯托克湖（西元2012年）。

東非張裂帶

　　從大約兩億至一億七千五百萬年前開始的盤古超級大陸破裂，使得大陸地殼張裂或分離，而小型的陸塊進一步因為大規模岩石圈板塊運動，各自漂散分離。此現象的假說之一為地函的湧升流使炙熱的岩漿對流柱從深部地函向上浮至淺層，電腦模擬的結果也支持張裂現象背後的原因為此。根據此電腦模型，上升的地函對流柱將使上覆地殼隆起、變形與部分熔融，地殼也將因此弱化。當炎熱的對流柱越來越接近地表的同時，將散失其熱能，邊緣會開始冷卻並下沉，同時沿著下沉的對流柱橫向拉開上覆地殼。

　　大陸張裂使得盤古大陸分裂，大陸一塊接著一塊地在大約一億五千萬年之間分離。然而，因為一切發生在球面形狀的行星表面，漂散開來的大陸在經過如此長期的分裂之後，勢必會再度於另一處與其他大陸相撞。某些最近期的碰撞進一步形成了喜馬拉雅山與阿爾卑斯山。這類碰撞，再加上地底深處炎熱地函對流柱的影響，也將持續使大陸地殼變得脆弱與變薄，並生成新的張裂。

　　這就是大約三千萬年前開始，非洲大陸東部邊緣下方板塊運動的假說。不過，不論原因究竟如何，當地殼變薄與弱化時，便開始形成長度約 6,000 公里的張裂帶，從衣索比亞一路延伸至莫三比克（Mozambique）。東非張裂帶一直以來都有數量可觀的地震與火山噴發，證明了拉張非洲板塊巨大的熱能與力道。

　　東非張裂帶是今日地球地震最活躍的張裂系統，此處的地殼目前正以每年約六至七公釐的速度分裂。如果板塊繼續以此速度移動，非洲將在短短一千萬年之後，分裂成兩個新板塊（地質學家已經將東邊的稱為索馬利板塊〔Somali plate〕，西邊的稱為板塊努比亞〔Nubian plate〕），以及坐落於兩者之間的新海洋盆地。

位於東非張裂帶的地球地殼因板塊構造運動而被拉張的示意圖。圖中右邊為非洲之角（Horn of Africa）與索馬利亞（Somalia），尼羅河（Nile River）則在左邊。在短短一千萬年之中，其間將形成一座新海洋盆地，而非洲將分裂成兩個板塊。

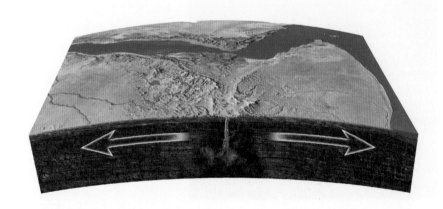

參照條目　大陸地殼（約西元前四十五億年）；板塊構造運動（約西元前四十至前三十億年？）；盤古大陸（約西元前三億年）；大西洋（約西元前一億四千萬年）；喜馬拉雅山脈（約西元前七千萬年）；阿爾卑斯山脈（約西元前六千五百萬年）；大陸漂移（西元1912年）。

升級版四碳光合作用

　　將陽光轉換成細胞代謝可用能量的過程，稱為光合作用，這是生命最早的演化創新之一，時間大約落在三十四億年前。本質上，此作用為空氣中的二氧化碳（CO_2）氣體與水蒸氣的水（H_2O），一同在陽光的參與之下，產生葡萄糖（$C_6H_{12}O_6$）與副產品氧氣（O_2）。細胞進一步將葡萄糖當作燃料使用，此過程被稱為三碳固碳（C_3 carbon fixation）。早期混濁的大氣層缺乏氧氣，且充滿火山噴發提供的二氧化碳，這正好就是早期生命將大量陽光當作燃料來源的理想條件。

　　在大約四億七千萬年前，首批陸地植物現身並快速繁衍，使得大氣中原本大量的二氧化碳急遽下降，三碳固碳因此漸漸變得越來越沒有效率。簡單的單細胞光合生物其實並不太在意這樣的環境變化（現今依舊不以為意），因為它們的能量需求不高，而且，現代依靠三碳固碳的植物，約有超過 95%都生長在日照與氣溫適中且地下水豐沛的環境。然而，如果植物剛好生活在日照更強烈、更炎熱且更乾燥的環境，在二氧化碳濃度變低又必須維持相同的生存需求之下，便需要更有效率的光合作用。

　　在大約四億七千萬至三億年前之間，大氣中的二氧化碳濃度穩定地下滑，迫使某些植物面臨必須發展出更有效率光合作用的生存壓力。許多種類的植物也真的辦到了，大約在三千至兩千萬年前，它們發展出利用太陽能的新機制，稱為升級版四碳光合作用。使用這種機制的植物在葉子中演化出特化的光合作用細胞，能更有效率地捕捉與濃縮二氧化碳及水，接著再傳遞至葉綠體細胞，另一方面，即使二氧化碳在葉子外的世界隨著時間一點一滴地變少，三碳光合植物依舊以較高的速率不斷使用著更多二氧化碳。

　　一旦遇到乾旱、熱浪或二氧化碳濃度低的狀態時，相較於三碳植物，四碳植物便更具優勢。雖然四碳植物僅占今日植物物種的 5%，但是，大氣中幾乎有 25% 的二氧化碳都是由它們進行固碳，它們是至關重要的二氧化碳生物隔離槽，少了它們，我們將會面臨氣溫更高的氣候。

仔細瞧瞧葉子，這是植物進行光合作用的主要地點。

參照條目　光合作用（約西元前三十四億年）；大滅絕（約西元前兩億五千兩百萬年）；陸地植物首度現身（約西元前四億七千萬年）；花（約西元前一億三千萬年）。

喀斯開火山

　　一張世界活躍火山與地震帶的地圖，其實也是一幅描繪世界幾個大型構造板塊邊界的地圖。這些邊界正是最有趣的地質現象發生之處。當兩個大陸板塊碰撞時，在兩個板塊彼此擠壓褶皺之處會形成高聳的山脈。另一方面，當海洋與大陸板塊碰撞時，兩者的互動會變得相當不一樣，它們並不會彼此直接擠壓褶皺，而通常是密度較高的海洋板塊滑進並下沉（隱沒）至大陸板塊之下。此時，下沉板塊的前緣會開始熔融，岩漿與氣體將向上浮起，並使上方的大陸板塊熔融且混合，上方的地殼因此向上隆起如山丘一般，並且在岩漿與氣體衝出地表時，造成猛烈的火山噴發。

　　北美洲大陸板塊的太平洋西北海岸沿線，正好就是這種板塊碰撞的類型。更精確地說，三個曾經是古代海洋板塊法拉榮的碎塊，被持續朝向東邊的北美洲板塊推進，並在隱沒至大陸板塊之下的過程中，沿著曲線和緩的喀斯開火山（Cascade Volcanoes）島弧因此引發大量的地震與火山噴發。如今，三個古代海洋板塊僅剩下相當微小的碎片，因為絕大部分已經在隱沒過程摧毀。

　　這些隱沒的海洋板塊對於太平洋西北地區的地表地質產生顯著影響。其中最為劇烈的變化，也許就是此區域擁有 20 座主要火山山峰，以及超過 4,000 個火山口，一座座綿延排列長達約 1,100 公里，沿線大致與海岸平行，但都大約位於內陸距海岸約 160 公里之處。這些就是喀斯開火山，包含在也因板塊隱沒而向上抬升，但寬度更廣的喀斯開山脈。此區的高聳火山（其中大約有十幾座高度超過 3,000 公尺）稱為層狀火山（stratovolcanoes）或複合火山（composite volcanoes），這些圓錐狀的火山由一層層的火山灰與岩漿構成，這類火山噴發通常會造成嚴重的火山爆發事件，例如維蘇威火山（Mt. Vesuvius）與富士山（Mt. Fuji）就是世界知名的層狀火山，而美國當地相當著名的例子就是喀斯開火山的聖海倫火山（Mt. St. Helens）。

從美國奧勒岡（Oregon）上空向北方望去的喀斯開火山群峰。前景為三姊妹火山（Three Sisters），一路向北分別是華盛頓山（Mts. Washington）、傑佛遜山（Mts. Jefferson）、胡德山（Mts. Hood）與亞當斯山（Mts. Adams）。

參照條目　板塊構造運動（約西元前四十至前三十億年？）；內華達山脈（約西元前一億五千五百萬年）；喜馬拉雅山脈（約西元前七千萬年）；安地斯山脈（約西元前一千萬年）；島弧（西元1949年）；聖海倫火山爆發（西元1980年）；火山爆發指數（西元1982年）。

夏威夷群島

約翰・圖佐・威爾遜（**John Tuzo Wilson**，西元 1908—1993 年）

　　地球地函以巨大對流循環釋放內部熱能——形變或熔融的岩石向上浮升至地表，接著因冷卻而浮力減少，再度向下沉降。地質學家把這些向上升起的炎熱岩漿對流柱接近或衝破地表的地方，取了一個特別的名字：熱點（hotspots）。熱點就是火山似乎在「莫名其妙」之處噴發的地區，相較於其他比較普通的火山則大多沿著板塊聚合或張裂的邊界坐落。歷史中較知名的熱點火山包括德干暗色岩、黃石火山（Yellowstone Caldera）、冰島與夏威夷群島（Hawaiian Islands）。

　　夏威夷的大島（Big Island）、鄰近島嶼與海底山（seamounts）排列成兩條長長的島嶼系列，首先是一條長約 2,400 公里的島鏈，從大島一路朝西北列著一座座大型島嶼及海底山；另一條則是長度約為 1,600 公里的海底山列嶼，方向比較接近南北向，並一路延伸到阿拉斯加（Alaska）的阿留申群島（Aleutian Islands）。這系列島嶼位置所呈現的漂亮線形，還有列嶼的線條突然以明顯不同的角度轉向北方，種種跡象都讓地質學家不禁猜想：也許，太平洋中心有著一個熱點，熱點隨著時間慢慢向上碰觸到太平洋板塊。

　　夏威夷群島由熱點形成的假說還有第二個重要線索：各座島嶼火成岩的年齡。在夏威夷的大島，基勞厄亞火山（Kilauea volcanoes）與茂納羅亞火山（Mauna Loa volcanoes）是今日持續噴發並讓大島面積不斷擴大的火山。但是，大島西邊茂伊島（Maui）的岩石年齡已有一百萬年，往西方一路延伸的

摩洛凱島（Molokai）、歐胡島（Oahu）與可愛島（Kauai），島嶼岩石年齡分別是兩百萬、三百萬與五百萬年。對於加拿大地質學家約翰・圖佐・威爾遜而言，這一切的模式相當鮮明，他在 1963 年提出結論：較古老的島嶼與海底山向西北方分布的情形，代表太平洋板塊正緩慢地朝向西北方移動，下方覆蓋著相對穩定不動的夏威夷熱點。露出海面最古老的島嶼是小小的庫爾礁（Kure atoll），年齡為兩千八百萬年，這也大約是夏威夷群島初次露出海面的時間。

美國太空總署的夏威夷群島衛星圖。圖中可見從東南方的夏威夷大島，一路朝向西北方到可愛島及小小的尼好島（Niʻihau）。如將所有出露海面的小型島嶼和礁一併算入，完整島鏈需再向西北方延伸約一千公里。

參照條目 德干暗色岩（約西元前六千六百萬年）；東非張裂帶（約西元前三千萬年）；黃石超級火山（約十萬年後）；洛西島（約十萬至二十萬年後）。

安地斯山脈

　　地球上長度最長的連續構造板塊聚合帶之一，位於南美板塊西部邊緣的大陸地殼。在超過九千萬年的時間中，海底板塊張裂中心不斷地生成新的海洋地殼，而海洋地殼如同乘坐著輸送帶，一路向外撞進南美洲。此處的碰撞已歷經許多起顯著的事件與造山運動。從大約一千萬年前開始，一個曾經屬於法拉榮板塊的納茲卡板塊（Nazca plate）撞進南美洲的西部，並形成了許多挺拔的山峰與火山，這片山脈就是現今的安地斯山脈（Andes Mountains）。

　　就像是古代法拉榮板塊碎片隱沒至北美洲所形成的喀斯開火山山脈，納茲卡板塊隱沒至南美洲的過程也造成了大量造山運動與火山活動。安地斯火山帶從哥倫比亞向南延伸，從厄瓜多、祕魯、玻利維亞、智利，一路再到阿根廷；甚至有人認為此火山帶還包括了南極洲（曾與南美洲連結）的火山。這條漫長的火山帶沿線包含了數百座仍活躍與已然歇止的火山。

　　在研究岩石組成、礦物學與形成條件等主題的岩石學家與地質學家心中，安地斯山脈總是占據著一塊特別的位置。由於海洋板塊沿著南美洲板塊邊界的隱沒過程，橫跨了相當綿長的歷史，因此大陸地殼增厚的程度可觀，而從下方海洋板塊熔融並升起的岩漿，穿越上覆大陸地殼時，會融化或同化較常出現在大陸地殼的矽與鹼土元素。因此，成功抵達地表的火山灰與岩漿的組成成分，會與中洋脊玄武岩的成分差異相當大。為了向發現這類岩石的山脈致意，岩石學家將這類組成成分的岩石稱為安山岩（andesite）。

　　安地斯山脈的活躍火山們，組成了環太平洋火山帶的東南部。太平洋火環帶是一個範圍達地球半球的活躍地震與火山活動的區域，其中囊括了中美洲與北美洲（包括喀斯開火山）的太平洋沿岸，以及北方的阿留申群島，還有一路向下延伸的日本、東南亞、印尼與紐西蘭。地球最大型的連續地質構造之一，就是太平洋火環帶。

南安地斯山脈卡瓦哈山谷（Carbajal Valley）的航拍圖，此地位於阿根廷的火地島（Tierra del Fuego）。

參照條目 板塊構造運動（約西元前四十至前三十億年？）；內華達山脈（約西元前一億五千五百萬年）；喀斯開火山（約西元前三千萬至前一千萬年）；島弧（西元1949年）；海底擴張（西元1973年）。

最初的人類

　　「hominids」（原始人類）一詞原本僅代表人類，以及與我們血脈最接近且如今已滅絕的親緣物種，然而，此詞現在已廣義代表所有稱為「類人猿」（great apes）的人科物種，包括大猩猩、紅毛猩猩（orangutans）、黑猩猩（chimpanzees）、現代人與現代人已然滅絕的祖先。根據化石紀錄，原始人類的起源可以回溯至大約一千萬年前。在中新世（Miocene，約兩千兩百萬至三百萬年前之間）絕大部分的時間裡，靈長類動物演化適應了各式各樣的生活方式（絕大多數為樹棲生活）與生態棲位，尤其是當時在赤道與中緯度區域的廣闊熱帶環境。然而，化石與地質紀錄顯示，到了中新世接近尾聲時，時間大約是一千萬至八百萬年前之間，熱帶地區的範圍大幅縮減，取而代之的是更多溫帶草地莽原（savanna）生態區。就像是越來越多植物與動物開始適應莽原與其他新的環境條件，靈長類動物也為了尋找食物，被迫從樹上走下。

　　一般而言，原始人類是一種大型且無尾巴的靈長類動物，雄性體型通常比雌性高大（稱為雌雄異型〔sexual dimorphism〕），多數物種為四足動物（以四隻腿行走，但當然某些物種為雙足動物）。所有原始人類的物種都擁有對生拇指，他們除了都會利用雙手狩獵或採集食物（絕大多數的物種主要吃食果類，但少數為雜食動物），少數物種還會製作工具。雌性原始人類的妊娠期間約為八或九個月，典型的生產都是一次誕下一名孩子。所有原始人類的寶寶都需要高度的照護，從嬰兒期一路至青春期，而且通常會在 8 至 15 歲之後才達到性成熟（依物種而有不同）。

　　原始人類的基因從原本靈長類分歧的確切時間點目前仍不得而知。儘管如此，目前可取得的證據，以及現存原始人類物種的基因差異地理分布，指出在過去大約一千萬年之間，先是紅毛猩猩，然後是大猩猩，再來是黑猩猩，一個接著一個地從普通的原始人類祖先分裂出來，一步步地最終出現人類。例如，黑猩猩與人類約有 98.4% 的 DNA 相同，可見這兩個靈長類原始人類物種的親緣如此接近，且彼此的連結是如此近期。

生活在牠們自然棲地的倭黑猩猩（Bonobos，一種與黑猩猩相似的原始人類），此地位於非洲剛果共和國（Democratic Republic of Congo.）。

參照條目 哺乳類（約西元前兩億兩千萬年）；靈長類（約西元前六千萬年）；智人現身（約西元前二十萬年）；迷霧森林十八年（西元1983年）、黑猩猩（西元1988年）；莽原（西元2013年）。

約西元前七百萬年

撒哈拉沙漠

描述行星地球所擁有的多元地理、生物與氣候特色之一，就是將地表分為約十大生態區域典型或生態群系（biomes）。許多生態群系的分類是直接以特定的年均溫與年雨量劃分。沙漠便是其中最乾燥的生態群系，但是，沙漠能夠出現在地球最嚴寒與最炎熱的地區。最寒冷的沙漠出現在高緯度的北極與南極地區，此區的沙漠形成是源於極區附近的氣流或洋流模式會阻隔來自熱帶的潮濕空氣。相反地，地球上最為炎熱的沙漠則位於赤道或接近赤道，這裡因為受到強烈的日照與山脈的阻絕，使得範圍廣大的陸地無法產生降雨。

世界最炎熱的沙漠就是撒哈拉沙漠，範圍幾乎覆蓋了絕大部分的非洲大陸北部。撒哈拉沙漠的陸地面積堪比美國或中國，因此成為地球最大型的非極地沙漠。此地夏季高溫超過攝氏40度，目前量測到的史上最高溫為攝氏58度。另一方面，撒哈拉沙漠遼闊的中心地帶，其平均降雨量極低，年雨量少於10公釐，即使是此沙漠的「潮溼」區域，年雨量也僅僅250公釐。

由於板塊構造運動，因此非洲等地球主要大陸板塊的位置都會隨著時間有劇烈的變化。例如，中新世晚期（約七百萬年前）時，形成阿爾卑斯山脈的非洲與歐亞大陸板塊碰撞，也使得兩個大陸之間曾經遼闊的海洋盆地古地中海逐漸閉合。少了海洋的影響，非洲北部曾經生命豐饒的平原與山地漸漸乾涸，而撒哈拉沙漠悄悄誕生。

今日，就像地球絕大多數的沙漠環境，撒哈拉沙漠最主要的地質變化媒介是風，緩緩地砂磨富含石英的大陸岩石並使其裂解，而曾經的海洋沉積物也逐漸變成一片覆蓋陸地的「沙海」。

撒哈拉沙漠令人驚嘆的沙丘。此地為地球最大型的非極區沙漠。

參照條目　板塊構造運動（約西元前四十至前三十億年？）；盤古大陸（約西元前三億年）；亞特拉斯山脈（約西元前三億年）；喜馬拉雅山脈（約西元前七千萬年）；阿爾卑斯山脈（約西元前六千五百萬年）；熱帶雨林（西元1973年）；溫帶雨林（西元1976年）；凍原（西元1992年）；寒帶針葉林（西元1992年）；草原與常綠灌木林（西元2004年）；溫帶落葉林（西元2011年）；莽原（西元2013年）。

▍大峽谷

　　地球表面流動的液態水是最主要改變地質的營力之一。隨著時間流逝，海浪可以磨蝕海岸，而河川與溪流能在最堅硬的大陸基岩，鑿出深深的溝壑與峽谷。尤其是當岩盤正在抬升，岩石面對流體侵蝕（溪流與河川相關營力）時會顯得更加脆弱，因此進一步加速峽谷的形成。地球最令人歎為觀止的地質景觀之一——大峽谷（Grand Canyon）——的形成過程正是如此。

　　屬於科羅拉多河（Colorado River）的大峽谷之主要部分將近 480 公里長，寬度達 32 公里，主要範圍切穿了美國的亞利桑納州（Arizona），部分也涵蓋內華達州（Nevada）、猶他州（Utah）、科羅拉多州（Colorado）與懷俄明州（Wyoming）。在大峽谷最深之處，縱深從河流向下切穿了約 1,860 公尺（幾乎一英里）。大峽谷最著名的也許就是其種類多變的岩層，包括沉積岩、火成岩與變質岩，大峽谷的岩壁能一覽近乎二十億年的地球地質史。

　　不過，大峽谷的形成背景在地質學家之間有不少的爭論。大峽谷系統某一部分的形成年代似乎能一路回溯至白堊紀晚期（約七千至六千五百萬年前），也許屬於當時建構出現代洛磯山脈與科羅拉多高原（Colorado Plateau）的區域整體抬升之一部分。根據岩石與化石紀錄，地質學家們大致都同意較早的大峽谷系統大約在五百或六百萬年前，與較近期向下切蝕較深的系統結合。因此，大峽谷似乎是相對較年輕的作用。

　　數千年來，人類一直生活在大峽谷一帶，尤其是大峽谷內，沿著氣候較溫和適居的此流域生活，依靠其中的水、植物與動物得以生存。一旦出了大峽谷的範圍，四周盡是條件較為嚴苛沙漠環境。現代文明同樣也利用了大峽谷的資源，如今的應用焦點主要為水力發電、觀光與生態及地質研究。

自亞瓦帕觀景點（Yavapai Point）望向大峽谷的景色，能一覽地球二十億年來的地質紀錄。

參照條目 板塊構造運動（約西元前四十至前三十億年？）；內華達山脈（約西元前一億五千五百萬年）；洛磯山脈（約西元前八千萬年）；探索大峽谷（西元1869年）。

地中海

從大約七千至六千萬年前開始的非洲與歐亞大陸板塊聚合，一點一滴地關合了兩個大陸板塊之間的寬闊海底盆地。曾經盛載著古地中海域的盆地屬於海洋板塊的一部分，然而在非洲與歐亞大陸的碰撞之下，隱沒並熔融於兩者底部。這場聚合導致了可觀的區域火山活動，同時形成了一道穿越非洲北部與歐洲南部的造山帶。

在大約六千萬年前，非洲與歐亞大陸的碰撞正式截斷了剩餘的古地中海與大西洋之間的連結，古地中海自此進入了長達數十萬年的乾涸時期。內陸海水的蒸發漸漸在新誕生的古地中海盆地某些地區，形成了深厚且範圍廣闊的鹽層。鹽類沉積物的厚度在某些地方甚至可以超過三公里。這場在歐洲與歐亞大陸之間的盆地所經歷的「成鹽危機」長達六十萬年，幾乎使得地中海接近乾涸。

不過，此危機結束得也相當突然。大約在五百三十萬年前，大西洋與地中海盆地之間的天然壩突然在現今的直布羅陀海峽發生巨大的潰堤。海水洶湧倒灌回盆地，預估流速可能是今日亞馬遜河（Amazon River）的一千倍，盆地部分區域的水位可能一天上升近 10 公尺。數個月的洪水過後，今日的地中海已大致成形。

此區域曾是潮溼的亞熱帶氣候，但在數百萬年之前開始有了變化，化石紀錄在此時逐漸轉為接近今日較為乾燥的「地中海氣候」。此地慢慢地充斥著森林，包括針葉樹（例如黎巴嫩的國旗雪松），以及其他能承受夏季炎熱與乾燥環境條件的植物。然而，地中海地區的生態在數千年的人類影響之下，又有了劇烈的轉變。

根據地球物理數據製作的示意圖，此時間為非洲與歐洲南部之間的聚合正要截斷地中海盆地與大西洋連結之際。

參照條目 大陸地殼（約西元前四十五億年）；板塊構造運動（約西元前四十至前三十億年？）；庇里牛斯山的山根（約西元前五億年）；盤古大陸（約西元前三億年）；亞特拉斯山脈（約西元前三億年）；大西洋（約西元前一億四千萬年）；阿爾卑斯山脈（約西元前六千五百萬年）；撒哈拉沙漠（約西元前七百萬年）；裏海與黑海（約西元前五百五十萬年）。

裏海與黑海

　　盤古超級大陸的分裂過程，包括在大約一億四千萬年前開始的大西洋開展，一連串各個板塊最終相互碰撞的運動就此啟動，也持續形塑了今日地球地質的樣貌。其中的聚合也包括了歐洲與歐亞大陸板塊的碰撞，此過程也使得大型的海底盆地古地中海閉合，也創造了雄偉的山脈，最終更形成現代的地中海。

　　此板塊碰撞幫助了歐洲東南部到亞洲內部高加索山脈（Caucasus Mts.）與其他山脈的抬升。結果便是擠壓出原本古地中海盆地額外的區域，以及形成地球最大型的內陸湖：裏海（Caspian Sea）與黑海（Black Sea）。裏海與黑海的形成時間皆與地中海差不多，但是，由於裏海並未直接與任何全球海洋系統連結，而黑海僅會偶爾出現（當水位特別高的時候），所以，兩者的水源主要來自於周圍山脈與平原的河川與溪流。即使如此，它們的鹽度都相當高（鹽度約為海水的三分之一），原因就在於裏海與黑海是原本古地中海經過約五十萬年蒸發所留下的巨量鹽類沉積物，而後因水流入而形成。

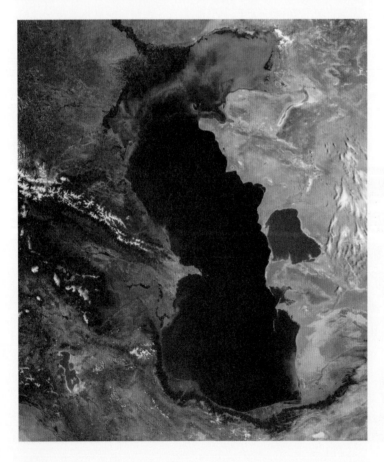

　　裏海與黑海一同占據了地球相當巨大比例的湖相淡水。其中最深的盆地槽可達海平面以下1,000 至 2,000 公尺，身處如此深度的水分不會與上層融入了空氣中氧氣的混合，因此為無氧。因此，數千年前人類生活及沿著海流於曾經的內陸海沿岸貿易的遺跡，例如船骸、史前住宅與其他史前遺跡，都有了驚人的保存，此地也成為深水考古與研究相當熱門且令人興奮的區域。

裏海的衛星照片，此照片於 2003 年由美國太空總署 Terra 衛星上的中尺度影像光譜儀（MODIS）所拍攝。

參照
條目　板塊構造運動（約西元前四十至前三十億年？）；庇里牛斯山的山根（約西元前五億年）；盤古大陸（約西元前三億年）；亞特拉斯山脈（約西元前三億年）；大西洋（約西元前一億四千萬年）；阿爾卑斯山脈（約西元前六千五百萬年）；地中海（約西元前六百萬至前五百萬年）；北美五大湖（約西元前8000年）。

加拉巴哥群島

查爾斯・達爾文（**Charles Darwin**，西元 1809—1882 年）

地球絕大多數（但並非全部）的地震與火山活動都集中於主要構造板塊之間的聚合（碰撞）邊界。然而，某些與這類邊界距離遙遠的板塊內部地區，卻出現密集的火山與地震活動。這類特殊的區域發生於地底大型對流柱（熱點）的熔融岩漿物質靠近地表之處。夏威夷的熱點就是這類區域的著名代表。另一個知名的例子則是沿著赤道且位於厄瓜多（Ecuador）西邊的加拉巴哥（Galápagos）熱點，此熱點在過去大約五百萬年之間，不斷地產生大量岩漿，持續地建造一座座熱帶島嶼。

加拉巴哥熱點還有一項特別之處，也就是它的位置相當靠近三個板塊的張裂（分離）邊界，就在南美大陸板塊的海岸邊。在加拉巴哥群島誕生之處，也就是柯克斯板塊（Cocos plate）、納茲卡板塊與太平洋板塊三者分別遠離彼此的區域，此地是中洋脊向外擴張的中心，由這裡新誕生的海洋板塊尤其年輕也特別薄。加拉巴哥群島之下的地函熱點因為此處板塊較薄，而讓部分火山熔岩推至地表。結果，持續至現在不斷噴發的火山，形成了海床上一大片廣闊的高原，以及大約 20 座島嶼（某些島嶼高度達海拔 1,500 公尺）。

加拉巴哥群島特殊的地理位置，以及與世隔離的特性，也讓此地創造出獨有的生態棲位。例如，許多曾在大陸生活的早期鳥類與爬蟲類祖先，都在此處演化成各式各樣適應了群島特殊氣候與食物資源的物種。孤立環境與特殊環境條件都是有助於物種適應環境的角色，最早發現此道理的科學家之一，就是博物學家查爾斯・達爾文，他針對加拉巴哥群島雀鳥與其他動物的研究，是其自然天擇演化論發展的關鍵證據。

主圖 一支擁有藍色雙腳的鰹鳥（boobie），此為加拉巴哥群島特有物種。
左上圖 從外太空拍攝的加拉巴哥群島全彩影像，於 2002 年從美國太空總署的 Terra 衛星拍攝。

參照條目 板塊構造運動（約西元前四十至前三十億年？）；夏威夷群島（約西元前兩千八百萬年）；自然天擇（西元1858至1859年）。

▌石器時代

　　歷史學家、人類學家以及其他研究人類文明歷史的學者們，常常將我們現在的時代稱為太空時代（Space Age）。一般而言，文化與歷史人類學家會將史前時代的現代人以及較近期的人類祖先物種，劃分為三大技術與社會時代，從年代最早到最晚分別依序是石器時代（Stone Age）、青銅器時代（Bronze Age）與鐵器時代（Iron Age）。

　　石器時代是其中時間跨度最長的史前時代。根據考古研究在現今衣索比亞所發現最古老的食材或骨材工具與器具，目前認為石器時代的起點可以回溯至三百四十萬年前。石器時代一詞，常常讓人聯想到一群群穿著獸皮的人類家族，住在洞穴，並且靠著狩獵猛瑪象（mammoths）之類的動物維生。不過，考古學家發現石器時代的人類主要其實生活在廣闊的草地莽原環境，當時的莽原幅員遼闊，從非洲南部一路向北穿越尼羅河谷，再往東方進入亞洲與現代中國，全部屬於莽原環境。草地環境無法支持原本的樹棲生活模式，這也是許多靈長類物種開始將演化之路遠離樹林生活的因素之一。

　　某些物種能夠利用現有自然物質（例如岩石、木頭與骨頭等等），改造成各種增進狩獵與食物處理的高技術工具（例如矛、小刀、燧石、槓桿與研磨的鉢與杵），莽原生活對於這些物種而言具有相當高的優勢。文化人類學家也點出，將此時代的人類視為「原始人」是另一個對於「石器時代」的不幸錯誤認知。相反地，石器時代製作工具之人、獵人與採集者都以現有的技術展現相當傑出的技巧，不僅掌握了製作工具的方式，也能夠控制火、早期船筏，甚至在宗教與天文架構方面，也利用巨石與地景創造出許多令人驚豔的作品。

　　從大約六千年前開始，某些人類社會發展出融化銅與錫等等金屬礦石的能力，進而開闢了青銅器與鐵器時代。然而，仍有其他社會則繼續以石器時代的技術生活，甚至今日依舊。

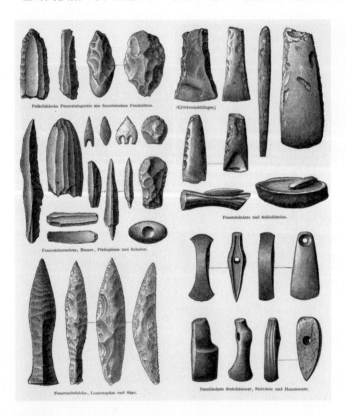

典型的石器時代工具。此為十九世紀晚期的德國版畫作品。

參照
條目

靈長類（約西元前六千萬年）；智人現身（約西元前二十萬年）；第一座礦場（約西元前四萬年）；青銅器時代（約西元前3300至前1200年）；巨石陣（約西元前3000年）；鐵器時代（約西元前1200至前500年）；莽原（西元2013年）。

死海

　　大陸地塊的分裂會在地殼創造出宏偉巨大的山谷或裂谷。東非裂谷的影響範圍遠遠超過了非洲板塊。非洲、阿拉伯、印度與歐亞大陸板塊彼此交互影響形成的複雜地帶，一路向北延伸到了東非張裂帶，沿著紅海（Red Sea）探入中東之外更遠之處。

　　尤其是，西邊有非洲與歐亞大陸板塊彼此持續擠壓，南方則是非洲板塊在主要張裂帶不斷擴張，使得部分阿拉伯半島（Arabian Peninsula）區域出現許多南北走向的山谷，特別是現今以色列、約旦與沙烏地阿拉伯所涵蓋的地區。死海，是地球海拔最低的湖泊（其實它不是「海」），就坐落在其中一座張裂山谷，其全長由阿卡巴海（Sea of Aqaba）南起，北至加里利海（Sea of Galilee）。

　　目前，死海的表水大約位於海平面以下 430 公尺，湖水最深之處約再向下 300 公尺。死海的總水量大約與美國西部的太浩湖（Lake Tahoe）相同。但是，相較於地球絕大多數的內陸湖或內陸海，死海可稱為超鹽度（hypersaline），其鹽度約為 34%（將近一般海水的十倍），因此能在死海周遭生存的植物或動物都相當稀有。

　　死海是怎麼變得如此鹹？目前最主要的假說認為阿拉伯半島在過去數千萬年之間，不斷地歷經了多次的抬升與沉降，偶爾還會被海水淹沒。此區域似乎正在進行抬升週期，大約在三百萬年前，自盆地與其他地中海的連結被截斷之後，便創造出一座真正的內陸海，也就是死海的前身。漸漸地，當海水蒸發之後，極大量的鹽類便開始沉積，剩下的海水鹽類濃度便急遽增加，為這座不斷縮小的湖泊贏得這個不幸且也相當貼切的暱稱——死海。

緩慢蒸發著的死海，海岸沿線布滿了結鹽岩石。

參照條目 盤古大陸（約西元前三億年）；大西洋（約西元前一億四千萬年）；阿爾卑斯山脈（約西元前六千五百萬年）；東非張裂帶（約西元前三千萬年）；地中海（約西元前六百萬至前五百萬年）；裏海與黑海（約西元前五百五十萬年）；死亡谷（約西元前兩百萬年）。

死亡谷

　　位於北美洲西部地底熔融的剩餘法拉榮構造板塊，成為向上浮起的岩漿團，進一步推擠上方的大陸板塊，並使其隆起。尤其是在北美洲西南部（從內華達北部延伸至墨西哥西北部），受到北美洲板塊隆起的拉張應力，產生近乎垂直且相當深的斷層張裂，斷層走向約略為南北向。在過去數百萬年之間，鄰近正斷層的地殼地塊歷經了下切的應力，創造出許多地質學家稱為地塹（graben）的深谷，地塹兩側相互平行的山脊則被稱為地壘（horst）。在北美西南部大部分區域，地塹與地壘半規律地重複出現，形如波浪，此區域也因此被命名為盆嶺區（Basin and Range）。

　　盆嶺區中最深的地塹為長度達 225 公里、寬度為 8 到 24 公里的斷層地塊，緊鄰拉斯維加斯（Las Vegas）的西邊，此地稱為死亡谷（Death Valley）。此地塊下陷的深度極深，即使已經裝填了來自四周山脈的大量沉積物，死亡谷依舊是北美洲海拔最低之處，海拔為負 90 公尺。死亡谷中的莫哈維沙漠（Mojave Desert）擁有大量鹽類與硼砂沉積等豐富化石與地質紀錄，可見此地曾經擁有大量地表水（河川、湖泊或小型內陸海），但持續的區域抬升與氣候條件的轉變帶走了水分。最終，來自周邊粗獷、荒蕪山脈侵蝕沉積的岩石與各色礦物，形成了這片廣闊、平坦的絕美谷底景色。

　　莫哈維沙漠很有效率地虹吸了西邊許多山脈四周空氣的蒸發水分，同時減少了北方山脈的降雪，東邊的河川與地下水流也受其影響而減少，死亡谷因此成為地球上最乾燥的地區之一，其年雨量僅 50 公釐。死亡谷還有另一個不太光彩的強項：擁有地球地表觀測的最高氣溫，攝氏 57 度。

美國死亡谷國家公園（Death Valley National Park）的沙丘與焦枯似的山脈。

參照條目　內華達山脈（約西元前一億五千五百萬年）；洛磯山脈（約西元前八千萬年）；喀斯開火山（約西元前三千萬至前一千萬年）；安地斯山脈（約西元前一千萬年）；死海（約西元前三百萬年）；盆嶺地形（西元1982年）。

維多利亞湖

　　根據定義，東非張裂帶等裂谷是大陸地殼被拉張分離的區域。大陸板塊的張裂會發生在大陸地殼一條寬廣斷層或斷裂區域，這條線形條帶會與裂谷張裂方向垂直。就像是北美洲板塊盆嶺區的死亡谷等區域，位於東非的地塊，也會在互相平行且近乎垂直的正斷層之間，沿著這些斷層向下陷落，形成稱為地塹的盆地或谷地。

　　由於東非張裂帶多數區域都是潮溼的熱帶氣候，非洲最大的淡水湖，維多利亞湖（Lake Victoria），就是在這類的地塹中生成。被肯亞、坦尚尼亞與烏干達等國家圍繞的維多利亞湖，是全球最大型的熱帶湖，也是全世界第二大的淡水湖；僅次於北美洲五大湖（Great Lakes）中的蘇必略湖（Lake Superior）。維多利亞湖形成的主要假說之一，約從四十萬年前的張裂說起，抬升的地塊（也就是地質學家所說的地壘）阻擋了原本自由流過平原的河川，使得大量的水逐漸在鄰近的地塹中累積。今日，從維多利亞湖流出的僅有一條河，那便是雄偉的尼羅河。

　　許多化石與地質證據顯示，維多利亞湖形成之後曾歷經多次完全乾涸，最有可能的原因是冰期高峰時融雪與雨量的降低。然而，維多利亞湖會於冰期之間的溫暖氣候再度裝滿淡水；最近一次的水位回升是大約一萬一千年前的上次冰期結束。在相對短暫的地質時間裡，維多利亞湖一次次地以驚人的速率重回生氣盎然的狀態，再度育養魚類、爬蟲類、哺乳類與植物等等各式各樣繁盛生長於熱帶環境的物種。不幸地，如同世界上許許多多內陸湖的命運，過度捕撈與生態環境的不當維護（污染與開發等等），已經使得許多物種步入人為滅絕的終點，另一方面，許多非當地的入侵物種則不斷增生。

漁夫們正從烏干達的維多利亞湖岸出發捕魚。

參照條目 東非張裂帶（約西元前三千萬年）；死海（約西元前三百萬年）；死亡谷（約西元前兩百萬年）；「冰河時期」的尾聲（約西元前一萬年）；北美五大湖（約西元前8000年）；尼羅河的整治（西元1902年）。

智人現身

　　屬於智人的人類是地球相對年輕的物種。根據在非洲最古老的考古發掘，我們智人最早的化石證據約於二十萬年前。化石證據也顯示，智人曾有一段時間與我們血緣相當接近的亞種們共同生活在地球上，包括尼安德塔人。而尼安德塔人部落活動的最後一次證據，大約在三萬年前。

　　智人物種是一大群堅持不懈的人，在利用工具、語言、長期記憶與艱困努力生存經驗方面十分傑出。我們的歷史與演化過程在在反映了智人的好奇心，以及我們對於靈魂抽象滋養的渴望，因此自我們的物種現身之時，音樂、舞蹈與藝術層面似乎都是人類經驗相當重要的一部分。也因此，在智人必須不斷地為生存奮鬥的同時，我們仍能看到祖先花費了眾多時間打磨藝術領域，例如法國多爾多涅（Dordogne）流域於一萬七千年前便繪製的洞穴畫作。這些畫作並非僅僅描繪了動物、植物與種種世俗之物，許多考古學家現在都相信某些畫作中的點、線條，甚至是動物形象，都代表著夜空中的星座等特徵。若真是如此，這些畫作很可能不僅僅是地球最古老的繪畫作品，也可能是世上第一批天文學家所畫下的最早星空地圖。

　　現代人的出現，以及隨之誕生的各式技術，都對地球這座行星的歷史產生相當顯著的影響。大約在上次冰期尾聲出現的農耕發展，以及之後接連形成與不斷成長的城市，都大幅重塑了（或移除）植物的分布，某些地區甚至也產生了地質與地表地理的重大改變。到了更近期，工業革命與特別是內燃引擎的發展，也都對大氣層的組成（尤其是增加了數量可觀的二氧化碳）及地球表面平均氣溫，形成可測量的人為影響。世界各地氣候條件接二連三地轉變，以及陸地冰川大範圍融化造成的海平面緩慢上升，則將對智人未來代代後裔產生更多影響。

法國南部著名的拉斯科（Lascaux）洞穴壁畫重建的一部分。某些考古學家認為畫中的史前馬與其他記號可能代表著夜空中的星星與星座。

參照條目 農耕的發明（約西元前一萬年）；「冰河時期」的尾聲（約西元前一萬年）；工業革命（約西元1830年）；尼羅河的整治（西元1902年）；二氧化碳攀升（西元2013年）。

閃人 |

　　目前，人類學家尚未發現智人或我們物種前身的部落或社會，究竟是在何時進入遊牧式的狩獵採集生活。不過，許多假說都認為這樣的生活轉變，可能與東非等地區（許多早期原始人類的化石都在此處發現）在石器時代的氣候從原本的熱帶變得比較傾向草原環境有關。儘管如此，尋找搜集我們物種歷史的方法之一，便是將目光望向至今可能依舊以某些遙遠祖先傳統或生活方式生存的部落或社會。

　　閃人（San people，曾稱為喀拉哈里布希曼人〔Kalahari bushmen〕，雖然定居於喀拉哈里沙漠〔Kalahari Desert〕的僅是閃人的分支之一）就是這類族群，當時約有十萬閃人散落分布於非洲大陸南部約三分之一的面積內，跨越五個現代國家。根據考古學家發掘當時閃人製作的石器與岩畫，閃人以採集狩獵的遊牧方式在南非生活約七萬年。到了更近代，閃人在許多政府現代化計畫的實施之下，被迫進入較為定居式的農耕生活。即使如此，許多人依舊相當重視自身的古老文化與傳統保存，因此，他們的生活方式（與基因）仍然為人類學家提供了了解早期人類社會演化的重要資訊。

　　雖然南非全區的眾多閃人社會與文化之間都存有差異，但是，不難想像，相較於其他工業時代的人類社會，所有閃人社會的生活與植物、動物及天氣的週期更和諧。閃人社會的男性主要從事狩獵，女性則主要採集食物，但工作角色在性別之間的互換也並非罕見。另一方面，閃人社會中的女性似乎擁有比許多「現代」社會更高的地位，包括決策與擁有權等層面。其社會相當關鍵的要素似乎還包括了彼此達成一致共識的重視，以及公平精神與平等主義的傳統。在音樂、舞蹈與狩獵方面，閃人也擁有豐富且深遠的歷史。

閃人（喀拉哈里布希曼人）正穿越南非北開普（Cape）的一座沙丘。

參照條目 最初的人類（約西元前一千萬年）；石器時代（約西元前三百四十萬至前三千三百年）；智人現身（約西元前二十萬年）。

亞利桑那撞擊事件

只要看看我們天空中的鄰居月亮那充滿沉重隕石衝擊的古老表面，就知道地球歷史也歷經無數小行星與彗星的猛烈撞擊。在太陽系誕生最初的那段時間，所有行星與衛星都度過了比現今遠遠更狂暴猛烈的撞擊。漸漸地，當早期形成的小行星、彗星與微行星因彼此碰撞而一顆顆毀滅之後，災難性的撞擊事件便大幅減少。

不過，我們的太陽系內依舊存在許多從行星形成初期遺留至今的凶猛殘礫，包括數量相對較少的大型小行星，一路到無數顆塵粒。地球每天都會受到非常多的塵粒撞擊（尺寸較大一些殘屑的墜落時會因大氣層的摩擦而燃盡，也就是所謂的「流星」）。而較大一點但相對依舊小型的物體（直徑約數十公尺）撞擊地球的機率則相對相當稀少，當它們墜落地球時，會在大氣層形成火球與爆炸震波。而遠遠更少見的，就是更大型的物體以極快的速度進入地球，同時仍能通過大氣層一路墜落地表，創造大型的撞擊坑，並且可能進一步破壞地球整體氣候與生態系。

最近一次能在地球留下大型隕石坑的撞擊事件，大約在五萬年前，地點就在今日美國亞利桑那州的夫拉格斯塔弗市（Flagstaff，又稱旗竿市）。這顆小型小行星（直徑約50公尺）主要以鐵與鎳組

成，以大約每秒16公里的速度撞擊科羅拉多高原，形成相當於百萬噸黃色炸藥（TNT）的爆炸威力，同時大約是第二次世界大戰所投下的兩顆原子彈能量的五百倍，所形成的撞擊坑直徑約1,200公尺，深度達170公尺。此次撞擊事件造成的坑洞稱為巴林傑隕石坑（Barringer Crater），又稱為代亞布羅峽谷隕石坑（Canyon Diablo Crater）或隕石坑（Meteor Crater），巴林傑隕石坑隨著時間漸漸受到侵蝕，但是，亞利桑那州自撞擊事件之後的氣候大多都相當乾燥，因此它也成為目前地球上保存最佳、也最可供研究的撞擊構造。

從空中俯瞰巴林傑隕石坑。這座位於亞利桑那沙漠的坑洞寬約1,200公尺，已有大約五萬年的歷史，當時由一顆小型富鐵小行星以每秒約10公里的速度撞擊地表而形成。

參照條目 重撞擊後期（約西元前四十一億年）；恐龍滅絕撞擊事件（約西元前六千五百萬年）；美國地質調查局（西元1879年）；隕石狩獵（西元1906年）；通古斯加火山爆發（西元1908年）；認識撞擊坑（西元1960年）；杜林災難指數（西元1999年）。

第一座礦場

　　經濟地質學是一門探勘地表與地底可作經濟或工程用途物質的學問，經濟地質學最早的證據是目前已知最古老的採礦證據，時間可以回溯至大約四萬年前。1960年代，考古學家在非洲東南部史瓦濟蘭（Swaziland）的紅土山丘找到最古老的採礦紀錄，他們發現幾座小型洞穴中有被史前人類以石器挖掘的痕跡。此地某些遠古的礦坑中，還留有當時挖掘的工具，可見古代人類曾利用石頭挖掘、劈砍、撬挖與敲擊等等方式，深入山坡內部約13公尺，擷取其中的物質。

　　不過，他們是為了什麼物質開採？這些山丘之所以呈現紅色，是因為其中含有豐富的氧化鐵礦物，尤其是顆粒細小、擁有亮紅色澤的礦物，如赤鐵礦（hematite）或赭石（ochre）。這類礦物會在潮溼的熱帶環境中形成，源自於含有鐵元素的深色火成岩，再經過氧化與風化。然而，考古學家與人類學家在發現之初相當困惑，因為這些山丘表面已經布滿了大量的赤鐵礦，為何古老的礦工們會捨棄地表如此容易收集的物質，而大費周章地向下挖掘了如此之深？最後，他們終於找到了原因：礦工們能在洞穴的深處找到一個個小型礦囊，其中是種類特殊的粗粒赤鐵礦，稱為鏡鐵礦（specular hematite／specularite）。閃亮如鏡般的黑色鏡鐵礦對於早期部落領袖與祭司而言顯然具有珍貴價值，因為鏡鐵礦能被研磨成微小的顆粒，然後塗抹在身上，讓領袖或祭司在祭典或儀式過程能如同黃金般閃耀。而能在礦坑中掘出這些閃亮礦物之人，也將成為社會中的重要成員。

　　發現這類大型洞穴的此地區如今稱為恩格文亞礦場（Ngwenya Mine），至今仍以世上最古老礦場的身分持續運作。到了較近代，此處主要開採的目標為赭石，生活在此區的閃人將赭石作為顏料，用於岩畫等藝術創作。此地區亦進行鐵礦熔煉，非洲全境都普遍有鐵礦的貿易與出口。

位於史瓦濟蘭王國恩格文亞礦場的一座小型池塘與一旁的梯田般岩壁，這裡是目前已知最古老的鐵礦場，時間可回溯至超過四萬年前。

參照條目　閃人（約西元前七萬年）；青銅器時代（約西元前3300至前1200年）；磁鐵礦（約西元前2000年）；鐵器時代（約西元前1200至前500年）。

拉布雷亞瀝青坑

　　石油與天然氣在地底形成，它們是有機物質經過數百萬年的壓縮與加熱（變質作用）的產物。絕大多數的石油與天然氣儲存庫都位於相當深層的地底。經濟地質學家與石油及天然氣公司則利用深部鑽探，與／或板塊構造讓這類物質因抬升作用而更接近地表，得以採取這類物質作為石化燃料。然而，某些特殊的地區會歷經種種地質歷史之後，這些在地底深處形成的石油礦床會被帶到目前的地表，這類地區就會開始出現油苗滲漏。

　　世上研究最為密集的油苗滲出處之一，就是位於美國洛杉磯（Los Angeles）的拉布雷亞瀝青坑（La Brea Tar Pits，brea 為西班牙文，意為「瀝青」）。此地黏稠的黑色瀝青持續滲出地表的時間已經長達數萬年。美國原住民便利用瀝青製作獨木舟的防水層；到了 1800 年代，美國加州的居民也利用瀝青為房屋屋頂進行防水。不過，拉布雷亞瀝青坑最知名的「使用」方式是保存被化石化的動物骨骸，這些動物在意外困在瀝青坑而死亡之後，封藏在硬化的瀝青裡。絕大多數拉布雷亞瀝青坑也的確在二十世紀早期都經過挖掘，找到了數以千計保存良好的標本，包括古代猛獁象、野牛、馬、樹獺、狼、獅子、劍齒虎（saber-toothed cats）、鳥與其他許許多多小型動物。

　　拉布雷亞瀝青坑挖掘到最古老的標本，年代大約在四萬年前。不過，瀝青坑本身的年紀則至少有一千萬年，當時的拉布雷亞區域為靠近海岸的深度海床。大陸的河川與溪流夾帶著巨量的有機碎塊進入海洋並在此處沉積，經過數百萬年的持續累積，某些地點的沉積物厚度甚至超過一公里，砂岩因此受到擠壓，而有機物質則轉變為石油。隨後，太平洋、法拉榮與北美等構造板塊之間的複雜互動，部分滲滿瀝青的砂岩便被抬升至地表，這些地區就是所謂的油苗滲出處。

收錄在 1913 年課本的圖片，可見一隻劍齒虎與兩隻大膽的狼爭奪著一具拉布雷亞瀝青坑中的哥倫比亞猛獁象（Columbian mammoth）屍體。

參照
條目　板塊構造運動（約西元前四十至前三十億年？）；舊金山大地震（西元1906年）。

動物的馴化 |

許多馴化動物物種都在今日與我們一起生活、工作或提供食物來源，而我們人類絕大多數都將牠們視為理所當然。然而，這些馴化物種或至少是牠們未經馴化的前身物種，一定曾經與人類不具如此緊密的關係，僅僅是都生活在自然野外。美國國家科學院（US National Academy of Sciences）對於動物的馴化之定義為「動物與人類之間的一種相互關係，其中人類影響了動物的照護與繁殖」。值得注意的是，馴化（domestication）與馴服（taming）兩者並不相同：馴化是經由選育達到一物種中部分成員的基因修改，而馴服則是使一野生物種中一個或多個個體的行為改變。

根據化石、古代 DNA 與其他考古證據，可知狗是第一種馴化動物，馴化時間超過三萬年，大約是上次主要冰河時期的高峰。本質上，狼就是野生的狗，而狼究竟是如何與為何被史前人類馴化成狗，目前有著許多假說。也許是因牠們能協助人類捕捉獵物，或是能幫助人類抵禦其他掠食者，又或許人類的祖先如同今日的我們，一樣很容易被牠們毛絨絨的外皮與一雙大耳朵擄獲。生態學家將這類馴化過程稱為互利（co-beneficial）。

隨著大約在一萬年前農耕的發明，人類需要在田地工作、搬運產物與維持不斷成長的人類定居社群，此時，大部分現代家畜物種開始被馴化。其中包括山羊、綿羊、鴿子、牛、家禽，以及其他許多作為食物來源的物種，生態學家稱之為獵物馴化（prey domestication）。最後一種馴化過程稱為直接馴化，直接馴化的動物並非人類的獵物，與人類的關係也非互利，但在為人類社會分擔工作、協助運輸或其他目的方面十分實用。這類動物包括馬、驢與駱駝。

某些動物物種則是無法被馴化，至少被馴化的個體數量並未高到對於人類社會普遍具有用處。例如非洲沒有任何大型動物群（斑馬與瞪羚）能夠被馴化，因此也限縮了非洲社會在農耕與豢養家畜生活方式的發展。

埃及壁畫的一小角。其描繪了人們與馴化動物之間的互動。

 參照條目　農耕的發明（約西元前一萬年）；「冰河時期」的尾聲（約西元前一萬年）；作物基因工程（西元1982年）。

農耕的發明

　　大約在一萬兩千年前，上次冰期畫下句點，而地球氣候開始變得溫暖，冰雪大幅退卻，而人類文明也開始出現重大轉變。其中最重要的變化，也許就是某些人類部落發現遊牧生活不再足以支持一整個群體生存，這樣的情形在某些特殊地理環境中尤其明顯。例如，地中海東部絕大部分的地區，因尼羅河、底格里斯河（Tigris river）與幼發拉底河（Euphrates river）等主要河川的洪水氾濫，以規律且可預期的模式為周遭的泛濫平原帶來新鮮的水源與沉積物。可食用的野生穀物繁茂，而動物也開始依循可預期的路徑遷徙。無怪乎此區域擁有「肥沃月彎」（fertile crescent）的響亮名號。

　　生活在這樣的河谷中，原本的遊牧群體便能夠安定下來，依靠穩定的雨水、氾濫洪水與／或提供食物來源的遷徙動物。不難想像某些具有創新想法的人類群體，在這樣的環境之下會決定嘗試種下種子，在更容易到達與集中的地點穩定收成穀物、水果與蔬菜——第一座農場因此誕生。在這類區域，穩定且大多時候豐富的食物來源能支撐人口的成長，也能照料更大型農場的更多人力，接著，耕作或飼養不同作物或家畜的群體之間便開始進行物品交易，最終，為了組織與管理大型人類群體，將逐漸形成最早的中心化永久建築與政治結構——第一座城市便應運成型。肥沃月彎常被稱為「文明搖籃」，的確，在大約西元前四千五百至前一千九百年定居於肥沃月彎的蘇美人（Sumerians），便被普遍認為是地球的第一個文明。

　　接下來數世紀之間，類似的情形在世界各地不斷上演，農耕生活與社會開始在中國、印尼、非洲撒哈拉以南與美洲生根。不過，這些進入農耕社會的轉變，並不像更早期在肥沃月彎源自強烈的氣候影響。人類學家們持續相互辯論氣候以外的因素，例如在農耕生活與耕種作物成形之初，帶來的人口壓力、植物與動物的馴化，或甚至是社交壓力。

位於靠近伊朗德納（Dena）的札格洛斯山脈（Zagros Mountains）間一片富饒繁盛的山谷。

參照條目　動物的馴化（約西元前三萬年）；「冰河時期」的尾聲（約西元前一萬年）；人口成長（西元1798年）；工業革命（約西元1830年）；尼羅河的整治（西元1902年）；作物基因工程（西元1982年）；大型動物遷徙（西元1997年）。

「冰河時期」的尾聲

米盧廷·米蘭科維奇（**Milutin Milankovi** ，西元 1879—1958 年）

　　根據定義，冰河時期（ice age）為地球表面與大氣層平均溫度，經過數百萬年以上長期遞減的時期，大陸冰川與極區冰層會在此時期增長。然而，從地質、化石、冰芯與海洋沉積紀錄中可見，每一段長時間的冰河時期內，都可以分為許多段較短的時期（約數萬到數十萬年之間），一波波地球平均氣溫較冷與較暖的短暫時期分別稱為「冰期」（glacial）與「間冰期」（interglacial）。地球歷史中各個長時間冰河時期，似乎都是由幾十段或甚至數百段短時間的冰期與間冰期循環週期組成。在 1940 年代早期，塞爾維亞（Serbian）的天文學家及氣候學家米盧廷·米蘭科維奇發現這些短期的氣候變化週期，都會隨著地球的傾斜度（obliquity）與地球繞日軌道的形狀（即偏心度〔eccentricity〕）而有所不同，而地球的傾斜度與偏心度都會影響地球表面接收到的能量多寡。這些天文變異名為米蘭科維奇循環（Milankovi cycles），以紀念他對於此領域所作的開拓性研究貢獻。

　　我們都正生活於第四季冰河時期（Quaternary glaciation）的間冰期裡。現在的冰河時期似乎從兩百六十萬年前開始，而地質學家稱為全新世（Holocene epoch）的目前間冰期之起點，則在僅僅一萬兩千年前（時間與現代文明的誕生相同）。第四季冰河時期目前已經包含了超過 60 次冰期與間冰期的週期，影響兩者交替的不只有天文引力，但也包括了溫室氣體（例如二氧化碳）的長期變化、洋流與板塊構造運動導致的大陸移動。雖然有點感受不到，但嚴格來說我們其實正生活在冰河時期，最好的證據就是南極與格陵蘭的冰川與冰層在過去數百萬年之間都不曾消失。然而，若是現今氣候繼續以這般前所未見的模式繼續暖化，也許我們此時也正一步步迎向第四季冰河時期的終點。

左圖是上次冰期高峰（約兩萬年前）北半球冰雪覆蓋範圍的模型，對比於右圖現今北半球被冰雪覆蓋的情況。

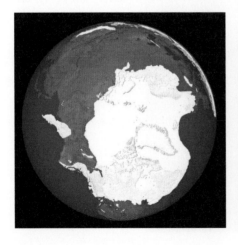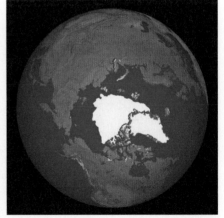

參照條目　雪球地球？（約西元前七億兩千萬至前六億三千五百萬年）；動物的馴化（約西元前三萬年）；農耕的發明（約西元前一萬年）；工業革命（約西元1830年）；發現冰河時期（西元1837年）；二氧化碳攀升（西元2013年）。

白令陸橋

　　雖然地球上絕大部分的大陸陸塊都會高於海平面，但許多大陸依舊有一定比例的面積會位於海平面之下，例如北美洲東岸向外延伸之處就有這類大陸「陸棚」。不過，並非所有大陸邊緣都有陸棚存在，而所有陸棚的平均寬度為 80 公里，平均深度則大約是海平面以下 152 公尺。

　　在地質歷史中，當海平面下降到一定程度時，這類原本位於水下的淺海大陸陸棚，將成為高於海平面的乾燥陸地。在上次冰期之間，約一萬五千至兩萬五千年前，地球最大型的大陸陸棚區域就曾經出露海面成為陸地。當時，北極海的西伯利亞陸棚（Siberian shelf）沿著歐亞大陸北部邊界延伸了大約 1,450 公里，最終，向東與楚科奇陸棚（Chukchi shelf）與白令陸棚（Bering shelf）接起，兩個陸棚沿著歐亞大陸及北美洲邊界，位於阿拉斯加和勘察加（Kamchatka）北方。在上次冰期最高峰的時期，由於水分集中於陸地上的冰川，海平面下降超過 50 公尺，楚科奇與白令陸棚出露，創造了一道歐亞大陸與北美洲之間的「陸橋」。地質學家將這座曾經現身地表的陸橋稱為「白令陸橋」（Beringia），因為此處就位於今日的白令海峽（Bering Strait）下方。

　　考古學家普遍都同意現代人的起源地為非洲與中東，接著才向外四處延伸至歐洲與亞洲。然而，在上次冰期進入最高峰之前，人類想要抵達南北美洲絕非易事，因為東西兩邊分別有廣闊的太平洋與白令海，以及大西洋。當白令陸橋形成之後，歐亞大陸與北美洲之間就變得能直接輕易步行到達。一場新的人類遷徙時代自此展開。

　　當進入全新世之後，大陸冰川開始融化，海平面再度上升並淹沒白令陸橋。雖然在冰雪覆蓋的時期依舊可能跨越歐亞大陸與北美洲，但白令陸橋的逐漸消失最終使得歐亞大陸與美洲之間的人類互相隔絕，並有了遺傳特徵上的差異。

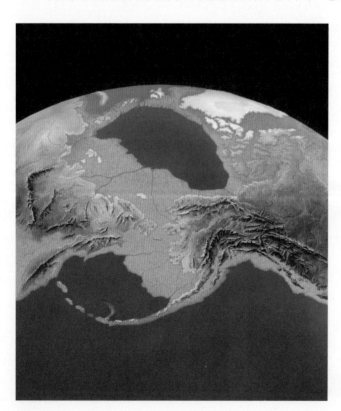

大約一萬一千年前，海平面曾經下降到阿拉斯加與西伯利亞成為一道連續不間斷的陸地，地質學家稱之為「白令陸橋」。

參照條目 智人現身（約西元前二十萬年）；農耕的發明（約西元前一萬年）；「冰河時期」的尾聲（約西元前一萬年）。

約西元前 **8000** 年

北美五大湖

　　湖泊是全球絕大部分淡水資源的關鍵儲存庫。世上最大型的淡水湖是位於西伯利亞的貝加爾湖（Lake Baikal），此湖的面積雖然僅大約相當於美國範圍較小的馬里蘭州（Maryland state），但貝加爾湖大約擁有全球 20% 的淡水水量。儲水量能與貝加爾湖匹敵的湖泊，則是位於北美洲的五座相互連通的大型湖泊，其為人所熟知的名字就是「北美五大湖」（The Great Lakes）。休倫湖（Lake Huron）、安大略湖（Lake Ontario）、密西根湖（Lake Michigan）、伊利湖（Lake Erie）再加上蘇必略湖（Lake Superior），為地球涵蓋面積最大的淡水湖群（面積相當於美國的賓州加俄亥俄州），以及儲水量第二大的淡水湖群。

　　許多地質學家都相信北美五大湖是沿著大陸板塊的脆弱地帶而形成，與北美板塊兩道古代裂谷有關；其一為約在十億年前形成的大陸內部裂谷，另一個則是大約在五億七千萬年前出現的聖羅倫斯裂谷（St. Lawrence rift）。兩次張裂都不足以使北美板塊分裂成數塊大陸，但都形成許多容易受到侵蝕的斷層與深谷。而在一次次冰期期間，許多這類山谷都因反覆的冰川作用而擴寬、加深。最近一次冰期約在一萬兩千年前結束，而冰川開始退卻，冰川的融水逐漸注滿這些盆地。到了大約一萬年前，北美洲最後剩餘的主要冰川形成了我們今日所見的北美五大湖。

　　本質上，北美五大湖為內陸海，湖中會有滾滾湖浪、強烈的湖流與湖風。北美五大湖因面積廣大，對周遭環境的區域天氣與氣候都有不小的影響，尤其是下風（downwind）。其中最著名的影響就是冬季的「湖生」暴風雪。主要為寒冷的西風會穿拂過五大湖，狹帶著較溫暖的水蒸氣，當蒸發水分經過東邊溫度較低的陸地時，水分便冷凝成雪，經常在非常小的區域濃縮形成史詩級大量的雪流或雪帶，一天能達到一到兩公尺的雪量！

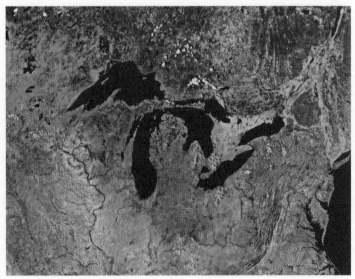

美國國家海洋暨大氣總署（NOAA）氣象衛星所拍攝的美洲東北部，可由照片清楚見到北美五大湖，由左到右分別是蘇必略湖、密西根湖、休倫湖、伊利湖與安大略湖。

 參照條目　裏海與黑海（約西元前五百五十萬年）；死海（約西元前三百萬年）；維多利亞湖（約西元前四十萬年）；「冰河時期」的尾聲（約西元前一萬年）；白令陸橋（約西元前9000年）。

啤酒與葡萄酒的發酵

路易斯·巴斯德（**Louis Pasteur**，西元 1822—1895 年）

發酵是一種微生物的自然新陳代謝過程，微生物在此過程會把葡萄糖等糖類轉換成其他有機分子與氣體，其中就包括酒精。細胞發酵作用的出現可以回溯至超過三十億年前的厭氧（無氧）呼吸作用，但在地球更近代氧氣豐富的環境中，厭氧呼吸作用一樣可見於單細胞真核生物與更複雜的多細胞生物。

也許不難想像某些新石器時代（Neolithic）晚期的農人或其他人，會觀察到儲存起來的水果或穀物腐爛（發酵）時會冒出泡泡，然後接著思考到底發生什麼事並進一步調查。酒精源自於發酵作用，並且能在少量飲用時普遍安全且可能有娛樂效果，許多文化都有關於這個發現過程的傳說。除了傳說，人類大約在九千至一萬年前，開始懂得人工控制發酵過程，並有意識地生產酒精飲品。

例如，啤酒就是人類歷史中最古老的調製飲品之一。人類利用大麥等各式穀物發酵的證據，最早可以回溯至組織化農耕之初。啤酒似乎在美索不達米亞（Mesopotamia）與埃及受到廣泛的重視，甚至是工人的部分薪資，包括建造吉薩（Giza）大金字塔相關人員的薪資。葡萄酒的發酵似乎也在差不多時間發展，同時在地中海到中國廣闊地區的新石器時代都發展出有系統的釀酒葡萄耕作。大約在相同時期陶罐與其他容器的發展與進展，對啤酒與葡萄酒釀造過程具有關鍵重要地位。

然而，直到相當近期，我們才對酒精製作的發酵起源有了更多了解。路易斯·巴斯德等化學家先驅發現了發酵作用由活生生的微生物完成。1860 年代，關於發酵過程的細節研究發生在法國啤酒廠，巴斯德對於發酵過程的發現，最終引領出牛奶、葡萄酒等食物與飲品的巴氏殺菌法（pasteurization），大大延長了這些產品的保鮮時間。他與其他十九世紀的科學家們，在此過程建立了現代生化科學領域。

一幅描繪葡萄酒製作的畫磚，此作品源於中國東部的漢朝，時間大約是西元前 25 至 220 年。

參照
條目　地球的生命（約西元前三十八億年？）；光合作用（約西元前三十四億年）；大滅絕（約西元前兩億五千兩百萬年）；真核生物（約西元前二十億年）；農耕的發明（約西元前一萬年）；「冰河時期」的尾聲（約西元前一萬年）；金字塔（約西元前2500年）。

肥料 |

　　在上次冰期結束之後，隨著氣候逐漸溫暖，以農耕定居的生活模式越見普遍，居住地、村落與城市一一出現。人口的提升意味著食物的需求增加，也甚至代表最早的農人必須快速地學會如何讓他們的土地與作物產率極大化。提升農場效率的重要工具之一就是肥料的使用；肥料意為任何可以強化植物成長的物質，尤其是可以提供植物穩定的氮、磷與鉀含量的物質。

　　雖然許多石器時代晚期的農人也許依舊進行類似遊牧的模式（例如，使用火耕〔slash-and-burn〕技術暫時在一地區種植，接著在收成之後移到下一個地區），但許多其他農人則似乎發現在特定一小塊土地進行穩定長期農耕的優點，也因此在一段時間之後需要為土地再度添加養分。的確，根據新石器時代農場地點的化學與同位素分析，將牲口糞便當作肥料的證據可以回溯至超過八千年前。自此，陸陸續續發現了埃及、巴比倫與羅馬文化更多且更大量的證據，這些證據都是關於使用糞便或礦物強化土壤肥沃度的管理與改善。

　　然而，直到十九世紀關於以固氮（從大氣層擷取氮氣，製作成植物可以使用的氨與硝酸）化學過程發明肥料合成之前，這類關於肥料的科學研究都不算真正展開。今日，商業肥料的發展與使用，已經是價值數百億美元的全球產業，而氮基肥料每年都會達到超過一億公噸的用量。依某些估計，今日約有 30 至 50% 的作物產量必須依靠合成肥料才能產出。當然，其中面臨的挑戰便是如何平衡因全球人口成長必須以肥料支撐的情況，以及合成肥料可能導致許多地區性環境災難性危害的風險，這類風險包括水污染與土壤酸化等等。而教育與永續性的實際措施無疑是平衡兩者的關鍵。

美國加州布萊斯（Blythe）
附近的農田正進行施肥。

石器時代（約西元前三百四十萬至前三千三百年）；動物的馴化（約西元前三萬年）；「冰河時期」的尾聲（約西元前一萬年）；農耕的發明（約西元前一萬年）；人口成長（西元1798年）。

青銅器時代

青銅器時代是三大人類學家研究的史前人類技術與社會時期。青銅器時代的開端通常以冶煉（將礦石加熱到某一個溫度以淬取出其中的礦物）技術的發展為界定，其中尤其強調青銅（bronze）冶煉；青銅就是一種堅硬的金屬合金，絕大部分為銅（85% 以上），但也包括少量的砷、錫、鋁等等金屬。青銅中較柔軟的合金主要以銅與鋅製成，並稱為黃銅（brass）。比起用石頭、銅或黃銅做成的物品，以銅錫青銅製成的更為堅硬且較能持久，因此，擁有冶煉青銅技術的社會在工具與武器方面，比其他競爭者擁有更高的技術優勢。

的確，某些史上最古老的王朝至少在最初都奠基於青銅的技術優勢。例如，埃及的第一與第二王朝統一上下埃及的時間點，大約與此地首度開始使用青銅器時代的工具吻合。其他相同的例子還包括位於歐洲南部、美索不達米亞與中國等能夠製造青銅器的帝國。這些社會之間的貿易又進一步強化且增進了這些帝國。某些人類學家甚至認為，這些在青銅器時代的帝國之所以能夠各自獨立在各地發明出書寫，是因為擁有能夠保護社會中學者與領袖的青銅器武器。

能夠生產高品質、高強度的青銅盔甲、頭盔、武器與其他器具，不僅需要大量的含銅礦石，同時也必須發現含錫礦石的冶煉技術。含銅與含錫岩石通常不會在相同地點發現，因此，全球礦石貿易網絡的發展又更顯重要。

今日，每年全球礦場都會淬鍊出上百公噸的銅與錫，並用於製作青銅。因其硬度與耐久度（傳統上認為青銅不會「生鏽」），現今各式工業與藝術作品的應用都仍然廣泛使用青銅，其中包括電路、滾珠軸承、船隻螺旋槳、樂器、鏡子、雕塑與錢幣等等。

青銅器時代中期的工具（斧頭與鑿子）與飾品（戒指、項鍊與掛飾）收藏，發掘於英格蘭，年代可回溯至西元前 1300 至前 1150 年。

參照條目 石器時代（約西元前三百四十萬至前三千三百年）；鐵器時代（約西元前1200至前500年）。

合成顏料

顏料是一種僅需少量就可以讓其他物品的顏色產生顯著改變的物質。擁有豐富氧化鐵的細粒土壤（赭石）或磨成黑色粉末的磁性岩石（磁鐵礦）都是天然顏料，兩者在史前時代就已廣泛地被人類運用，包括洞穴岩畫、身體彩繪、陶器彩繪等等應用。人類進一步以混合天然物質發展出合成顏料的某些特定「配方」，僅是時間早晚的問題。

在最古老的合成顏料中，有一種物質稱為埃及藍，其混合了砂粉、石灰岩（碳酸鈣）與鉀鹼（potash，一種鉀鹽）。將這些物質混合加熱至高溫時，就會產出一種十分鮮豔的藍色粉末，此顏色與許多稀有珍貴的寶石相當類似，例如綠松石（turquoise）與青金石（lapis lazuli）。早在超過五千年前之久，埃及人似乎就掌握了這個藍色合成顏料的完美配方。

由於取得與混合加熱這些材料都需要公共建設與貿易的能力，因此埃及藍在古埃及菁英分子之間極具價值，並且在法老與其他貴族的墓穴、棺材與藝術作品中廣泛使用。埃及人也似乎為了凸顯他們的藝術作品與紀念碑或增添色彩，也創造了其他合成物質，例如藍綠的玻璃物質釉瓷（faience），在彩色護身符與其他形式的珠寶首飾中經常可以看見。其他從美索不達米亞到中國等社會裡，也有出現類似埃及藍的合成顏料使用與創造，不過，其他地方是獨立發現這些物質？還是單純直接進口自埃及？目前考古學家之間仍有爭議。

合成顏料與其他合成物質都證明許多青銅器時代的社會，對於化學與物質科學領域已有令人驚豔的理解。製作埃及藍與釉瓷方法的發展，以及大約同時期起步的青銅與黃銅製造工業，都預見了大約在 1700 年後製作合成玻璃所需技術的發展。當然，合成物品與玻璃工業都是今日價值數十億美元的全球企業，也是科技出現戲劇性大幅創新與進展的重要推手。

主圖　貴族的陶器與藝術作品中，合成顏料的價值極高，例如這幅位於丹德拉（Dendera）的古埃及神殿內壁上的象形文字繪畫。
插圖　埃及藍，最古老的人造合成顏料之一。

參照條目　智人現身（約西元前二十萬年）；第一座礦場（約西元前四萬年）；農耕的發明（約西元前一萬年）；青銅器時代（約西元前3300至前1200年）；磁鐵礦（約西元前2000年）。

最古老的活樹

　　根據化石證據，樹木首度在地球出現的時間大約在泥盆紀中期，約三億八千萬至四億年前。樹木似乎是植物進行廣大演化實驗中的繁殖方式之一，針葉樹等某些已知最古老的樹木物種都是最早的裸子植物（gymnosperms），這是一種生產種子的植物，必須實際與其他植物交換花粉才能繁殖。這類植物發展出與較早期陸地植物不同的繁衍路徑，早期陸地植物例如蕨類就以孢子繁殖，並需要額外協助，如授粉生物（例如昆蟲），以及／或風與火等自然授粉過程。開花的植物是裸子植物的分支之一，稱為被子植物（angiosperms），它則是一種會將種子包在果實中的植物。在白堊紀中期（約一億年前），會結果的開花植物樹木演化誕生，並且與針葉樹一起漸漸在地球各大陸廣大的溫帶與熱帶地區形成森林。

　　在沒有其他壓力因素之下，一般樹木都擁有一百到兩百年的壽命。不過，某些種類的樹木擁有更強大的生命力，能夠存活上千年，其中包括堅韌的刺果松（*pinus longaeva*）。刺果松擁有目前已知最年長的單一樹木（以年輪與碳定年計算），位於美國加州中部的白山山脈（White Mountains）的樹木定年約有五千年；包括其中一棵刺果松名為瑪土撒拉（Methuselah）。其他亙古老樹還包括巨杉（giant sequoias）、紅木（redwoods）、檜（juniper）與柏（cypress）。

　　某些樹木群或甚至是一整座森林的樹木，都是樹根相互連結成一系統的廣大營養系（colonies），其代表的是一個單一生物。雖然這些營養系生物地表的一棵棵獨立樹木通常只有數百年的壽命，或是鮮少擁有數千年的年齡，但某些營養系樹木（clonal tree）的樹根系統其實相當遠古。目前發現最古老的位於溫帶，其中北方橡木（boreal oaks）、雲杉（spruce）與松樹都估計高達一萬歲，而美國猶他州一個令人驚豔的白楊（aspens）營養系的樹根約估高齡八萬歲，或甚至可能是不可思議的一百萬歲。

這幾棵刺果松，如同位於美國加州白山山脈長老林（Patriarch Grove）的刺果松樹木，都是地球最古老的單株活樹。

參照條目　陸地植物首度現身（約西元前四億七千萬年）；花（約西元前一億三千萬年）；砍伐森林（約西元1855至1870年）；輻射性（西元1896年）；熱帶雨林（西元1973年）；溫帶雨林（西元1976年）；寒帶針葉林（西元1992年）；溫帶落葉林（西元2011年）。

巨石陣

　　雖然古代人類已經明顯意識到天空，但直到青銅器時代（約西元前 3300 至前 1200 年），大規模且經常具有天文主題的紀念碑才開始出現。其中最知名的史前紀念碑就是位於英格蘭南部的巨石陣（Stonehenge），而巨石陣僅是世界各地許許多多帶有文化、宗教與天文重大意義的古代石圈、墳塚與其他土木工程結構之一。

　　巨石陣的結構令人驚奇，尤其是重達 25 公噸的楣石究竟是如何坐落在 4 公尺高、50 公噸重的立石上。現代實驗與模擬結果顯示，利用新石器時代（石器時代晚期）與青銅器時代的工具與方式，確實有可能建築出這樣的結構（沒有使用魔法，也不是外星人贈送的建築禮物）。即使如此，能建造出這種前所未見的結構，想必已經接近當時的技術極限。而且，當時的史前天文學家也一定功不可沒。場址中各式各樣石頭、柱穴、凹坑、路徑與山脊的仔細檢查數據，讓某些考古學家詮釋為巨石陣就是古代人類會進行天文觀測的證據，而巨石陣也設計為以某種方式觀看的日晷，標示著季節的更替，以及計算冬至與夏至的確切日期，其中有兩項同時受到考古學家與天文學家認同：這樣的結構排列正是依照古人腦海中太陽與月亮的路徑。

　　其他史前天文觀測的證據，包括分別位於愛爾蘭與蘇格蘭的紐格萊（Newgrange）與梅肖韋（Maeshowe）墳塚，兩處墳塚都排列成僅有冬至之日的陽光能照進內部墓穴；位於葡萄牙依太陽擺設的巨石與墳塚通道；還有位於西班牙米諾卡島（island of Minorca）的巨石臺。這類大約在五千年前便打造奇異遺址的文明，並未留下任何關於他們自身或他們的傳統與信仰的書寫紀錄。然而，他們留下了延續至今的石頭與土堆，告訴我們這些古代人多麼重視他們對於天堂的認知。

由空中俯瞰位於英格蘭南部巨石陣的史前巨大岩石排列結構。

參照條目 石器時代（約西元前三百四十萬至前三千三百年）；青銅器時代（約西元前3300至前1200年）；金字塔（約西元前2500年）。

香料貿易

在青銅器時代，世界不同區域對於自然資源的需求（例如銅、錫、鋅與鐵）發展出各式分歧，也因此有助於慢慢建立第一個真正的全球貿易系統，網絡中包括歐洲、非洲與亞洲等不同社會。不過，物品的貿易其實不僅限於礦物與礦石，貿易網絡尤其傾向有利可圖發展，當時聚焦於令人垂涎且價格高昂的奢華貨物，例如皮草、烏木（ebony）、珠寶與香料。

在歐洲、非洲與亞洲之間流竄的香料包括肉桂、薑、芫荽、薑黃、肉荳蔻（nutmeg）與胡椒，連同其他貨物都順著兩條差異極大的路線來回往返，其一是主要透過陸路（「絲路」），另一條則主要取道海路。兩相迴異的東方與西方文明因香料貿易而有了連結，創造了在政治、經濟、宗教與文化互動層面歷時長遠的正面與負面影響，同時也讓貿易路徑中的關鍵城市與港口加強了策略的重要性，包括中國的西安、印度的喀拉拉邦（Kerala）與烏茲別克的撒馬爾罕（Samarkand）。這類城市與港口不僅成為貿易商與商人的重要集散地，同時也匯聚了學者、藝術家與宗教領袖。當時，為了掌控這類現代文明中心而發生的爭戰頗為常見。

香料貿易的海路控制發展，則因陸路香料貿易而頻繁出現的地盤戰與必須面對的環境挑戰（例如沙漠與崎嶇的山路），同時，船隻動力與遠洋技術的進步，再加上各國政府與私人對於尋找新貿易路線的投資，都有所助益。例如，大約從西元 1600 至 1900 年，歐洲所謂「大航海時代」（Age of Discovery）的動力就是尋找從歐洲西部港口到東南亞等香料島嶼（例如印尼）最快速也最安全的貿易路線。雖然美洲阻礙了向西航行的路線，但歐洲等國確立了向東航行的新香料貿易路線，不論是行經紅海或繞過好望角（Cape of Good Hope），讓英格蘭、葡萄牙與荷蘭等相對小型的國家增進了經濟與政治勢力，各香料貿易國家進一步展開了由他們支配的廣大且非永續性的殖民主義時代。

位於印度喀拉拉邦某一市場各式各樣普通與奇異的香料。

參照條目　農耕的發明（約西元前一萬年）；肥料（約西元前6000年）；青銅器時代（約西元前3300至前1200年）。

金字塔

吉薩大金字塔可謂象徵古埃及文明非凡技術的里程碑。這些金字塔也是設計者們身懷天文學識的證明，因此，這般技術在大約 4500 年前的埃及社會與宗教中，應極為重要。

由於地球自轉軸會如陀螺一般緩慢地搖擺，所以大約在西元前 2500 年，北極星的位置並非真的指向極北。當時的北極天空比較像是現今在南極仰望可看見的模樣，北極之處並沒有一顆明亮的星星。對於法老、天文學家與平民而言，夜空像是繞著一顆黑洞旋轉的旋渦，因此被視為進入天堂的大門。在古代埃及，這扇大門坐落在北部地平線約仰角 30 度之處，因此眾多金字塔謹慎地朝向北方，而法老主墓穴連結外部的小豎井更直接指向極區的天堂大門。不過，如果這樣的安排是為了讓法老死後能加入眾神，為何不以墓穴主門對準這條死後道路？

埃及天文學家在精確曆法系統的發展也扮演重要角色，在這些金字塔開始建造之前，曆法系統已然完備。當時，一年的開始就是在盛夏時分，快要日出前天空最亮的星星首度出現之時，而這顆星就是天狼星（Sirius，埃及語為「Sopdet」）。每一年包含了 12 個月，每個月擁有 30 天，一年最後剩下的五天則留給儀式與慶典，如此總共為 365 天。在不同日期仔細觀察並記錄星星的位置之後，古埃及人也知道每四年就必須為這一年額外增加一天，我們今日稱為閏日（leap day），如此一來才能保持日曆與天空的動向一致。他們會追蹤日出前的數顆明亮星星，以此決定主要宗教慶典的日期，還有為尼羅河每年的洪水氾濫準備。

金字塔的形狀也許甚至能讓我們一窺古埃及人的宇宙觀。古埃及某些神話認為陸地由最初的原始大海浮現，而創世神阿圖姆（Atum）就生活在陸地上的金字塔。

吉薩大金字塔，一座座法老的墓穴，同時也指向當時地球自轉軸北極點，如同指向通往天堂的大門。在大約將近四千年間，這些金字塔擁有世上最大型人造建築物之地位。

 參照條目　巨石陣（約西元前3000年）；尼羅河的整治（西元1902年）。

磁鐵礦

老普林尼（**Pliny the Elder**，西元 23—79 年）

　　根據西元一世紀羅馬博物學家老普林尼所編撰的百科全書，傳說大約在四千年前，希臘北部地區美格尼西亞（Magnesia）一位名叫馬格努斯（Magnus）的牧羊人發現，當他牧羊到某個地區時，鞋上的釘子與物品裡的鐵會緊緊黏在地上，十分不可思議。結果這個神祕現象的來源是磁石，其主要成分為一種具有高磁性的礦物，磁鐵礦（magnetite）。

　　磁鐵礦是一種氧化鐵，化學式為 Fe_3O_4，擁有次鐵磁性的特質，也就是它會被其他磁性物質吸引，同時可以被磁化成永久帶有磁性。早期水手與航海家用針狀的磁石作成第一個指南針，他們知道如果把這些針放在浮在水面上的麥稈，麥稈就會轉成南北向。許多含鐵隕石不僅因為其中的鐵礦而有價值，也因為它們擁有吸引其他鐵塊的「神奇」魔力。生物其實也能夠製造磁鐵礦，某些細菌與動物（包括鳥類）能夠感應磁北的方向，以協助導航。

　　在地球上，磁鐵礦是典型玄武岩質岩石中常見的礦物，這類岩石從中洋脊與地函熱點向地表噴發的岩漿形成。當熔融的岩漿正在冷卻時，玄武岩中的磁鐵礦顆粒會將自己順著地球磁場排列，記錄了當時磁場的方向與極性。現代古地磁地質學家便利用此特性試著了解地球磁場的過往歷史，另一方面，1960 年代在海床沉積岩觀察到的磁性分布，也是引領出現代板塊構造運動理論的關鍵。

　　磁鐵礦之所以具備磁性，是因為 Fe^{2+} 與 Fe^{3+} 原子裡微小的正負微磁域（domains）或磁距（magnetic moments），使得礦物內部整體無法相互抵銷，而留下淨磁力。這類微磁域的存在，以及在對的磁場之下能夠做出 180 度翻轉的能力，也讓人類根據磁鐵礦發展出磁帶紀錄的技術。磁鐵礦至今在製造業、醫學與科學等領域，在各式儀器與處理技術依舊受到廣泛運用。

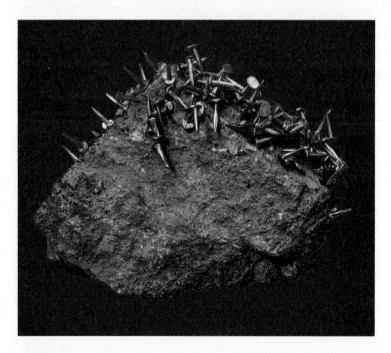

一塊磁石（含有磁鐵礦礦物的岩石）標本，其強烈的磁性讓表面吸附了許多小釘子。

參照條目　板塊構造運動（約西元前四十至前三十億年？）；帶狀鐵岩層（約西元前三十至前十八億年）；亞利桑那撞擊事件（約西元前五萬年）；第一座礦場（約西元前四萬年）；青銅器時代（約西元前3300至前1200年）；鐵器時代（約西元前1200至前500年）；地磁反轉（西元1963年）；磁導航（西元1975年）。

約西元前 1200 至前 500 年

鐵器時代

　　人類學家將史前人類歷史最接近現代的社會與技術時代，界定為鐵器時代。青銅器時代與鐵器時代的轉變，就是武器與工具等的製作材料廣泛換成鐵，其中的碳鋼（carbon steel）尤其受到廣泛使用。比起銅與錫，從鐵礦冶煉、萃取出鐵更為艱難，此過程需要能製造更高溫的特殊熔爐，同時也必須於各式合金設計出精確的混合比例，讓鐵製品擁有更高的強度且避免生鏽。因此，能夠製造這些受到各地廣泛使用的鋼製武器與工具（比同等級的青銅器擁有更優越的強度與耐受度）之人，擁有大幅超越其他人的技術優勢。

　　最早的鐵製品是將鐵礦與木炭一起混合冶煉，一起放在熔爐中以風箱吹進空氣。在足夠的高溫之下，木炭中的碳會幫助礦石中的氧化鐵，轉換成熔渣（slag）與金屬鐵的混合物，接著再進一步以手工除去熔渣，並留下熟鐵。青銅器時代晚期的鐵匠（smiths）發現，若是將熟鐵以木炭床進一步加熱，同時在融化期間反覆進行冷卻與淬火，將會生產出一種擁有更高強度且更為堅韌耐用的合金——鋼。

　　考古證據認為最早的鋼製工具與武器大量製造，大約在西元前 1200 年的古代近東地區，也就是美索不達米亞、埃及、伊朗、阿拉伯半島等周遭地區。自此，煉鋼技術似乎就在地中海地區傳布，最終也進入了亞洲與歐洲；歐洲北部鋼製品成為常規產品大約在西元前 500 年才開始，而史前人類的鐵器時代大約於此畫下句點。也大約在此時，全球各地文明開始獨立發展出穩定且常規的歷史紀錄。

　　相較於我們的古代祖先，由於現代技術大幅進步，鋼合金已經遠遠更為堅強與耐用。某些學者認為工業革命之後大量激增的高樓大廈、橋樑與其他眾多鋼製建築，都是我們進入新鐵器時代的證據。

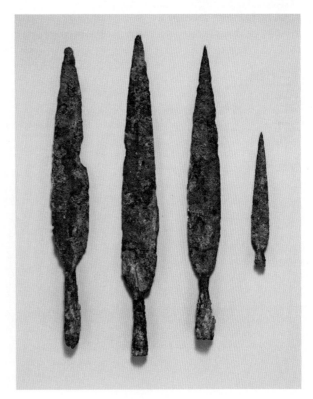

四件來自伊特魯里亞文化（Etruscan）的矛頭，年代大約可回溯至西元前 550 年。

 參照條目 石器時代（約西元前三百四十萬至前三千三百年）；青銅器時代（約西元前3300至前1200年）；工業革命（約西元1830年）。

水道橋

　　農耕的發明與進而出現的定居生活模式，如此的農耕社會勢必讓城市一路持續成長。大型人口中心的運作需要大量食物與水的供應。然而，當人口不斷上升，區域本身的資源可能面臨不足，因此，城市的持續運行便需要食物與水的進口。

　　與食物的進口相比，將水運送到城市（或農耕社區）會面臨額外且特殊的工程與物流挑戰。以許多沙漠或平原環境而言，當地居民也許可以用挖鑿運河，將河川的水導向定居社區，此做法甚至在史前時代已經出現。然而，在地形崎嶇的環境，挖鑿運河其實頗為不實際或不可能。因此，根據某些考古證據顯示，大約在四千年前人們就想到了解決之道，當時的人們在地勢所需之處以盛載著水流的水道橋（aqueducts）連接運河或其他水道。對歷史學家而言，也許最知名的早期水道橋就是在大約 2800 年前，由位於美索不達米亞的亞述帝國（Assyrian empire）所建造長達 80 公里的石灰岩水道橋，其中一段跨越山谷的水道橋甚至達 10 公尺高，並綿延 300 公尺。這座成就不朽的建築工程遺跡今日仍在，位於伊拉克北部的耶爾萬（Jerwan）。

　　幾世紀過後，羅馬人將這項較古老的設計擴展為由數以百計的運河與水道橋組成的龐大系統，將水帶往帝國每一角落的農場、城鎮與城市。西元三世紀，羅馬城市本身便有 11 座水道橋，供應安居於

此超過一百萬人的人口。部分注入羅馬的水也同時灌注了豪奢的用水生活模式，例如富人與平民的噴水池與公共浴場；另一方面，同樣重要的還有用於水車磨坊，以及為了保持大眾公共衛生標準，還會定期以水沖刷下水道與排水道。

　　今日，羅馬部分區段的水道橋仍保留了下來，少數幾處甚至仍在運作。更普遍而言，水道橋的設計與建造方式被羅馬與其他後續建築廣泛仿效，而某些必須突破地形阻礙之處，運河與船閘系統也運用了將水道架高的概念。

位於西班牙塞哥維亞（Segovia）保存良好的羅馬水道橋，大約可以回溯至一世紀晚期至二世紀早期。

參照條目　農耕的發明（約西元前一萬年）；土木工程（約西元1500年）；人口成長（西元1798年）。

第一幅世界地圖

地圖是人類歷史之間相當關鍵的一部分，而人類也總是問著：「我在哪裡？」當上次冰期結束後，最早的定居社區、城市與社會開始發展，對於一處處正在成長的文明之間，貿易變得越來越重要且普遍。就青銅器與鐵器時代發展出的新技術而言，例如青銅或鋼的冶煉，貿易對於必備的物質需求也尤其重要。貿易商與航海者自然會希望知道將貨物送往與帶回市場的最佳路線。

為了城市規劃或標記短程貿易路線所繪製的地區或區域地圖，最早的歷史可以回溯到至少 4500 年前。然而，繪製一幅已知世界的整體地圖，則是較新的概念。大約在西元前 600 年，巴比倫人（Babylonians）首度嘗試製作一張全球地圖。他們將自身世界描繪成圓形，而已知的陸地四周環水。巴比倫人的世界地圖之所以重要，不僅是因為年代古老，也因為它告訴我們製圖（cartography）同時也可以包含製圖師刻意或隱晦的偏見。在這幅世界地圖中。巴比倫人已熟知鄰居埃及人與波斯人（Persian），但他們選擇在描繪世界時完全忽略這兩個國家。

等到人類有了地球尺寸與不同地區確切距離等知識之後，才開始出現更為真實的球面世界地圖。希臘天文學家與數學家畢達哥拉斯（Pythagoras）是首批提出地球為球體的可信論點之人，時間大約為西元前 500 年，接著大約又過了 250 年，埃及的天文學家與數學家埃拉托斯塞尼（Eratosthenes）首先估算了地球的尺寸（可謂創造了地理學科）。此後，計算各地實際距離的任務便落到了一代代後繼冒險家、貿易商與入侵者，不僅距離，同時包括了海岸線、山脈、河流與新陸地。到了十八世紀晚期，世界陸地與海洋的基本形狀已大致抵定。今日，衛星科技讓我們可以為這座依舊動態改變的行星，畫下精細、微小的全球自然或人為轉變。

下圖　一幅大約 1730 年的現代世界地圖，由荷蘭雕刻家丹尼爾·斯托彭達爾（Daniël Stopendaal）繪製。
上圖　史上最早的世界地圖之一，此泥板地圖約可追溯至西元前 600 年的巴比倫。

參照條目　農耕的發明（約西元前一萬年）；「冰河時期」的尾聲（約西元前一萬年）；青銅器時代（約西元前3300至前1200年）；香料貿易（約西元前3000年）；鐵器時代（約西元前1200至前500年）；地球是圓的！（約西元前500年）；地球的大小（約西元前250年）；全球衛星定位系統（西元1973年）。

地球是圓的！

畢達哥拉斯（**Pythagoras**，約西元前 570—前 495 年）

地球，一顆在黑暗太空漂浮的湛藍美麗球珠，而我們總是視之為理所當然。但是，若非直到相當近期人類能夠前往太空，回頭看看我們的地球，某些人曾必須想盡辦法說服眾人地球可能是圓的，而不是如同站在地表望去直覺可見的平坦。這些想盡辦法說服大家的人們之一便是畢達哥拉斯，他是西元前六世紀的希臘哲學家、數學家與兼職天文學家，他同時也因幾何學領域的畢氏定理（Pythagorean theorem）而聞名。

畢達哥拉斯與他的跟隨者對於地球為球體的論點十分直接，論點為根據幾項觀察而發展。例如，由希臘向南出航的水手們發現越向南行，南方天空中星座的位置會越來越高。另一例則是探險家在沿著非洲南岸航行時，發現太陽從北方照耀，而非像在希臘一樣陽光從南方而來。其中相當重要的證據之一，源自月蝕的觀察：當滿月直接移動到地球後方，而非太陽後方時，可以清楚觀察到地球吃蝕月球的陰影輪廓為曲線。

究竟畢達哥拉斯是自己實際「發現」地球是球狀？還是生活在早期希臘文明受過教育的人們之間，此概念已經漸漸成為相對普遍的認知，而畢達哥拉斯只是其中最為知名的倡導者？無論如何，大約在 250 年之後，埃拉托斯塞尼的實驗終於證明了地球是圓的；接著，大約在將近 2500 年之後，阿波羅八號（Apollo 8）任務帶著第一批太空人離開地球軌道，帶回一張張壯麗的照片，照片中正是那顆漂浮在一片黑暗虛空中，亮藍絕美的球形地球。

右圖 地球為圓球形的證據之一，就是當地球在月蝕期間投下的曲線陰影，如這張在 2008 年於希臘觀測到的照片。

左圖 一幅十六世紀描繪哲學家兼數學家畢達哥拉斯的版畫，他是主張地球為球體的早期科學家之一。

參照條目 第一幅世界地圖（約西元前600年）；地球的大小（約西元前250年）；離開地心引力（西元1968年）。

馬達加斯加

　　雖然人類遷徙的確切時間點與路線，依舊是考古學家與人類學家目前正在進行的研究主題，但學界已確定史前人類曾相當頻繁地向世界各地散布，尤其是在上次冰期高峰於大約一萬兩千年前結束之後，人類幾乎填滿地球上所有找得到的適居棲位。根據化石與工具的挖掘證據，最後一處人類落腳的大型地塊，就是非洲東部外海的大型島嶼馬達加斯加（Madagascar）。

　　馬達加斯加是地球第四大島嶼，地表面積僅比法國小一點。考古證據顯示人類大約在四千年前造訪此島（也許是早期水手與貿易商）。雖然此過程依舊正在進行研究，但目前可知人類似乎在相當近期才定居於馬達加斯加，定居落腳時間可能僅在 2500 年前。當人類抵達馬達加斯加時，眼前是多元豐富的植物與動物，包括許許多多的大型動物物種，例如河馬、巨大的狐猴、長得像巨大　類（mongoose）的馬島麝貓（fossa），還有象鳥（elephant bird）等許多不會飛的鳥類。

　　馬達加斯加與非洲大陸的隔絕，從大約兩億至一億五千萬年前盤古超級大陸開始分裂起，目前認為這座島可能是在大約九千萬年前從印度大陸分離出的微板塊。自此，演化與經常處於熱帶環境的條件，讓這座島嶼發展出許多獨有的大型動物群。然而，人類的落腳使得馬達加斯加的生態經歷了劇烈的轉變。為了農業發展與不斷成長的人口（目前約有將近 2,500 萬人居住），大部分的原始森林皆已伐盡，過程中也摧毀了許多動物的棲居地。人類捕殺也是當地許多大型動物物種滅絕的主要因素之一，體型較小的物種因此數量激增，快速地補上空出來的生態棲位，其中包括已知超過一百種的狐猴物種與亞種。

　　今日，保存在地獨有多元生態是馬達加斯加當地政府的首要任務，生態觀光則成為主要經濟動力。雖然已滅絕的物種無法復原，但島上瀕臨絕種的獨特植物與動物正受到全球各保育組織廣泛的支持。

馬達加斯加當地居民走在靠近穆隆達瓦（Morondava）的「猴麵包樹大道」（Avenue of the Baobab）。

參照條目　大西洋（約西元前一億四千萬年）；靈長類（約西元前六千萬年）；南極洲（約西元前三千五百萬年）；東非張裂帶（約西元前三千萬年）；智人現身（約西元前二十萬年）；閃人（約西元前七萬年）；「冰河時期」的尾聲（約西元前一萬年）；香料貿易（約西元前3000年）。

石英

泰奧弗拉斯托斯（**Theophrastus**，約西元前 371—前 287 年）

　　石英是地球上最普遍也最廣為人知的礦物。它是地球大陸地殼第二普遍的礦物（僅次於長石〔feldspar〕），同時是沉積岩與變質岩（例如花崗岩、砂岩與頁岩）中最常見的礦物。地球上的沙灘幾乎都是由石英組成，因為富含石英的岩石可以不斷物理裂解成更小的碎塊，但石英本身很難進行化學裂解或被風化侵蝕。

　　石英擁有各式各樣的顏色（石英本身為澄澈無色，但會因為其他微量元素染上顏色），也具備眾多晶型或晶癖（habits）。純石英結晶最常見的晶型是六面柱體，頂端為金字塔型；此晶型與其他許多如寶石般美麗晶型經常出現在岩石中，例如晶洞就是讓晶體可以沒有阻礙地長晶的岩石內部中空空間。歷史學家與部分早期科學家，例如希臘的博物學家與哲學家泰奧弗拉斯托斯，認為石英是礦物界的超冷冰（supercooled ice），部分原因可能是因為兩者擁有十分相似的晶型。

　　絕大多數的石英會在地底岩漿庫中，因為岩漿冷卻造成的部分結晶而形成。當岩漿的溫度下降時，矽質含量較低（例如橄欖石）會首先形成，接著依序出現的是矽質含量漸漸變高的礦物。此結晶過程會讓高比例石英熔融岩石最後才開始結晶，這些高石英含量的岩石會在岩漿庫頂部形成岩蓋，或是可以在周遭已經冷卻的圍岩裂隙中形成石英岩脈，又或是兩者皆有。若是石英經過進一步的擠壓或加熱，

就會形成石英岩與花崗岩等變質岩，由於這些岩石擁有高強度的抗侵蝕特性，所以經常是山脈抬升後暴露至地表的主要組成岩石，例如美國加州中部的內華達山脈。

　　石英的應用方式眾多，某些寶石與絕大多數的古代裝飾玻璃器皿都主要是以各式各樣的石英組成。在工業方面，石英晶體會在受到物理壓力時，對某種特定頻率產生振動，這樣的特性讓石英成為鐘錶與其他電子產品（也因此有了「矽谷」〔Silicon Valley〕）的關鍵材料，而石英在其中扮演的角色基本上就是振盪的時鐘。今日，我們已經可以合成產出極高純度的石英晶體，主要用於珠寶與收藏家對於純天然晶體的需求。

一件令人驚豔、手掌般大小的石英晶叢，發現於西藏高原（Tibet）。

參照條目　大陸地殼（約西元前四十五億年）；板塊構造運動（約西元前四十至前三十億年？）；內華達山脈（約西元前一億五千五百萬年）；第一座礦場（約西元前四萬年）；磁鐵礦（約西元前2000年）；長石（西元1747年）；橄欖石（西元1789年）。

亞歷山大圖書館

人類大約在西元前 3000 年於美索不達米亞發明書寫（但世界其他各地區隨後都在不同時間點各自獨立發展出書寫），這也表示歷史紀錄終於可以保留下不同的人、地點與事件。「史前」與現代之間的界線，也的確通常劃分在書寫紀錄得以保留之後。文字紀錄得以保留的下一步，當然就是尋找保留這些紀錄之處。因此，圖書館的概念便於焉誕生。

考古學家目前發現的首批圖書館證據（其中收集著承載楔形文字的黏土泥板），便位於蘇美（Sumer），時間大約可以回溯至西元前 2600 年。黏土是一種用於保存文字相當傑出的物質，不僅因為黏土可以用普遍常見的材料混合，例如泥土與石灰岩；同時也因為黏土在窯中燒製之後，會變得相當堅硬且不易被侵蝕。在古埃及，類似的書寫紀錄則是保存在紙莎草卷軸，雖然製作莎草紙更為困難，但它是一種更好的書寫媒材。

古代世界最知名的圖書館就是亞歷山大圖書館（Great Library of Alexandria），這座圖書館大約在西元前 300 年建立，目的是成為全世界科學、工程、文化與歷史知識的寶庫。世界各角落的書籍、黏土泥板與卷軸或買、或借、或偷偷地紛紛運到此地，圖書館中則有一支抄寫部隊將所有內容謄寫到莎草紙上，成為圖書館的永久收藏。亞歷山大圖書館同時也是埃及向全世界展現國力的強大證據。雖然目前尚不確定，但歷史學家估計此圖書館全盛時期的卷軸收藏約有四萬至四十萬件。

不幸的是，在西元前一世紀至西元三世紀之間，羅馬帝國多次征服埃及的過程中，亞歷山大圖書館也歷經了許多次的洗劫與焚燒。這項關於古代世界知識無法挽回的損失，是人類史上最巨大的學識災難之一。雖然部分內容在其他古代世界的主要圖書館中留有謄本，但是，我們永遠無法得知在亞歷山大圖書館傾毀之際，永久喪失了什麼樣的故事、詩歌、神話、科學、工程概念與其他文化資訊。

這幅十九世紀的版畫描繪著藝術家對於古埃及亞歷山大圖書館廳堂走廊的想像。

參照條目　金字塔（約西元前2500年）；第一幅世界地圖（約西元前600年）；地球的大小（約西元前250年）。

以太陽為中心的宇宙

阿里斯塔克斯（**Aristarchus**，約西元前 310—前 230 年）

　　古希臘柏拉圖與亞里斯多德（Aristotle）等哲學家與數學家對於宇宙的想像，受到地球為宇宙中心的概念影響至深。每一個人抬起頭來都可以看見太陽、月亮與眾多星星皆繞著地球旋轉。學者們還進一步加上難以反駁的佐證：月球的運動週期與我們行星的軌道吻合。相反地，假若地球順著自轉軸旋轉，為何沒有任何東西被拋飛地表？又或是地球會順著自己的軌道運行，為何我們沒有觀察到星星彼此之間有任何視差（parallax）或錯位？

　　然而，地球為中心的概念仍然有令人懷疑之處。來自希臘薩摩斯島（Samos）的天文學家與數學家阿里斯塔克斯，製作了裸眼觀察太陽與月球的詳盡紀錄，並試著以其解釋地球為中心的概念。他的觀察方法受到人類眼睛的極限所困，但儘管如此，他依舊以幾何運算推斷出地球與太陽的距離大約是到月球距離的 20 倍（實際差距則為 400 倍）。他接著推論出，因太陽與月亮在天空中擁有相同的視角直徑（apparent angular diameter），所以太陽的實際直徑一定至少比月亮大 20 倍，同時也比地球大 7 倍。因此，根據他的推論，太陽的體積將比地球大 300 倍（實際的數值中，太陽約比地球大一百萬倍）。在他眼中，如此龐大的太陽竟然會被一顆這般微小的行星地球所束縛，看起來似乎有點荒謬。阿里斯

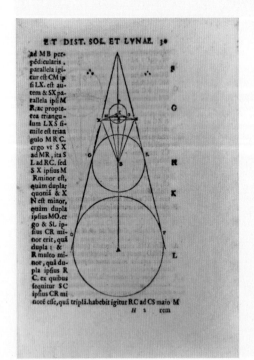

塔克斯進一步認為地球與其他行星應該都是繞著太陽運行，而天空中其他星星因為太過遙遠所以觀察不到任何視差。當時，阿里斯塔克斯所描述的宇宙是史上規模最龐大的宇宙。

　　如同絕大多數的革新想法，阿里斯塔克斯的日心宇宙受到大部分的同儕挪揄；250 年後，在羅馬帝國時代的埃及天文學家托勒密（Ptolemy）的地心說教學與文獻之下，日心宇宙的想法更被有效地粉碎。阿里斯塔克斯種下了一顆關鍵的種子，但直到十六世紀的哥白尼（Copernicus）與克卜勒（Kepler）正式終結地心說後，這顆種子才開始發芽。

西元前 300 年阿里斯塔克斯關於太陽、地球與月球相對大小計算原稿的部分段落複製，此計算支持他在當時可謂極端的日心宇宙假說。

參照條目　地球是圓的！（約西元前500年）；地球的大小（約西元前250年）；行星運動定律（西元1619年）；重力（西元1687年）。

地球的大小

柏拉圖（西元前 427—前 347 年）
亞里斯多德（約西元前 384—前 322 年）
埃拉托斯塞尼（約西元前 276—前 195 年）

　　至少在畢達哥拉斯的時代（約西元前六世紀），希臘人就已普遍接受地球是圓的事實，但是地球實際尺寸估算的分歧範圍依舊相當大。柏拉圖曾認為地球的周長應該大約七萬公里，與其對應的直徑則大約是 22,000 公里；亞里斯多德估算地球的周長約為 55,000 公里，直徑是 17,500 公里。身為數學家、天文學家與亞歷山大圖書館第三館長的埃拉托斯塞尼為了得到更精確的估算，特別設計了一個簡單的實驗，此實驗的目標就是將地球視為一個巨大的日晷。

　　埃拉托斯塞尼已經知道埃及南部錫埃尼城（Syene）在夏至正午時分，太陽幾乎精確地位於頭頂正上方（天頂），因此地上的木樁不會投出任何影子。另一方面，他也知道自己位於埃及北部的亞歷山大城在夏至正午時分，木樁會投出小小的影子。經過計算之後，他得出太陽大約位於亞歷山大城天頂微微向南偏約 7 度之處。7 度大約是一個完整圓周的 1／50，因此他推估地球的圓周長大約是亞歷山大到錫埃尼的 50 倍。亞歷山大至錫埃尼的距離大約是 5,000 斯達德（stadium，古代埃及與希臘的計量單位），而地球圓周長便約為 25 萬斯達德。假設 1 斯達德大約是 160 公尺，地球圓周長就是 40,000 公里，撇除計算中各種不確定性與估計值，基本上這是正確的解答。

　　埃拉托斯塞尼普遍認為是地理學之父（地理學一詞也的確由他所創）。身為第一位精確算出地球大小之人，似乎也相當合理。他的計算方式也是簡單且恰當的絕佳實驗範例。阿基米德（Archimedes）曾對槓桿說出經典的比喻：「給我一方立足之地，我就能搬動地球。」埃拉托斯塞尼也能如此回應：「給我幾根木枝與一些影子，我就能計算地球。」

一幅由貝納多‧斯特洛奇（Bernardo Strozzi）於 1635 年繪製的作品。畫中埃拉托斯塞尼（圖左）正教導一名學生如何用相同時間、不同地點的影子長度計算出地球的尺寸。

參照條目　第一幅世界地圖（約西元前600年）；地球是圓的！（約西元前500年）；亞歷山大圖書館（約西元前300年）；以太陽為中心的宇宙（約西元前280年）。

龐貝

　　火山會釋放熱能、氣體、岩漿與／或煙塵，同時在世界各地徹底改變當地與區域性的地質。在某些匯集了文明與板塊構造的地方，例如地中海，便成為數百萬人口生活在火山活躍噴發區域的局面。有時，火山的噴發相對溫和或遙遠；例如西西里島（island of Sicily）上的埃特納火山（Mt. Etna）或是克里特（Crete）北部的聖托里尼（Santorini）。然而，歷史中還有其他例子是主要人口中心之間坐落著主要火山。

　　知名的例子之一就是義大利拿坡里（Naples）周遭區域。在羅馬帝國鼎盛時期，歐洲最活躍的數座火山之一的維蘇威火山（Mt. Vesuvius）的山坡上（或鄰近地區），就有數十萬人口生活。但是，在此之前，維蘇威火山鮮少噴發或通常十分溫和。然而，一切在西元 79 年的夏季改變，維蘇威火山猛烈噴發，巨量的氣體與灰煙向天空噴送形成高達 30 公里的煙柱，接著，向周圍無數城市與村莊降下炙熱的濃煙。龐貝（Pompeii）與赫庫蘭尼姆（Herculaneum）等城市在火山灰雲崩塌而洶湧落下的烈熱火山碎屑（pyroclastic）中燃燒，接著掩埋於厚度達數十公尺的炙熱火山灰之下。在長達兩日的火山噴發期間，約估造成至少兩萬人喪生。

　　火山持續在全球各地對人類形成天然災難。例如，現今維蘇威火山周遭便生活著超過四百萬人口，而其最近一次的猛烈噴發近在 1944 年。為什麼人們會選擇定居於活躍火山附近？原因之一就是火山灰會發展成相當肥沃的土壤（從古至今由眾多農人所利用的特性）。儘管如此，世界各地依舊有數百萬的人口暴露在風險之中，同時，地質學家也積極地監測火山，以及岩漿或氣體向地表接近造成的地震活動前兆，或是山脈是否在火山即將噴發的壓力之下產生隆升。已有許多例子證明，大量先進的預警技術能協助事先宣布撤離居民，並拯救生命，例如 1980 年美國西北部的聖海倫火山爆發。

俄羅斯畫家卡爾·布留洛夫（Karl Briullov）於 1833 年的畫作〈龐貝的末日〉（The Last Day of Pompeii）。畫作描繪出一場發生在西元 79 年夏日的大規模火山灰噴發，實謂地質與人類的浩劫。

參照條目 板塊構造運動（約西元前四十至前三十億年？）；地中海（約西元前六百萬至前五百萬年）；于埃納普蒂納火山爆發（西元1600年）；喀拉喀托火山爆發（西元1883年）；聖海倫火山爆發（西元1980年）；皮納圖博火山爆發（西元1991年）。

玻里尼西亞人流散

　　自史前時代開始，人類就不斷地遷徙到新地方，有時是因為跟隨獵物，有時是為了尋找新農耕土地，或是為了躲避壓迫，又或是向外探索。不論原因為何，人口由原本的家鄉向外散布（稱為流散〔diaspora〕）的情形，綜觀人類歷史十分常見。其中最傳奇且戲劇性的遷徙是人類由東南亞向外散布至橫跨南太平洋的數百座島嶼，這是一場長達五千年歷史的人類遷徙，一般稱為玻里尼西亞人流散。

　　科學家試著利用考古、基因、文化與語言等線索，拼湊出人類定居於南太平洋各系列的航行與情境。最初向外遷徙的起點似乎是今日臺灣與印尼周遭區域，在接下來數千年之間，首先抵達美拉尼西亞（Melanesia，澳洲北部與東北部上方的島嶼群），接著進入密克羅尼西亞（Micronesia，美拉尼西亞北方與菲律賓東方的島嶼群）。雖然其中的遷徙細節仍有許多爭議與不確定性，但在接下來數千年更多的航程之後，最終他們定居於所謂的「玻里尼西亞三角洲」（Polynesian triangle），範圍從紐西蘭到夏威夷再到復活島（Easter Island），最東邊的定居處大約於西元 700 至 1200 年建立。

　　廣泛分布於南太平洋無數小島的人類定居地，正是這些社群擁有造船、導航與航行高超技術與經驗的清楚證據。其中許多殖民地都曾有定居數百人口（而非僅有數艘船）的時期，也顯示他們擁有細緻的計畫與物流協同合作。根據人類文物的地球化學考古證據，貿易在這些島嶼社群之間相當活躍。戰爭也並不罕見，不論是各獨立島嶼之間或主要島嶼上的部落之間皆有，而戰爭通常在饑荒或乾旱襲擊脆弱的島嶼生態之後突現。

　　西方的探索與殖民擴張從十八世紀進入南太平洋，最終劇烈地瓦解了（或甚至摧毀）當地各個傳統王國，以及許多南太平洋島嶼原有的政治結構。今日，原本玻里尼西亞人流散的後裔努力試著在維護他們的文化與社會遺產的同時，在更為全球化的世界中繼續生存。

一幅繪於大約 1770 年的畫作，圖中為玻里尼西亞人的雙獨木舟（tipaerua），為英國探險家詹姆士·庫克船長（Captain James Cook）在南太平洋航程中所見。

參照條目　白令陸橋（約西元前9000年）；香料貿易（約西元前3000年）；馬達加斯加（約西元前500年）；金星凌日（西元1769年）。

馬雅天文學

　　史前時期與中世紀（五到十五世紀）的天文學受到歐洲、阿拉伯、波斯與亞洲學者廣泛研究與應用。另外，在中美洲至少可以回溯至大約西元前 2000 年，也出現了相當豐富的天文傳統，這些傳統源於當地馬雅（Maya）、奧爾梅克（Olmec）、托爾特克（Toltec）、密西西比（Mississippian）等文明以及其他相關文化。然而，這些早期文明留下的書寫紀錄卻十分稀少，部分因為在之後歐洲占領期間流失或被摧毀。

　　例如，能夠一窺曾經稱霸中美洲馬雅文明（高峰期約從西元前 2000 年至西元 900 年）的科學知識的書籍，便僅留存了四本。這些書籍的撰寫時間包括馬雅歷史的晚期到歐洲人抵達前夕，其中一本名為《德勒斯登抄本》（Dresden Codex，以目前封存的地點命名），便可看出馬雅天文學先進與精緻的程度，已可與希臘、阿拉伯及其他早期社會比擬。

　　《德勒斯登抄本》記載了一部分歷史與一部分神話，但絕大部分為一系列的詳細天文表，記錄並預測太陽、月亮、金星與其他已知行星的運動。在破解文字與數字的符號之後，天文考古學家認為這 74 頁的表格紀錄追蹤了金星（每 584 天重複升起落下一次），與月亮（每 25,377 天會有 857 次滿月）的週期。這些表格也可以用來預測日蝕與月蝕，比起早期的巴比倫與希臘，馬雅人對許多月蝕與日蝕週期的了解更為精確。他們似乎也能精準地預測月球與其他行星的排列與會合時間。對於天空種種週期變化擁有如此高度精確的了解，必須有好幾世紀的謹慎觀察與詳細記錄，也需要精巧的裸眼觀察工具。當馬雅人發現這些週期變化之後，基本上這些表格就能永遠精確地預測天空變化。馬雅人為何需要這些資訊？雖然許多關於馬雅人的了解目前僅停留在神話傳說，但歷史學家已經發現許多馬雅人的宗教、農耕、社交、傳統，甚至軍事事件，都與他們依天文知識立下的曆法系統息息相關。

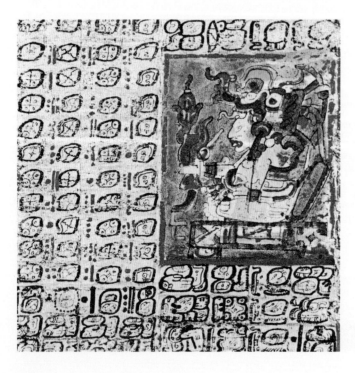

《德勒斯登抄本》第 49 頁的部分內容。此書是馬雅文明三本倖存於今日的書籍之一，書中預測了部分金星與月亮女神伊希切爾（Ixchel）現身與消失的週期。

參照條目 金字塔（約西元前2500年）；行星運動定律（西元1619年）。

萬里長城

　　人類自從史前時代就開始改變地球表面。為了農耕，人類伐除森林且翻整耕耘土地，同時挖鑿水渠與運河以引入灌溉水，這是幾個生活實用的建設，但所需技術不高。另外也許比較不實用的建設包括以土壤與岩石打造的紀念碑，如巨石陣與吉薩大金字塔，以及位於美索不達米亞與羅馬帝國的精緻水道橋，而這些建設需要令人驚豔的高度技術。不過，目前最為雄偉，也許也可稱為最實用的大型古代建設與文明世界工程計畫，正是中國的萬里長城，這道長城在中國與蒙古邊境大致由東向西綿延了超過 8,850 公里。

　　考古學家追溯萬里長城最古老的一段城牆建築時間約為西元前七世紀。這段相對原始的城牆（某一部分只使用土壤與碎石強化），在大約西元前三世紀於中國第一位統一帝王秦始皇的命令下重建，自此，基本上所有萬里長城的城牆都經過了多次的修築與重建。絕大部分中國的現代萬里長城建造從明朝開始，明朝的統治時期大約是四世紀晚期到七世紀中期。萬里長城城牆的平均高度為八公尺，寬度則是五公尺，某些部分更跨越了崎嶇陡峭的山脈。實為令人驚嘆且極具歷史意義的土木工程，尤其是在當時建築工具與技術仍相當有限的情況之下，還能完成如此規模的建設。

　　由於萬里長城沿著蒙古邊界，此長城的主要目的為防禦；大型且精良的武裝強化能幫助抵禦由北方而來的遊牧民族侵入。然而，許多關鍵的長城分支也有移民遷徙與貿易控制站的作用，這些分支沿著通往歐洲東部的絲路與中國內陸與海岸的市場。現今，萬里長城則成為觀光客前往中國的重要目的地之一，而歷史學家則經常將萬里長城視為維持且保衛中國統一的關鍵策略之一。

萬里長城的某一段，位於北京東北方金山嶺的附近。

參照條目 巨石陣（約西元前3000年）；香料貿易（約西元前3000年）；金字塔（約西元前2500年）；水道橋（約西元前800年）；土木工程（約西元1500年）；水力（西元1994年）。

美洲原住民創世神話

　　我們常常會把研究宇宙起源與演化視為現代才出現的科學研究。但是，早在科學現身之前，人類早已思考著宇宙，更試著找出宇宙學之所以存在的最核心基礎的問題：我們從何而來？未來將是什麼樣貌？我們是孤單的嗎？

　　人類學家已經發現許多早期人類社會用各式各樣的方式表達他們關於宇宙的概念，包括歌曲、舞蹈、藝術與／或口傳故事，試著解答關於生命、地球、天空與任何將自身放在廣大宇宙之下會碰觸到的種種疑問。在種種詳盡且受人喜愛的宇宙故事之中，還有那些美洲原住民社會眾多部落以口說流傳的傳統故事。

　　例如，一則來自美國紐約上州伊羅奎（Iroquois）的故事，描述地球原本是一大片全是海洋的世界，陸地是在青蛙與其他動物們一起把泥土堆到巨大的海龜身上才形成。在「天空世界的神靈」（The Spirit of the Sky World）故事中，神靈們創造人類，讓人類在陸地生活並照料土地。植物、動物與所有能力強大的神靈都不斷地出現在美洲原住民的故事中，與他們社會裡普遍崇敬自然世界的精神一致。這些故事從史前時代便代代相傳，直到 1400 年代晚期，美洲原住民因為歐洲探險家的抵達，開始因為侵略的戰爭與源自歐洲的疾病，面臨災難性的滅絕。

　　就某種層面而言，我們對於觀察到的宇宙所做出的宇宙源起假說，一樣是一種故事。現在假說中認為宇宙大約在一百三十八億年前，因為一場能量極度巨大的爆炸而誕生，也就是所謂的大霹靂（the Big Bang）。當我們利用現代科技與科學方法研究宇宙的起源與接下來的演化時，其實現代的大霹靂假說在許多方面都與前人社會的創世神話相互呼應。例如，許多現代科學都認為宇宙創生的起源（或甚至是創生「之前」），最後其實都無法以科學證實，至少無法以任何現有的物理理論證實，因此，這類的假說最終也僅僅是相信與否。

一位現代藝術家的作品，描繪了伊羅奎的創世神話，其中世界源自於一隻相當巨大的海龜背上。

參照條目 金字塔（約西元前2500年）；馬雅天文學（約西元1000年）；眾多地球？（西元1600年）。

小冰期

　　天氣是不同地點在不同日子裡，擁有的不同氣溫、溼度、風的強度與其他環境參數。另一方面，氣候代表的則是長期的平均天氣狀態，通常會以數十年到數世紀的平均代表，而我們也有可能描述全球尺度的氣候。關於氣候的短期變化（例如冰期）的資訊來源眾多，包括化石紀錄、冰芯、樹輪，或者是至少長達數世紀紀錄的氣溫與其他氣象數據。這些來自歷史軼事的記述可成為直接的估量方式，也告訴我們許多北半球在十四至十九世紀所經歷的情形，相比起十二世紀中期，此段時間的年均溫大幅下降，而冰川面積也廣泛增加。其背後的原因並不明朗，但可能與太陽能的釋放量出現些微變化，以及火山噴發出的煙塵所造成的冷卻效應有關。

　　這段時間有個非正式的名稱：「小冰期」（The Little Ice Age）。歷史記載當時歐洲與北美洲出現明顯更為寒冷的冬季，包括河川的異常結凍（相比於從前）、冰川擴增造成的山區村落摧毀，以及由於海冰造成的各地港口與航程的封閉與禁止。這段時期的氣候數據顯示，全球平均氣溫僅下降攝氏 0.5 度到 1.0 度，差異相當微小，但已足以對氣候、經濟與人類形成嚴重衝擊。例如，更冷、更長的冬天會使得植物生長期縮短，便造成歐洲大範圍的饑荒、乾旱與人口喪失。位於北美洲的歐洲探險家與早期定居者，也記錄了類似嚴峻的社會情勢與食物短缺。根據氣候數據，小冰期的終點大約與十九世紀中期工業革命的開端吻合（也可能僅是巧合）。自此，全球氣溫大約上升攝氏 1 度（比十二世紀的平均氣溫大約升高攝氏 0.5 度），而山脈中的冰川與極區冰層也大幅縮減。當氣候持續在接下來的數十年或也許是數世紀中不斷上升，我們也應該準備好進入一個與工業革命前非常不同的環境。

西班牙藝術家哥雅（Francisco de Goya）繪於 1780 年代晚期的作品〈暴風雪〉（The Snowstorm），擁有小冰期別稱的此時代，人類歷經了長達數世紀的平均低溫。

參照條目　雪球地球？（約西元前七億兩千萬至前六億三千五百萬年）；「冰河時期」的尾聲（約西元前一萬年）；工業革命（約西元1830年）；發現冰河時期（西元1837年）；二氧化碳攀升（西元2013年）。

土木工程

李奧納多‧達文西（**Leonardo da Vinci**，西元 1452—1519 年）

　　工程師是問題解決者，因此，人類社會長期以來都十分重視他們的專業技術。為了解決社會需要他們解決的問題（例如運輸、灌溉，或建造建築物、道路與橋樑等），工程師也必須博學多聞，同時對於物理、數學、材料科學、地球科學，也許甚至還有專案管理等方面的基礎原理都不陌生。古代世界想必不乏具備這類技巧的能人，因為世界各地充滿令人驚奇的工程建築，例如巨石陣、埃及金字塔、帕德嫩神殿（Parthenon）、羅馬水道橋系統、馬雅帝國的城市與中國的萬里長城等等。

　　人類史上最知名的工程師之一就是十五至十六世紀義大利文藝復興時期的博學家——李奧納多‧達文西，他不僅因為工程領域為人熟知，同時也是發明家、藝術家、數學家、科學家、歷史學家、建築師與音樂家等等。達文西在工程領域專注於軍事與土木應用等實際問題，例如城市防禦、設計新武器與建設橋樑；他也是一位想像力十分豐富的多產發明家，熱愛所有種類的機器，尤其是飛行機器。然而，許多他曾經幻想過的機器（例如直升機），都是當時製造技術所難以達成的。就像許多最頂尖的工程師，他們的聰明才智通常都比當代技術快了一步。

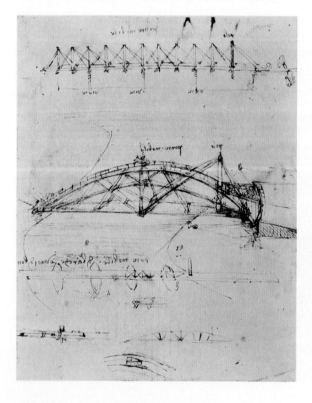

　　在現今發展成為科技進步並講求永續的全球文明時代，土木工程已是一個關鍵且受到高度重視的專業領域。如同達文西，現代工程師也需要每個領域都知道一些，但也必須在不斷細分出更專精的子領域中專注於問題解決。在建造與運輸方面，現代工程師也將目光放在增進自身技能，如材料科學、熱管理（thermal control）、軟體、電子、能源系統、通訊、機械，以及其他數十種專門領域。軍事工程師尤其需要具備許多這類領域的能力，當然同時必須包括額外的防禦與先進武器裝備等相關領域的知識。在總是有問題需要解決的社會中，工程師勢必將持續擁有高度價值。

一幅由達文西於大約 1480 年設計的草圖，這是一種軍事用途的可攜帶輕量拋物線形吊橋。

參照條目　巨石陣（約西元前3000年）；金字塔（約西元前2500年）；水道橋（約西元前800年）；萬里長城（約西元1370至1640年）；水力（西元1994年）。

環遊世界

斐迪南・麥哲倫（Ferdinand Magellan，西元 1480─1521 年）

史前時代的早期水手與造船者都在海上航行、貿易與戰事等方面展現了令人敬佩的英勇無畏。在許多層面而言，地中海、歐洲西部、斯堪地那維亞與其他以海接壤的古代社會之所以能如此成功且擁有先進的知識，都建立在他們能夠穩定運輸貨物與人的能力。許多航海家也同時是探險家，希望能繪製並編列他們眼中的新陸地。在十五世紀晚期至十六世紀中期所謂的歐洲大航海黃金時代（Golden Age of European Exploration），許多出航目的都在於渴望找到一條前往東南亞香料諸島更快且更安全的海路。哥倫布在 1492 年出航的遠征探險，目標是從歐洲航行至亞洲，但不料遇見北美洲這道阻礙。1498 與 1502 年，他由更南邊向西航行，但這次擋住他的則是南美洲與中美洲。

直到 1520 年，一組船員終於繞過了這些阻礙，成為第一批航行進入南太平洋的歐洲人。這趟 1519 年由西班牙出發的旅程，是一支以五艘西班牙船組成的艦隊，由查理五世國王（King Charles V）出資，並以葡萄牙探險家斐迪南・麥哲倫統率。其中三艘船成功由南美洲南端附近，進入麥哲倫所稱的平靜洋（Peaceful Ocean，也就是太平洋），兩艘穿越了菲律賓，最終，只有維多莉亞號（Victoria）一艘船在 1522 年成功返回西班牙，幾乎航行了整整三年。

這趟航程對西班牙王權而言大獲成功且具歷史意義，但這樣的勝利背後付出了龐大的人命代價。航行艦隊啟航之初為 270 人，不幸喪命途中的高達 232 人，包括麥哲倫本人，他在一場與菲律賓當地人的小規模衝突中遇害。由歐洲向西航行至亞洲的距離十分遙遠，其中包括遼闊的太平洋，其後的投資者與探險家也因此都相當清楚比較合適的香料貿易路線確實應該向東。歐洲接下來的西行航程很快地都把目標放在前人「發現」的新土地，試著探索並殖民，而他們也的確在此挖掘到雄厚的財富與榮耀。

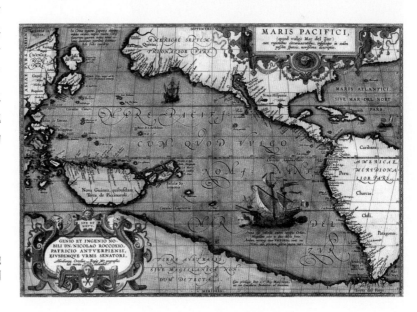

一幅繪製於 1589 年的太平洋地圖，圖中可見麥哲倫的維多利亞號於 1520 年進入南太平洋。

參照條目　香料貿易（約西元前3000年）；玻里尼西亞人流散（約西元700至1200年）。

亞馬遜河

　　河流，是淡水（雨水與融雪）由陸地進入海洋的主要導管。地球大陸上有超過 80 條長度為 1,600 公里以上的河流，它們每一秒鐘向海洋注入的總水量超過一百萬立方公尺。其中，總水量的 20% 僅僅來自一條河，也就是位於南美洲的亞馬遜河。亞馬遜河的長度在地球位居第一或次居第二（取決於由哪個地點開始計算長度），但是，它運載的水量是世上任何一條河流的五倍以上。

　　第一位在 1500 年代初期航行進入亞馬遜流域的歐洲探險家，發現這條河流沿線居住了數百萬當地居民。亞馬遜河流經南美洲極為廣大的範圍，其源頭支流（由西班牙探險家在 1541 年首度記載）分別在巴西、哥倫比亞、厄瓜多、祕魯與玻利維亞，一一注入那條位於巴西北部的河流主幹，以近乎完美的東西向穿越南美洲。亞馬遜河之所以承載了如此巨大的水量，一部分的原因是它流經世上雨量最高且最密集的熱帶森林。

　　地質學家推測，在大西洋尚未形成之前，南美洲的亞馬遜河與非洲的剛果河（Congo rivers）曾經

一同組成位於岡瓦納超級大陸上的巨大流域，亞馬遜河的水流向西，而剛果河則向東。超級大陸分裂之後，亞馬遜河可能繼續讓南美洲上的水向西流去，直到大約兩千萬至一千萬年前，當海洋與大陸板塊沿著大陸西部的邊界碰撞時，安地斯山脈抬升隆起。流向海洋的水被擋了下來，接著在現今的巴西形成一座巨大的內陸海。雖然亞馬遜盆地依舊有大量洪水，但隨著時間，氣候條件逐漸轉變，絕大部分的海水也開始形成範圍廣大的支流網絡，成為今日的亞馬遜河。

　　亞馬遜河流經並孕育著地球最大且生物多樣性最高的熱帶雨林；的確，根據估計，地球上現存的雨林約有超過一半的面積位於亞馬遜盆地。

美國太空總署衛星所拍攝的亞馬遜河與支流的地形影像。

參照條目　大西洋（約西元前一億四千萬年）；安地斯山脈（約西元前一千萬年）；砍伐森林（約西元1855至1870年）；熱帶雨林（西元1973年）。

眾多地球？

喬爾丹諾‧布魯諾（**Giordano Bruno**，西元 1548─1600 年）

日心說的太陽系觀點由波蘭的天文學家哥白尼在 1543 年首度提倡，但並未被十六世紀的同儕學者們廣泛接受。雖然地球並非宇宙中心的的說法與十六世紀羅馬天主教（Roman Catholic Church）的經文並不一致，諷刺的是，身為天主教教徒的哥白尼卻從未因為他的觀點受到太多爭議。然而，其他像是伽利略（Galileo）等人很快就承接了眾多論爭。

哥白尼學說（Copernicanism）最早且聲量最大的提倡者之一，就是十六世紀晚期的義大利哲學家、天文學家與道明會（Dominican）修士喬爾丹諾‧布魯諾。布魯諾似乎是當時許多異教與科學、宗教及自然哲學爭議觀點的強烈發聲者。雖然布魯諾從未有過任何特殊的觀察、技術或發現，但他最終對於非地心說的強烈堅信，甚至超越了哥白尼。

布魯諾在 1584 年出版《無限的宇宙與眾多世界》（*De l'Infinito, Universo e Mondi*）一書中，假設地球僅是無數恆星中所圍繞運行的無數行星之一，而我們的太陽也是無數恆星的一員。對於天主教而言，擁護這類多重世界的言論僅僅只算是溫和的異教思想，但布魯諾大張旗鼓地再加上其他對於基督神學中心教義的貶低，例如上帝在他的無盡宇宙中也並非中心。布魯諾曾在超過 15 年的時間中，逃過天主教法庭的迫害，但最終仍被逮捕、審判，在判決有罪之後，在 1600 年於羅馬以火刑燒死。

簡單地將布魯諾化為一名為真理與宗教政權對抗的浪漫科學烈士，實在相當誘人，尤其是他的某些對於宇宙學及眾多世界的想法其實都是正確的。但是，在他之前或甚至與他同一時代許多同樣與教廷看法相左的人，都並未遭受如此極端的命運，最知名的伽利略也僅因為他對於宇宙的異教觀點被判在家軟禁。布魯諾的慘劇可能與他提倡哥白尼學說的關聯不大，而是在於他的對抗方式，以及他對於權威與所謂正統的全力批評。

由義大利雕刻家艾托里‧法拉利（Ettore Ferrari，西元 1845─1929 年）完成的青銅浮雕，其描繪了 1600 年羅馬天主教法庭對於喬爾丹諾‧布魯諾的審判。

參照條目 行星運動定律（西元1619年）；太陽系外的類地行星（西元1995年）。

于埃納普蒂納火山爆發

　　說到火山，其外觀很容易讓人受騙。在地質歷史中，某些大型且極具毀滅性的火山，也就是所謂的「超級火山」，它們的外表都不像維蘇威火山或喀斯喀特山脈中眾多火山一般，擁有典型的火山樣貌，而是不起眼的寬大環形窪地。這類經過侵蝕的火山口都是位於美國黃石國家公園（Yellowstone National Park）附近，曾經身為超級火山的遺跡，又或是美國奧勒岡的火山口湖（Crater Lake），但是，這些沉睡的地質巨獸可能會在未來的某一天再度甦醒。

　　真正的龐大火山爆發其實很罕見。地球上最近一次的單一火山劇烈噴發事件，是 1991 年的皮納圖博火山（Mt. Pinatubo）爆發。然而，地質紀錄最近期的大型火山密集劇烈噴發，發生在南美洲的安地斯山脈，那是 1600 年祕魯南部的于埃納普蒂納火山（Huaynaputina volcano）爆發。

　　在于埃納普蒂納火山於 2 月 19 日早晨真正爆發的大約四、五天前，當地數座城市的居民便開始通報感覺到地震，也看到山峰峰頂噴出小型蒸汽。接著一道巨型的火山灰濃煙流噴發（稱為普林尼式煙流〔Plinian plume〕，沿用西元 79 年紀錄中的維蘇威火山噴發煙流一詞），直至平流層，並影響隨後數十年的全球氣候。噴發後不久，周遭地區便覆蓋了一層厚厚的火山灰。火山灰與火山碎屑岩落進附近河川，河水變為混合了水、泥土與火山碎塊的泥漿洪流，稱為火山泥流（lahars），所到之處，包括河川沿岸所有森林、田野與城鎮盡數摧毀，而火山泥流一路奔流出海的長度達 120 公里。將近十多座村莊遭火山灰掩埋，約估 1,500 人因最初的噴發事件與接下來一個月的間歇噴發而喪生。

　　于埃納普蒂納火山爆發僅僅只是安地斯山脈近期約七百年間，五場最龐大的巨型火山噴發事件之一。在高度活躍的板塊碰撞邊緣是否還有其他類似的火山？當然有。科學家能提供即時的火山噴發預警，以拯救資產與性命嗎？很有可能，可以根據當地與世界其他地區曾經歷過的超級火山噴發目擊紀錄研究，但這也意味著我們必須繼續在這方面付出努力，並將火山監測視為優先計畫。

位於祕魯南部于埃納普蒂納火山的火山口，其為南美洲史上最大型火山噴發事件之一，卻僅留下毫不起眼的遺跡。

參照條目　板塊構造運動（約西元前四十至前三十億年？）；喀斯開火山（約西元前三千萬至前一千萬年）；龐貝（西元79年）；喀拉喀托火山爆發（西元1883年）；聖海倫火山爆發（西元1980年）；火山爆發指數（西元1982年）；皮納圖博火山爆發（西元1991年）；黃石超級火山（約十萬年後）。

行星運動定律

約翰尼斯‧克卜勒（**Johannes Kepler**，西元 1571—1630 年）

　　今日的天文學家可以大致區分為：主要從事由望遠鏡或太空任務中搜集數據資料的觀測學家，以及主要為現有觀測到的證據發展出模型或理論的理論學家；不過，兩者其實也有高度重疊。從古代至中世紀時期，絕大多數的天文學家（與占星學家）都是涉足理論的觀測學家，而當時的理論天文學則主要被視為哲學家的領域，而非物理學家。

　　文藝復興時期的德國數學家、占星學家與天文學家約翰尼斯‧克卜勒，便打破了這樣的慣例，並可稱為世上第一位理論天文物理學家。克卜勒利用許多他人的數據，其中最著名的是來自丹麥的天文學家第谷‧布拉赫（Tycho Brahe）的資料，另外當然還包括伽利略的觀察數據，並以這些資料試著發展出宇宙的統一模型。克卜勒身為一位虔誠教徒，他相信上帝以一種相當優雅的幾何模型設計宇宙，而這張設計圖則能透過謹慎的觀測而理解。

　　克卜勒相信哥白尼的日心說宇宙觀，也相信日心說模型的太陽系也完全符合《聖經》經文。他在 1609 年出版的《新天文學》（*Astronomia Nova*）中，描述火星與其他行星的軌道都是橢圓形，而非圓形（也就是克卜勒行星運動第一定律）；並表示行星在沿著軌道運行時，為了在相同時間掃過相同面積，而讓速度產生變化（第二定律）。隨後，他在 1619 年出版的《世界的和諧》（*Harmonices Mundi*）中，說明了行星的軌道週期的平方與行星到太陽距離的立方成比例（$P^2 \propto a^3$，第三定律）。克卜勒以其堅持與毅力，終於尋找到了蘊藏在世界之中的和諧。

　　克卜勒的三大定律一開始並未受到廣泛接受，直到天文觀測學家在觀測罕見的日蝕與行星越過太陽圓盤的凌日（transits）現象時，改良了他們的計時的精確度，發現克卜勒的預測是正確的。很快地，艾薩克‧牛頓（Isaac Newton）在 1687 年發現，克卜勒找到的其實就是宇宙法則的重力造成的自然結果。

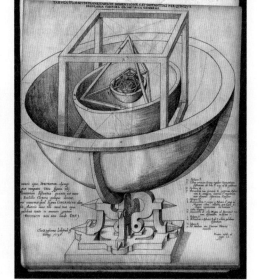

右圖　克卜勒在 1596 年出版的《宇宙的祕密》（*Mysterium Cosmographicum*）中，描繪了所謂的完美固體，而他一直試著在已知的行星軌道中找到這神聖完美的形狀。
左圖　由一名未知畫家於 1610 年繪製的克卜勒肖像。

參照條目 重力（西元1687年）；金星凌日（西元1769年）；太陽系外的類地行星（西元1995年）。

地質學的基礎

尼古拉斯・史坦諾（**Nicolas Steno**，西元 1638—1686 年）

對地質學家而言，一片片岩層就如同一張張等著被閱讀的書頁。但是，許多關於岩層的科學研究（也就是地層學研究領域）基礎原理，是依靠早期開創地質學的學者苦心發展與倡導才一一打造而成。最初形塑岩層原理，並讓現代地質學得以奠基於此的地質學家之一，就是丹麥科學家（並且在後來成為一名天主教主教）尼古拉斯・史坦諾。

史坦諾早期接受解剖學與醫學教育，同時也是一位傑出的生物標本與自然世界特徵與結構的觀察者。再一次解剖了鯊魚頭部之後，他發現鯊魚牙齒的特徵極為類似某些鑲在地質岩層中擁有鯊魚牙形的物質。他很快地主張這些深埋在岩石中且形如骨骸的構造，其實就是曾經活生生的生物，死後經過化石化的遺骸。

史坦諾對於地質構造的觀察讓他展開進一步的研究，並在 1669 年出版了《現代地質學原理》（*Dissertationis Prodromu*），此書內容至今依舊是地層學的基礎原理：疊置定律（Law of Superposition，在一層層的岩石中，較年輕的岩層會疊在較古老的岩層上）、原始水平原理（Principle of Original

Horizontality，一層層的岩層最初的形成為水平疊置）、側向連續原理（Principle of Lateral Continuity，岩層會連續跨越廣大距離），以及截切關係原理（Principle of Cross-Cutting Relationships，截切或侵入其他重重岩層的岩層較為年輕）。今日，地質學基礎課堂上教授的依舊是這些原理。

史坦諾的地層學原理也許在我們（或是地質學新生）的眼中會有些簡單又平凡無奇，但在當時是相當創新且具爭議的論點。在當時古典的亞里斯多德學派的觀點中，這些特徵僅僅只是地球固有的特性，很難接受化石等固體物質會深埋膠結在同樣是固體物質的岩層中。史坦諾的各式地層學原理同時暗示了岩層（以及整座地球）可能源於極為遠古的時代，而地質地層可能跨越了極為深邃的時間。然而，在好幾個世紀之間，不論是技術或社會與宗教氛圍，都未曾能理解這些原理所蘊藏的潛力。

上圖　史坦諾在 1669 年所著的《現代地質學原理》之封面。
下圖　位於阿曼（Oman）哈杰爾山脈（Hajar Mountains）中一片片彎曲褶皺的美麗岩層。

參照條目　不整合（西元1788年）；地球的年齡（西元1862年）；輻射性（西元1896年）。

潮汐

艾薩克‧牛頓（Isaac Newton，西元 1643—1727 年）

綜觀人類歷史，許許多多的海岸社群與航海文明都相當適應大海一日兩次的升起與沉落，也就是潮汐。巴比倫與希臘天文學家發現了潮汐的高度其實與月球的軌道位置有關，並且認為這些現象與掌管行星運動且近乎精神層面的力量皆相互連通。早期阿拉伯天文學家則認為潮汐由大海的溫度變化控制。另一方面，尋找日心說宇宙觀的伽利略則提出潮汐的原因，應是地球繞著太陽運行時所造成的潑濺。

史上第一位提出潮汐正確源由（同時考慮地球、月球與太陽之間的關係）的人，是英國數學家、物理家與天文學家艾薩克‧牛頓。除了潮汐與其他等等理論，牛頓曾努力試著找出解釋克卜勒行星運動定律的廣義理論，到了 1686 年，他已發展出萬有引力與運動定律等新理論的基本架構。牛頓假設月球與太陽都會對地球產生強烈的重力引力，而且反之亦然。他的突破性發現（如今已由太空時代的觀測改良且強化），就是幾乎僅僅只是引力（而不是地球的自轉或公轉），便讓地球上薄薄的液體海洋「殼」產生潮汐。

月球的重力能將深海潮汐吸引升起約 50 公分，而太陽的潮汐影響大約是月球的一半。到了淺海地區，漲潮的高度可以來到幾乎十倍，而任何一處海岸的潮汐變化都強烈受到太陽與月球的位置影響，另外還有當地海床深度與海岸線的形狀。地球與月球固體部分也一樣受到重力潮汐引力的影響，因重力而隆起的高度一般而言大約是海洋潮汐的一半。固體與液體形變透過所謂的潮汐摩擦（tidal friction），抵銷了地球與月球系統中的能量。因此，地球自轉的速度每一世紀大約會變慢數毫秒，而月球則是每一世紀遠離地球約四公尺。

月球、地球與太陽都以重力相連，而相連的這條線由艾薩克‧牛頓爵士（Sir Isaac Newton）牽起。三者受到的強烈萬有引力與它們的質量成正比，而與之間的距離平方成反比。由於地球的海洋為液體，因此這樣的引力便成為潮汐展現。

參照條目 行星運動定律（西元1619年）；重力（西元1687年）；地球自轉漸慢（西元1999年）。

重力

艾薩克・牛頓（Isaac Newton，西元 1643─1727 年）

數學家阿里斯塔克斯提出地球並非宇宙的中心之後，科學革命便開始轉動，接下來的兩千年間，他的想法由一位位科學反抗者承接，包括印度數學家阿耶波多（Aryabhata）與尼拉卡薩・索馬亞吉（Nilakantha Somayaji）、波斯學者比魯尼（Al-Biruni），以及歐洲學者哥白尼、第谷、克卜勒與伽利略。這場革命具決定性的最高峰由英國人牛頓揭開。牛頓身為數學家、物理學家、天文學家、哲學家與理論家，並且被普遍認為是人類歷史上最具影響力的科學家。

牛頓也針對光學發展出新的概念與工具，包括第一臺使用鏡面而非透鏡的天文望遠鏡，因此這臺望遠鏡的設計也有了牛頓式望遠鏡的名稱。在理論領域，牛頓使用當時的物理基本原理，並在發展的

過程發明了新的微積分數學領域，他發現克卜勒的行星運動定律是一種力的自然現象，這種力存在於兩個物體之間，並隨著兩者的距離平方（$1/r^2$）增加而減少。牛頓將這種力稱為「gravitas」（重力的拉丁文）。如今，我們稱之為重力（gravity），而兩者的距離平方（$1/r^2$）則稱為牛頓的萬有引力定律。

以此為基礎，牛頓進一步發展著名的三大運動定律：（1）物體在不受到外力的影響之下，靜者恆靜，動者恆動；（2）一個擁有質量（m）的物體會在受力（F）之下產生加速度（a），也就是 F=ma；（3）兩個物體之間互相的作用力與反作用力會相等且方向相反。1687 年，牛頓發表了這些劃時代的理論，該書書名為《自然哲學的數學原理》（*Philosophiae Naturalis Principia Mathematica*）。牛頓的重力與運動定律摧毀了任何尚存的地心說，並在接下來超過兩百年的時間內為行星軌道定下了不容動搖的解答，一直到亞伯特・愛因斯坦（Albert Einstein）以一項更龐大的理論將其囊括，而這項理論就是廣義相對論（General Relativity）。牛頓曾寫下一句彰顯了科學謙卑的名言：「若是我真能望得更遠，只因我站在巨人的肩上。」

上圖　牛頓的反射望遠鏡複製品之一，製作於 1672 年。
主圖　一幅牛頓肖像版畫，繪於 1856 年。

參照條目　以太陽為中心的宇宙（約西元前280年）；行星運動定律（西元1619年）；潮汐（西元1686年）；地球自轉的證明（西元1851年）；逃脫地球的重力（西元1968年）；地球自轉漸慢（西元1999年）。

長石

約翰・高夏克・瓦萊里烏斯（**Johan Gottschalk Wallerius**，西元 **1709—1785** 年）

地球表面約由 60% 的海洋地殼與 40% 的大陸地殼組成（包括主要大陸海岸邊的淺海大陸棚）。海洋地殼的主要成分為鎂鐵（mafic，意為富含鎂〔magnesium〕與鐵〔iron〕）玄武岩質礦物，從上部地函經由中洋脊或熱點火山噴發。相反地，大陸地殼則是以低密度的高矽質長英礦物組成。長英（felsic）意為富含長石（feldspar），組成大陸地殼的各種岩石集合體之主要礦物就是長石。

長石是一種「架狀矽酸鹽」（framework silicate）礦物，以二氧化矽四面體為核心建構。其中除了約有一半的成分為矽與氧，其他絕大部分都是鈣、鉀、鈉與鋁。長石中的鐵鎂元素僅含有少量或完全沒有，因此長石的密度比玄武岩低，這也是當這兩種岩石在板塊邊界相撞時，海洋地殼會下沉（隱沒）至大陸地殼之下的主要原因。長石之所以缺少足量的鐵與鎂，是由於當岩漿庫在地表冷卻結晶之前，橄欖石與輝石等高密度的鐵鎂礦物就已經結晶析出。當較沉重的的礦物沉入岩漿庫底部時，長石（以及最終形成的石英）將在頂部與周圍高密度岩石縫隙中聚集。

瑞士化學家與礦物學家約翰・高夏克・瓦萊里烏斯廣泛地研究了這類礦物，並在 1747 年將這類礦物命名為長石（此名詞結合了德文的野外〔field〕與不含金屬礦的岩石〔ore-free rock〕兩字的縮寫）。長石包含幾個主要子群，例如鉀長石（alkali feldspars，主要成分為鉀與鈉）與斜長石（plagioclase feldspars，包含鈉與各種濃度的鈣）。由於長石內含鋁、鉀與鈉等成分，所以許多長石都擁有經濟價值，長石同時也是陶器與玻璃製品的重要原料。

當長石暴露於淺海或地表等含水或潮溼的環境時，會經過化學風化成為黏土礦物，而黏土礦物會在地殼中形成不透水層，讓地表逕流與地下水限制在一定的範圍內。另外，黏土內的鉀與其他元素，還有未經風化的長石，兩者的同位素都在沉積層與化石放射元素定年中扮演重要角色。

一塊來自澳洲維多利亞（Victoria）的花崗岩，其主要成分為鉀長石與斜長石礦物（分別是粉紅色與灰色），同時也含有石英（帶有閃亮光澤）與雲母（黑色）。

參照條目 大陸地殼（約西元前四十五億年）；板塊構造運動（約西元前四十至前三十億年？）；放射性（西元1896年）。

金星凌日

詹姆士‧庫克船長（Captain James Cook，西元 1728—1779 年）

　　歐洲探險家在十六與十七世紀向外航行探索「新世界」的主要動機，包括經濟（找到能成功抵達東南亞香料諸島的更短且更安全的貿易路徑），同時也為了國族榮耀（征服且定居於新土地，同時掠取當地新財富）。直到十八世紀，尋求科學進展或了解自然世界，才逐漸成為航海探險的部分動機。

　　首批為了尋求科學真相的航程之一就是由詹姆士‧庫克船長指揮的英國皇家奮進號（HMS Endeavour），庫克船長接下英國皇家學會（British Royal Society，世界最古老的科學協會之一）的委託，前往探索太平洋，並觀察金星越過太陽（也稱為凌日）的罕見現象。1769 年，庫克接受指派之後，便前往距離歐洲約半個世界的大溪地（Tahiti）以觀察凌日現象，目的就是藉由如此遙遠距離之下的兩地視角差異（視差〔parallax〕）與時間紀錄，計算出天文單位（Astronomical Unit，也就是地球與太陽之間的平均長度）。

　　金星凌日的機會罕見，每一世紀只會發生一對金星凌日，而一對兩次的凌日相距大約八年。在庫克啟航之前，上一次的凌日發生在 1631 與 1639 年，當時只有 1639 年的凌日現象被觀察到，而且僅英國一處觀察到，使用的仍是十分簡陋的早期望遠鏡。當時認為只要有了庫克船長的觀察，再加上其他在歐洲等地以較現代儀器的觀測，就能對太陽系的規模以及金星本身的大小，有更長足的了解。

　　1769 年的金星凌日觀測，為世上首次大規模的國際科學合作。儘管當時正值戰爭，而且長途航行極為艱鉅，仍有超過 120 人一同參與，觀測地點分布在全球各地超過 60 處。當時由各地收集觀測數據算出的天文單位長度，

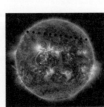

與現代的數字僅相差不到 1%（當時觀測的精確度十分驚人），同時也出現了為人所熟知的假說：金星可能擁有像地球一般厚厚的大氣層。

左圖　詹姆士‧庫克船長的肖像，由英國藝術家納撒尼爾‧丹斯—霍蘭德（Nathaniel Dance-Holland）於 1776 年繪製。
右圖　美國太空總署太陽動力學天文臺（Solar Dynamics Observatory）衛星在 2012 年 6 月 5 日所捕捉到的金星凌日縮時影像。

參照條目　香料貿易（約西元前3000年）；第一幅世界地圖（約西元前600年）；環遊世界（西元1519年）；北美洲地圖（西元1804年）；自然天擇（西元1858至1859年）。

不整合

詹姆士・赫登（James Hutton，西元 1726—1797 年）

　　從十七世紀晚期開始，尼古拉斯・史坦諾等地質學先驅發現某些地區的岩層互相疊置並不平行，而是彼此以某種角度緊鄰。史坦諾等人起初認為這類構造是在地球內部深處形成。

　　蘇格蘭地質學家與博物學家詹姆士・赫登並不相信岩層之間如此鮮明的角度變化，會是一種在地球內部形成的「原始」構造。因此，他開始在山野間四處調查這類岩層各式各樣的特徵，最後想出了一項令人驚豔的結論：一層層的岩石之間之所以會突然出現角度轉變等種種特徵，是因為岩層之間有一大段的時間消失，也就是當上部較年輕的岩層開始沉積之前，下部較古老的岩層受到不斷的侵蝕。這些能直接在地質紀錄中以雙眼看見的時間空白，就是所謂的不整合（unconformities）。

　　赫登首度開始研究的例子為交角不整合（angular unconformities），因上下兩個年輕與古老的地層彼此並非平行。赫登也是最早便了解岩層最初一定是水平沉積的學者，當上方新的水平岩層開始沉積之前，原本的岩層很可能在漫長的時間中被抬升、傾斜與侵蝕。接著，他發現這樣的沉積層序列似乎在地質時間裡會不斷地週期出現，這般現象很可能源自於古代海洋歷經無數次的擴張與退縮。1788 年，他將這些想法匯聚成《地球的理論》（*Theory of the Earth*），同時引起了不少爭論，也刺激了當時不少地質學家、博物學家與哲學家進一步的研究。赫登為地球科學添加了新的術語，也就是「深邃時間」（deep time，長達數百萬年或甚至數十億年的渺遠歷史）的概念。赫登的概念，以及其他由十九世紀蘇格蘭地質學家查爾斯・萊爾（Charles Lyell）提出的想法，為地球歷史均變說（uniformitarianism）的概念建立了基礎，均變說代表的就是自古以來地球表面的轉變過程，就是現今地表的變化過程——現在是通往過去的鑰匙。

右圖　位於蘇格蘭西卡角（Siccar Point）的岩層，是最早發現地質紀錄擁有不整合現象的例子之一。
左圖　蘇格蘭地質學家詹姆士・赫登的畫像。收錄於一本 1920 年的地質課本。

參照條目　地質學的基礎（西元1669年）；現代地質圖（西元1815年）；均變說（西元1830年）；盆嶺地形（西元1982年）。

橄欖石

　　組成地球最主要的元素就是矽與氧，這兩種元素占據了我們行星約 75% 的成分。因此，毫無意外地，用來組成地球最常見的礦物類型便是矽酸鹽，尤其是圍繞二氧化矽四面體建構的「架狀矽酸鹽」礦物。地球的地殼以低密度的石英構成，以及含有鉀、鈣、鋁與／或鈉的長石，當我們的行星還處於早期「岩漿海」的階段，這些礦物會浮在密度比較高的礦物之上，接著，在大陸地殼形成的過程中，這些低密度的礦物會在近地表的岩漿庫聚集。相反地，地球的地函擁有密度較高的矽酸鹽是主要含有鎂與鐵的礦物，例如橄欖石與輝石。

　　橄欖石是一種鐵鎂矽酸鹽，由礦物學家在 1789 年因其擁有如橄欖一般的綠色而命名，它也是地球地函最大量的礦物。橄欖石是地質學家口中的「固體溶液」礦物，因為橄欖石的化學組成可以從僅含有鎂的極端成分比例（稱為鎂橄欖石〔forsterite〕）；一路到另一端僅含有鐵的鐵橄欖石（fayalite）；中間還能以任何鐵鎂比例組成。橄欖石會在地球地函如此高壓的環境之下，改變自己的結晶架構，這些擁有不同結晶構造的橄欖石稱為同素異形體（polymorphs）；因為它們的化學式都相同，但結晶構造不同。利用監測地震的地震波波速的轉變，地質學家可以推估這些不同結晶構造會在深度多少的地函出現，也能描繪出地函本身的構造。

　　由於地函占據地球最大體積（85%），橄欖石其實是我們星球最大量的礦物。橄欖石也能在地球表面找到，例如從地殼深部或上部地函噴發出的火成岩中。然而，橄欖石很容易被化學風化，而且在有水的環境也會很快地轉換成黏土礦物與氧化鐵。另外，來自月球與火星的岩石中也有橄欖石，稱為橄欖隕鐵（pallasites）的隕石也有它的蹤影，這種富含鐵鎳的礦物目前被認為是在早期行星形成期間於地核與地函交界的區域產生，並且在太陽系早期狂暴猛烈的過程中被撞擊成碎塊。

橄欖石礦物的顆粒，這些綠砂位於夏威夷島嶼的火山海灘。

參照條目　地球地函與岩漿海洋（約西元前四十五億年）；大陸地殼（約西元前四十五億年）；磁鐵礦（約西元前2000年）；石英（約西元前300年）；長石（西元1747年）。

西元 1791 年

淡化

湯瑪斯‧傑佛遜（Thomas Jefferson，西元 1743—1826 年）

淡水（不含鹽分）僅占全球水資源的 3%，其中有超過三分之二的淡水則被固鎖在冰川、極冠與地殼深處的地下水中。地球上僅剩下極為微小比例的水能給植物、動物與人類及農業使用，這些淡水絕大部分存在於湖泊、河川與淺層的地下水區。如今，在地球人口不斷上升，而原本就相當稀少的淡水更受到污染與／或超收地下水等危害，世界正面臨淡水資源匱乏的危機。例如，根據美國估算，全球約有 14% 的人口（超過十億人）將在 2025 年進入水資源匱乏的狀態。

除了水資源回收與維護之外，也許解決部分世界水資源的問題還可以從地球擁有的大量海水下手，也就是將海水中的鹽分去除——淡化海水。海水淡化是一種自古代就有的概念與實際應用，例如，古希臘已經知道煮沸海水能冷凝出淡水。羅馬帝國的水手也會在船上煮熱海水，然後利用海綿收集冷凝的水蒸氣。喬治‧華盛頓（George Washington）的國務卿湯瑪斯‧傑佛遜在 1791 年，為了水手與其他「海上國民」研究並實驗了各式各樣去除海水鹽分之後獲得飲用水的方法，並且將這些淡化海水的方法寫成說明，印在每一份從美國海關發放的離岸許可書背面。

歷史上關於淡化海水的方法，針對一小群人適量用水的生活而言十分實用，例如生活在船上的水手。然而，一旦淡水的需求增加，例如農場或城市用水，海水淡化勢必需要考量公共建設及耗能問題。儘管如此，海水淡化的技術與效率已經有了長足進展，尤其是在最近的數十年間，特別是在乾旱地區的國家，例如中東與澳洲。其中的方法包括逆滲透過濾，利用電透析薄膜而無須將海水煮沸，此方式是目前最具經濟效益也最常見的海水淡化方式。若是這類設備利用太陽能、風力或波浪能等方式發電，還能進一步減少污染，甚至更經濟實惠且更具備永續潛力。

設置於以色列埃拉特（Eilat）紅海上的薩爾欽海水淡化設備（Zarchin desalination）。照片攝於 1964 年。

參照
條目　地中海（約西元前六百萬至前五百萬年）；死海（約西元前三百萬年）；土木工程（約西元1500年）。

來自太空的岩石

恩斯特・克拉尼（**Ernst Chladni**，西元 1756—1827 年）
尚—巴提斯特・畢歐（**Jean-Baptiste Biot**，西元 1774—1862 年）

　　今日的我們對於天空落下岩石已經不會感到奇怪，但是，在絕大部分的人類歷史中，這種天降岩石的概念就只是狂言瘋語。許多古代或在地文化已經知道某些特殊的石頭會有神奇的磁性或含有大量金屬鐵，不過還無法推論出這些岩石其實來自靠近地球的外太空（有時還會遠從火星與木星之間的小行星主帶〔Main Belt〕而來），直到十八世紀晚期與十九世紀早期。

　　德國物理學家恩斯特・克拉尼研究著這類特殊的岩石，包括一塊由他命名為帕拉斯鐵（Pallas Iron，今稱古橄欖鐵鎳隕石群）的富鐵岩石標本，這件標本於 1772 年在俄羅斯的克拉斯諾雅（Krasnoyarsk）發現。1794 年，克拉尼提出此岩石應該是從外太空落下。他的想法受到眾人恥笑，許多科學家都相信這類岩石源自火山或因雷擊而產生。到了十九世紀早期，這些岩石終於有機會進行更詳細的實驗室研究。1803 年，法國物理學家與數學家尚—巴提斯特・畢歐證實了克拉尼的假說，他發現這些岩石的化學組成，以及一場發生在法國萊格爾（L'Aigle）壯觀流星雨之後收集到的上千件標本，都與任何地球已知岩石十分不同。自此，這類岩石便被稱為隕石，而隕石科學研究領域也因此誕生。

　　如今，科學家已經搜集到超過四萬件來自地球之外的隕石，許多源自渺無人煙的沙漠或南極洲的冰原，因為岩石在這些地方從上空落下的情形相對容易觀察。從外太空殞落地球的岩石主要（約占 86%）以簡單的矽酸鹽礦物與微小球狀顆粒的球粒隕石（chondrules）組成；目前認為，這類岩石一部分應該是太陽星雲濃縮而成的第一批物質，這類物質接下來會組成小行星團塊，最終成為行星。約有 8% 隕石的主要成分為矽酸鹽，但不含任何球粒隕石，這類火成岩標本來自大型小行星、月球與火星早先地殼運動活躍的時期；另外，僅有 5% 的隕石以鐵與鐵鎳（類似克拉尼與畢歐當時研究的岩石）組成，其中還包括現已粉碎的小行星與微行星的地核碎塊；這類小行星與微行星曾增積至能夠分化出地核、地函與地殼的尺寸，但隨後在早期太陽系狂暴的歷史遭到撞擊而粉碎。

一顆小型（408 公克）普通球粒隕石，2008 年於沙烏地阿拉伯靠近沙吉雅（Ash-Sharqi-yah）的魯布哈利（Rub 'al-Khali）沙漠礫石發現。這顆隕石的黑色表面是一層薄薄的熔融外殼，在穿透地球大氣層受到短暫燃燒時形成。

參照條目　亞利桑那撞擊事件（約西元前五萬年）；橄欖石（西元1789年）；美國地質調查局（西元1879年）；隕石狩獵（西元1906年）；認識撞擊坑（西元1960年）；隕石與生命（西元1970年）。

人口成長

湯瑪斯・羅伯特・馬爾薩斯（Thomas Robert Malthus，西元 1766—1834 年）

自從上次冰期於大約西元前一萬兩千年結束之後，農耕的發明刺激了城市的發展與擴張，人口也因此逐漸成長（冰期後的全球人口估計約有一百萬到一千萬人）。大約在 1800 年，因為啟蒙運動帶來的科學與科技進展，讓全球人口達到十億人。自此，農業迅速擴張、工業革命相關的運輸建設興建，再加上科技加速發展（尤其是醫學領域），再次急遽刺激了人口成長。1900 年，全球大約有 18 億人口，但是到了 2000 年，人口迅速激增至超過 60 億人，預計到了 2020 年，人口可能就會超過 75 億人。（編按：2020 年底全球總人口已超過 79 億。參見維基百科：https://zh.wikipedia.org/wiki/ 世界人口）

以英國政治與科學學者湯瑪斯・羅伯特・馬爾薩斯為名的「馬爾薩斯陷阱」（Malthusian trap）認為，科學或科技在食物生產方面創新而讓生活標準的進步，會因為人口同時大量成長而抵銷。馬爾薩斯的研究著重於經濟與人口成長的統計。1798 年，他在他著名的人口成長論文〈人口原理研究〉（An Essay on the Principle of Population）中，寫下了「陷阱」一詞，此詞代表的是當人口急遽成長的速度比食物生產更快時，將導致貧窮者因分配不均而遭受饑荒與疾病之難，同時增加社會必須提高食物產量的壓力，然後進入不斷自身強化的循環。馬爾薩斯對於人類社會在科學與科技不斷進展之中，是否能保有人類福祉的疑問一直抱持悲觀的想法，此想法與當時許多烏托邦作者及哲學家南轅北轍，在他們的想法中，人類生活條件最終將隨著種種進步發展而變得更好。

馬爾薩斯的觀點在當時極具爭議，即使到了今日，依舊爭論不休。以下是幾項在當前國際間正受到密集研究討論的熱門主題：人類社會是否真如馬爾薩斯的假說，人口一定會在資源富足的時代無可避免地成長？約束人口不斷成長是每一個個體的責任嗎？政府應該鼓勵（或強制）家庭人口維持在某個數量嗎？當全球人口可能會在接下來數十年之間，成長到達一百億，我們依舊將不斷地討論以上種種問題。

右圖　擠滿了人的地下鐵車站，照片拍攝於 2017 年的巴西。
左圖　湯瑪斯・羅伯特・馬爾薩斯的版畫肖像，繪於 1834 年。

參照條目　農耕的發明（約西元前一萬年）；工業革命（約西元1830年）。

鉑族金屬

　　貴金屬，在自然界相對較罕見，因此想要尋找、開採與從原礦中提煉都需要比較高昂的成本。一般所熟知的貴金屬包括金、銀與銅，這些金屬之所以大家都不陌生，是因為它們廣泛使用於硬幣、珠寶、藝術、建築等等。不過，元素週期表裡面還有許多其他貴金屬。其中最實用也最不為人知的就是鉑族金屬，由鉑（platinum）、銠（rhodium）、鈀（palladium）、鋨（osmium）、銥（iridium）與釕（ruthenium）等六個元素組成。人類在古代就已經知道鉑；銠、鈀、鋨、銥大約在 1802 至 1805 年之間被發現，而釕則是在 1844 年。這六個元素都擁有相似的物理與化學特性，而且也經常在同一處礦藏一起被發現。

　　鉑族元素成為工業領域最重要的貴金屬之一，是因為它們某些特殊的化學性質。例如，鉑與銠可以用在氨氧化處理（oxidize ammonia），並產生可以用來當作肥料的副產品一氧化氮（nitric oxide）。另一個鉑族元素的重要用途就是減少燃燒石化燃料產生的煙霧或排放物的觸媒。例如，大多數的現代汽車與貨車就是使用包含鉑與其他鉑族元素的觸媒轉化器（catalytic converters），將排出煙霧中的有毒碳氫化合物轉化成毒性較低的物質，例如二氧化碳與水。

　　就像絕大多數的金屬，鉑族金屬的密度也較高，這也是為何這類金屬在地殼上如此罕見的原因，當地球分化出地核、地函與地殼時，比起其他質量較輕的元素，鐵、鎳與鉑族金屬等元素會率先沉入地核與下部地函。向上湧升的地函對流柱與深度火山活動會將這些較重的元素向上撈翻至靠近地表，而我們才有機會開採並擷取這些富含金屬的礦體。另一個地殼上富含鉑族元素與其他金屬的來源，就是富含金屬的小行星（來自被摧毀的古代原行星地核）。而我們的確發現遍布全球的薄薄一層古老沉積層（年代大約是六千五百萬年前），含有豐富的鉑族元素銥，這也是大型富含金屬小行星撞擊地球，並終結白堊紀與恐龍時代的假說之關鍵證據之一。

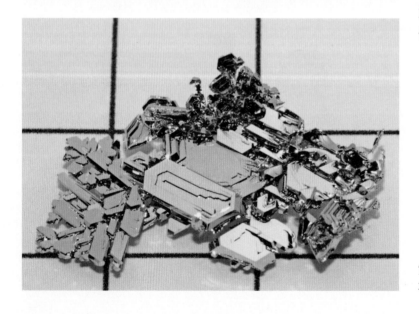

實驗室合成的純鉑結晶，寬度約 2.5 公分。

參照條目　地球地核的形成（大約西元前四十五億四千萬年）；地球地函與岩漿海洋（約西元前四十五億年）；恐龍滅絕撞擊事件（約西元前六千五百萬年）；肥料（約西元前6000年）；來自太空的岩石（西元1794年）。

北美洲地圖

梅里韋瑟‧路易斯（**Meriwether Lewis**，西元 1774—1809 年）
威廉‧克拉克（**William Clark**，西元 1770—1838 年）

　　由國家資助並同時具有科學發現意義的航海探索時代，可能就是從英國詹姆斯‧庫克船長等人的英國皇家奮進號展開海上探險那一刻揭開序幕。1769 年，他們被派往大溪地觀測金星凌日現象。另一方面，最早也最著名的陸地探索之一，就是 1804 至 1806 年間，由美國總統傑佛遜特別授命展開的探索部隊（Corps of Discovery），這場 13,000 公里的艱苦長征由梅里韋瑟‧路易斯與威廉‧克拉克率領。

　　當時美國總統湯瑪斯‧傑佛遜剛從法國完成路易斯安那購地案（Louisiana Purchase），並渴望看到新土地的調查測繪，以及對當地原住民宣揚美國主權。他也同時希望宣示西北太平洋的土地並非由任何歐洲強權掌控。因此，傑佛遜派遣路易斯、克拉克與其他 30 位成員進行一場由美國國會出資的旅程，從聖路易斯（St. Louis）出發直達太平洋。雖然這場探險的目的並非科學探索，但探索部隊的任務之一仍包括沿途以精確的編目搜集植物、動物、氣候與地理等資訊，因此他們帶上了各式各樣的科學儀器，並接受了許多相關科學的訓練。

　　探索部隊沿著密蘇里河（Missouri River）向上游追溯深藏在洛磯山脈中的源頭，他們沿途遇見了幾支美洲原住民部落，在向他們學習與貿易的過程，避免了絕大多數可能的衝突，也仔細地留下了觀察與紀錄。總統傑佛遜那個找到一條可以直接通往太平洋的希望，的確受到了洛磯山脈的阻擋，探索部隊費盡心力試著跨越頂峰白雪皚皚的高牆，然而他們卻在沿途受到許多來自美洲原住民部落的指導與物資支援之下，才得幸能夠生存。終於，他們順著蛇河（Snake river）與哥倫比亞河（Columbia river）成功抵達太平洋，當時已是 1805 年。而探索部隊最後終於在 1806 年回到聖路易斯。

　　探索部隊發現並描繪了超過 200 個植物與動物物種，同時與超過 70 個美洲原住民部落有了和平的交流（至少在當時仍是）。

十九世紀中期由藝術家湯瑪斯‧柏納姆（Thomas Burnham）所繪，畫中描繪 1804 年路易斯與克拉克正帶領隊伍遠征美州西北部。

參照條目 環遊世界（西元1519年）；金星凌日（西元1769年）；現代地質圖（西元1815年）；探索大峽谷（西元1869年）；國家公園（西元1872年）。

解讀化石紀錄

瑪麗‧安寧（Mary Anning，西元 1799—1847 年）

　　尼古拉斯‧史坦諾在十七世紀為地質學與地層學建立的基礎原理，以及詹姆斯‧赫登在十八世紀提出的「深邃時間」概念，漸漸地被全球的科學協會支持。然而，地球確實擁有悠長歷史，而且在人類現身之前就曾經歷無數種類的氣候與物種，這類假說依舊需要更多證據支持。其中最主要的證據來源就是化石，因此，尋找化石的獵人們在現今世界如何了解地球歷史的過程中，扮演至關重要的角色，而化石獵人必須擁有尋找、擷取與判斷重要新標本的技巧與經驗。

　　早期化石獵人最出色的一位，就是十九世紀英國的自學化石收藏家與古生物學家瑪麗‧安寧。瑪麗‧安寧在一座英國著名的海岸觀光城鎮長大，她與父親及兄弟一起工作，工作內容就是沿著海岸在一層層沉積岩懸崖壁上，尋找化石（古玩）進而販售。這個家族化石事業不僅讓一家人三餐得以溫飽，也滋養了瑪麗對於科學的好奇心，她渴望了解大自然，以及這些從崖壁撬出、長相古怪又美麗的東西來自何方。

　　每當冬季風暴造成的山崩侵蝕峭壁並露出新的化石，瑪麗就會搜集它們並加以分類（極不穩定的峭壁也讓她經常暴露於險境）。1811 年，年僅 12 歲的她，就找到了第一件關鍵化石，那是一具古代大型海洋爬蟲類的骨骸，後來被稱為魚龍（ichthyosaur）。接著，她找到了史上第一件完整的蛇頸龍（plesiosaurus）標本、一件大型已滅絕海洋爬蟲類，以及英國第一件飛行爬蟲類翼龍（pterosaurs）的標本。在瑪麗遇見並販售標本給許多知名的地質學家與化石收藏家後，她的名聲開始漸漸響亮，而她針對這些奇異又迷人的古代生物寫下關於起源與演化假說的科學文章，讓她變得家喻戶曉。

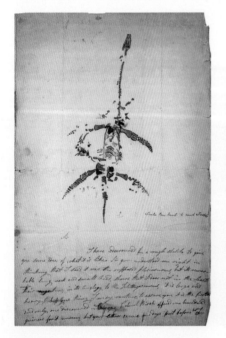

　　雖然瑪麗比當代受過科學訓練的男性都擁有更豐富的知識與經驗，但身為女性的瑪麗仍不被學院世界接受，甚至經常忽視她對科學的貢獻。如今，她已被視為發現我們星球偉大時代與其滅絕的主要貢獻者。

左圖　一封由瑪麗‧安寧於 1823 年寫下的信，其中描繪的就是她所發現的蛇頸龍化石素描。
右圖　十九世紀地質學家瑪麗‧安寧的肖像，畫中的她手持地質錘與標本袋，一旁還有她的狗，名叫崔瑞。

參照條目　地質學的基礎（西元1669年）；不整合（西元1788年）；現代地質圖（西元1815年）；發現冰河時期（西元1837年）。

西元 1814 年

解密陽光

艾薩克・牛頓（Isaac Newton，西元 1643—1727 年）
威廉・海德・沃拉斯頓（William Hyde Wollaston，西元 1766—1828 年）
喬瑟夫・夫朗和斐（Joseph von Fraunhofer，西元 1787—1826 年）

1672 年，艾薩克・牛頓經過實驗後發現，陽光並非白色或黃色，而是由許多顏色的光組合而成，這些擁有不同色彩的光會在穿過稜鏡等不同物體時，因為些許的折射角度差異，可以分散成一段光譜。牛頓的實驗經過許多人的重複與延伸，其中包括同是英國的科學家威廉・海德・沃拉斯頓，而沃拉斯頓在 1802 年首度觀測到某些陽光光譜的區段會出現神祕的黑線。

為了破解太陽光譜中的黑線究竟代表什麼，科學家需要工具，也需要研究方法。1814 年，德國驗光師喬瑟夫・夫朗和斐發展出一件稱為分光鏡（spectroscope）的工具，這是一種經過特別設計的稜鏡，可以用來計算光譜學（spectroscopy）實驗中光線的位置與波長。他利用自己設計出的分光鏡在太陽光譜中觀察到超過五百條狹窄的黑線，而天文學家至今依舊將這些黑線稱為夫朗和斐譜線（Fraunhofer lines）。1821 年，他設計並打造了另一臺高解析分光鏡，不再利用稜鏡分光，而是使用繞射光柵（diffraction grating），並且因此發現天狼星（Sirius）等明亮的恆星也有光譜線，而且與太陽的光譜線都不相同，我們今日的天體光譜學便是於此時成立。

到了十九世紀中期，物理學家與天文學家已經能夠在實驗室重現這些譜線，他們是利用各式氣體過濾通過的光線，也因此發現這些譜線是來自於不同元素的原子，吸收了不同且光波非常狹窄又特別的光線。一瞬間，光譜學就變成量測遙遠光線源頭原子與分子組成的方式，這些遙遠光線源頭包括太陽、行星大氣層（包括地球的）、恆星或星雲，最棒的是，不需要直接碰觸物體本身：只需要一臺望遠鏡與某些譜線量測裝置或光譜儀。不論是架設在地表或太空上的望遠鏡，或是針對地球與其他世界的軌道上與降落的太空任務，光譜學持續在現代天文學、地球科學與行星探索等領域扮演極為重要的角色。

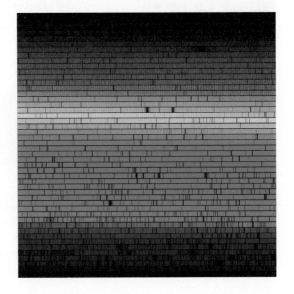

一系列高解析太陽可見光光譜，圖中可見夫朗和斐譜線。每一道光譜由下至上波長漸增，最底部由紫光開始，在最頂部的紅光結束。本圖取自美國亞利桑那基特峰國家天文臺（Kitt Peak National Observatory）的麥克梅斯－皮爾斯太陽望遠鏡（McMath-Pierce Solar Telescope）。

參照
條目　重力（西元1687年）；太陽閃焰與太空氣象（西元1859年）；溫室效應（西元1896年）；臭氧層（西元1913年）；太陽系外的類地行星（西元1995年）；北美日蝕（西元2017年）。

坦博拉火山爆發

所謂的太平洋火環（Pacific Ring of Fire）就是一個規模達地球半球的條帶，坐落於此條帶的區域會發生密集的地震與火山活動。太平洋火環沿著構造板塊邊界，從南美洲的北部到阿留申群島，然後再向南經過日本與印尼，最後抵達紐西蘭。火環帶的地質活動其實源自於太平洋板塊與其他數個板塊的互相碰撞，而海洋板塊隱沒至大陸板塊之下且進一步熔融之處的地質活動尤其活躍。其中活動最劇烈的碰撞帶之一，就是從緬甸一路延伸到巴布亞紐幾內亞（Papua New Guinea）的綿長彎曲地殼，印度與澳洲板塊就是在此處快速地隱沒至歐亞大陸板塊之下。

現代歷史紀錄中，人類所經歷最強烈的火山爆發就發生於此區的坦博拉火山（Mount Tambora），時間是 1815 年 4 月 5 日至 11 日。坦博拉火山在爆發之前高度達 4,300 公尺，但噴發之後高度下降三分之一，現今的高度為 2,850 公尺。此次爆發被列為擁有七分（總分為八分）的火山爆發指數（Volcanic Explosivity Index），而這種規模的事件大約每五百至一千年才會發生一次。當時火山爆發形成的聲響最遠能傳到 2,400 公里之外，而覆蓋地表的火山灰能傳到 1,300 公里之外。

坦博拉火山爆發的瞬間便造成了大約一萬人死亡，該區域因為後續衍生的饑荒與疾病，又間接使得大約十萬人喪生。火山煙流向平流層噴進了大量的火山灰與氣體，全球氣候也很快地因此產生冷卻

效應（1816 年對地球絕大部分的地區而言，都是一個「沒有夏季的年分」）。許多地區在數年之間都無法有任何收成，而更多人口又再度於饑荒與疾病之下死亡，當時爆發的疾病包括斑疹傷寒（typhus）與霍亂（cholera）。

1815 年的坦博拉事件是人類歷史記載中，最為致命的火山噴發事件。此座火山在大約 1880 年又經歷了一次較小型的噴發，坦博拉火山至今依舊活躍。印尼政府持續密切地觀測，並禁止人民在頂峰周遭進行開發，因為該火山 1815 年爆發事件的影響範圍內，如今正生活著將近一千萬人口。

位於印尼的火山島與坦博拉火山口，於 2005 年在國際太空站拍攝。1815 年 4 月，坦博拉火山發生了歷史紀錄中最強烈巨大的火山爆發事件。

參照條目　板塊構造運動（約西元前四十至前三十億年？）；喀斯開火山（約西元前三千萬至前一千萬年）；安地斯山脈（約西元前一千萬年）；龐貝（西元79年）；喀拉喀托火山爆發（西元1883年）；聖海倫火山爆發（西元1980年）；火山爆發指數（西元1982年）；皮納圖博火山爆發（西元1991年）；蘇門答臘地震與海嘯（西元2004年）。

現代地質圖

威廉・史密斯（William Smith，西元 1769－1839 年）

地質學家不是一種坐得住的生物。許多地質學家的研究工作會花大把時間在野外，忙著敲開岩石，或是在沉積層、山中與火山尋找搜集資料。這類研究工作相當關鍵的一部分，就是精確地記錄在野外觀察到的地質特徵，並將它們製成地圖。完成的地質圖能描述不同種類的岩石與地層彼此之間的關係，並試著將研究區域的成果放入區域地圖，或甚至是全球脈絡中。

最早現代地質圖繪圖師之一就是英國地質學家威廉・史密斯。史密斯最初的職業是測量師，這份工作讓他得以經常前往野外，他也因此對英格蘭、威爾斯（Wales）與蘇格蘭的地形與地質十分熟悉。尤其是他的測量工作必須到煤礦礦場與附近地區，以及運河開鑿出一層層岩層的河壁附近，他也因此有機會以三維立體的視角觀看地景。漸漸地，他的仔細觀察與記錄讓他開始可以在不同地點之間看到關聯，1815 年，他完成了第一幅英國現代地質圖。

史密斯的地圖可謂地質學的絕技，比起之前的地質圖，他的地圖能在更大範圍的區域中，放進他四處探索觀察到的更多細節。他在圖中以不同顏色代表不同地質單位，也發展出利用化石相似度協助連結相距遙遠的不同地層單位，同時，他也在圖中加入地質剖面圖，描繪地表可見的地質特徵於立體空間中的模樣。史密斯完成的英國地質圖，與現今繪製的具備驚人的相似度。

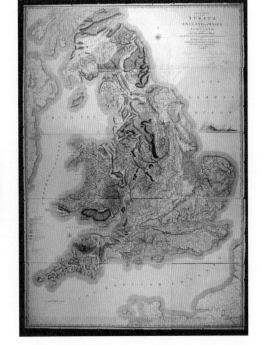

不幸的是，對科學界而言他是一位自學的「外人」，他的地質圖研究工作被各處學術協會忽視。然而，他仍決定自費出版與發行自製的地質圖，最終更一步步使自己淪落至負債人監獄（debtor's prison）。在超過 15 年的時間之後，史密斯的地圖終於被視為地質學的重要成就，並被學術界尊稱為「英國地質學之父」。史密斯創新的觀察與呈現技巧，廣泛出現於今日現代地質圖。

右圖　第一幅英國地質圖，由威廉・史密斯在 1815 年出版。
左圖　英國地質學家威廉・史密斯的肖像，繪於 1837 年。

參照條目　第一幅世界地圖（約西元前600年）；不整合（西元1788年）；北美洲地圖（西元1804年）；解讀化石紀錄（西元1811年）；發現冰河時期（西元1837年）。

均變說

查爾斯・萊爾（**Charles Lyell**，西元 1797—1875 年）

　　各位應該都十分難以想像地球擁有超過四十五億年的歷史，因為這樣的時間尺度實在超過我們人類的經驗。但這樣的事實早在現代放射定年法出現之前，就已經由早期地質學先驅從岩層與岩石中觀察與計算出來。如同現代地質學根源般的地層學基礎原理，的確早在 1669 年就由尼古拉斯・史坦諾建立，到了 1788 年，更由詹姆斯・赫登提出了「不整合」（保存在岩石紀錄中的時間空缺）的真知灼見。接著，將這些概念結合成地球科學與地球歷史統一模型的，正是十九世紀的蘇格蘭地質學家查爾斯・萊爾，他在 1830 年出版了《地質學原理》（*Principles of Geology*）一書，並在書中詳細解釋並延伸了赫登的早期均變說概念。

　　均變說的概念是「現在為通往過去的鑰匙」，換句話說，也就是研究與了解現今地球表面與內部的詳細過程，能讓地質學家擁有利用保存在地質紀錄的證據，了解與重建地球過去歷史的能力。均變說的原理甚至進一步讓地質學家能預測各種地質作用與事件在未來發生的可能。萊爾全然相信的假設之一，就是地球的轉變是逐漸在漫長的歲月中出現，並能夠推測。

　　萊爾對於均變說（部分當時的地質學家與哲學家稱之為漸變說）的強力維護，受到其他科學家、宗教領袖與哲學家強烈反對，而他們提倡的則是災變說；也就是地球歷史過程與地質紀錄中的各種變化源自一件件突然出現的猛烈事件。災變說的例子之一就是《聖經》中諾亞遇到的洪水（以及其他主要洪水事件）、因地震造成陸地突然逆衝向上形成山脈，以及主要的火山爆發。許多災變說擁護者的主要假設之一就是地球相對而言十分年輕，因此只有迅速形成的過程能造成地球可見的地質特徵。今日，現代地質學家認為地球的歷史是由漸變與災變的過程結合。

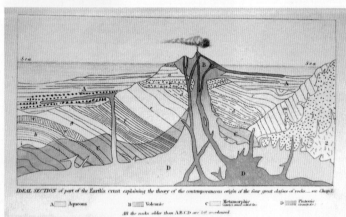

上圖　地質學家查爾斯・萊爾爵士的肖像版畫，繪於 1865 年。
下圖　萊爾的《地質學概要》（*Elements of Geology*）一書中的插圖，圖中可見地質紀錄中火成岩、變質岩與沉積岩的理想剖面圖。

參照條目　地質學的基礎（西元1669年）；不整合（西元1788年）；現代地質圖（西元1815年）；地球的年齡（西元1862年）；放射性（西元1896年）；盆嶺地形（西元1982年）。

工業革命 |

　　人類學家利用工具、武器、建築、運輸等領域的科技，定義人類歷史重要發展的里程碑。這些里程碑的時間點經常以單一關鍵概念或方法的發展定義，例如動物的馴化、農耕的發明，以及青銅器或鐵器工具製作的轉變。在人類歷史中比較近期的里程碑之一，就是發展世界中生產物品的方式，由手工製作轉變為機器大量生產。這項轉變稱為工業革命，從大約 1760 年的英國展開，到了大約 1830 年已廣泛散布到全球各地。

　　工業革命的關鍵面向，包括了廣泛使用蒸汽機、工廠的發展，以及緩慢提升的生活條件與世界人口數量增加。歷史上首度在各地進入機械化的商業領域就是紡織工業，雖然早期重要的副產品還包括了大量化學製品的進步，以及鐵與鋼等改良合金產品。

　　工業革命除了對全世界的生產過程有極為巨大的影響，同時也大大地轉變了地球本身。製造物品能力的大幅增進，也大幅增加了對於自然資源的需求，例如水；另外還有原料，例如鐵與其他金屬礦料、木材與橡膠等等。人口的提升也意味著農場與牧場須增加食品的生產，同時增加的居住要求，也連帶加速了各地的開墾伐林。供應貨物的提升，也讓範圍更遼闊的運輸網絡成形，為了讓貨品進入市場，新的道路、橋樑、運河與鐵路一一興建。全天候不停歇的機器也讓大量的天然氣管道網絡逐漸發展。機械化也使得氣體、金屬礦脈與其他建築原料的開採不斷加速。

　　雖然污染與工作條件（包括奴役與童工等）等嚴重問題一一浮現，整體而言，工業革命依舊是人類歷史相當重要的正向里程碑，它幫助了現代科技的進展，同時讓我們以更多現代角度思考何謂人類活動與自然環境之間的良好關係。

一間位於德國開姆尼斯
（Chemnitz）的紡織工廠。
此幅版畫繪於 1868 年。

參照條目　石器時代（約西元前三百四十萬至前三千三百年）；動物的馴化（約西元前三萬年）；農耕的發明（約西元前一萬年）；青銅器時代（約西元前3300至前1200年）；鐵器時代（約西元前1200至前500年）；人口成長（西元1798年）；砍伐森林（約西元1855至1870年）；人類世（約西元1870年）。

發現冰河時期

路易斯・阿格西（**Louis Agassiz**，西元 1807—1873 年）

　　地質學家拼湊地球過去歷史的過程，其實有點像刑事偵探在犯罪現場試著還原犯案過程。證據四處散落，有些鮮明醒目，有些則隱晦深藏。偵探必須謹慎觀察現場，有些證據還得送回實驗室進一步分析。在地質學中，岩石與化石是唯一的目擊者，地質學家必須仔細又深思熟慮地檢驗，接著交叉比對出這些只有岩石與化石才能透露的真相。

　　十九世紀地質學家面臨的最大挑戰之一，就是解釋似乎曾經有冰川的地景中，那些由冰河與大量冰層侵蝕出的證據。例如，廣布於歐洲、亞洲與北美洲等中緯度地區，在古代花崗岩基盤刻出的巨量線型冰川擦痕（striations）；這些刮痕就像是被高緯度冰川拉扯的岩石所造成。這些大陸在某些距離現今冰川相當遙遠的南方，也堆砌著大量未膠結固化的岩石沉積物，狀似冰磧石（moraines，由冰川形成的岩石沉積物堆砌）。還有些明顯來自特定山脈或沉積地層的單獨岩石或巨礫，不知如何被送到了遙遠的南方，孤零零地留在原生地的彼端。

　　十八世紀晚期與十九世紀早期，地質學家提出了結論，也許當時眾多冰川的範圍曾經一度更為遼闊。其中一位地質學家為證據作出更進一步的推論，他就是瑞士與美國人路易斯・阿格西，他與幾位同儕在 1837 年表示北半球大部分地區可能一度都覆蓋了深厚的冰層，厚度可能比當時最高聳的山脈更高，並一路延伸到前往赤道的一半距離或更遠。他們為這些冰川四處廣泛延伸的時代，創造了「冰河時期」（ice age）一詞。然而，這個概念花了大約數十年才被眾人接受。

　　阿格西等人找到了多次冰層擴張（冰期）與冰層退卻（間冰期）的地質證據。後進的地質學家又

為他們增加了化學與古生物學（化石）方面的線索，他們表示地球在二十五億年間很可能歷經了至少五次的主要冰河時期，每一次的冰河時期都包含了數百次的長時間冰期與短時間間冰期的循環週期，而最接近我們現在的上次冰期，大約在一萬兩千年前。

左圖　地質學家與生物學家路易斯・阿格西。照片攝於 1870 年。
右圖　位於瑞士靠近策馬特（Zermatt）的馬特洪冰川畫像，由喬瑟夫・貝坦尼爾（J. Bettannier）繪製，收錄在阿格西出版於 1840 年的《冰川研究》（*Études sur les Glaciers*）。

參照
條目　雪球地球？（約西元前七億兩千萬至前六億三千五百萬年）；「冰河時期」的尾聲（約西元前一萬年）；小冰期（約西元1500年）；下一次冰河時期？（約五萬年後）。

環境主義的誕生

亞歷山大・馮・洪堡德（Alexander von Humboldt，西元 1769—1859 年）

科學與探索的歷史中，充斥著許多單靠一己之力為我們對世界與人類境地的認識作出重大進展的人們。這樣的人們包括埃拉托斯塞尼、伽利略、哥白尼、牛頓、愛因斯坦、哈伯（Hubble）、霍金（Hawking），以及其他許許多多對至今世界依舊擁有重大影響但時常遭到遺忘的人們。被不幸遺忘的人之一，就是十八世紀晚期到十九世紀早期的博物學家與探險家亞歷山大・馮・洪堡德，他很可能就是我們現代環保運動（environmental movement）的創造者。

洪堡德是一位來自富裕家庭的全方位博學家（任何嘗試過的領域都能勝任），早期熱愛植物學與解剖學等科學領域，最終引領他開始涉足地質學，並接下一份探勘礦脈的政府工作。他對於植物、礦物與化石的編目研究，讓他有了熱愛四處探索的興趣，1799 年，他再度以家人的資助與西班牙王室的祝福一個人踏上旅程，為當時的新西班牙領土（也就是今日的委內瑞拉、哥倫比亞、厄瓜多與祕魯）進行探索，以及為尚未發現的植物與動物編目。

洪堡德在 1800 年代早期多次的探險中，帶著精密的儀器到野外搜集了數量龐大的植物、動物與化石標本。他在亞馬遜流域到安地斯山脈對地理、植物生命與氣象完成了大量且有系統的觀測資料。他也是第一批開始記錄與闡釋植物、動物、人類、氣候與地質之間關係的人，由此以歷史的角度描述自然。1845 年，他首度出版了一套五冊的《宇宙》（*Kosmos*），為世人介紹了一個全新的世界觀：地球是一個內部眾多面向相互連結的生態系統；我們以情緒體驗自然，以科學了解實際世界。洪堡德的成果與著作啟發了查爾斯・達爾文、亨利・大衛・梭羅（Henry David Thoreau）、約翰・繆爾（John Muir）與其他對於社會產生環境責任的重要人物。傳記作家安德列雅・沃爾芙（Andrea Wulf）曾說：「洪堡德給了我們自然的概念。然而，諷刺的是洪堡德的觀點已經變得如此地不證自明，讓我們遺忘了自然概念背後的這位推手。」

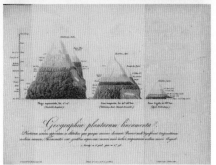

上圖　1806 年亞歷山大・馮・洪堡德（左方站立）正在厄瓜多欽波拉索火山（Chimborazo volcano）附近搜集植物與動物標本的畫像。
下圖　洪堡德的繪圖，其中比較了阿爾卑斯山脈中欽波拉索山與白朗峰（Mont Blanc）等不同海拔高度的山之間生態系統的差異。

參照條目　地球的大小（約西元前250年）；金星凌日（西元1769年）；北美洲地圖（西元1804年）；發現冰河時期（西元1837年）；自然天擇（西元1858至1859年）；探索大峽谷（西元1869年）；塞拉山巒協會（西元1892年）。

地球自轉的證明

尚‧伯納‧里昂‧傅柯（Jean Bernard Léon Foucault，西元 1819─1868 年）

　　我們在太空時代對於我們自家行星的觀點，讓地球自轉的觀念成為一種普通常識。但是，想像一下我們身在一個沒有衛星、太空探測器或精緻的電腦星座應用程式的時代，然後試著說服人們地球其實正在自轉。這個事實並不直覺，我們的確都看得到太陽與天空會運動，但地球不是！如果地球真的一天可以轉一圈的話（大約 1,600 公里），難道我們不會被甩到外太空嗎？即使到了今日，其實還是很難向人們證明地球真的會自轉。不過，實際展示地球會旋轉，僅需一個簡單又可重複的實驗。

　　雖然已有許多類似的實驗曾經提出且實際實行過，但其中最知名的是首度在 1851 年由法國物理學家尚‧伯納‧里昂‧傅柯的展示。如同每一位優秀的物理學家，傅柯深知牛頓的運動定律，而且在自己的實驗中便利用了牛頓第一運動定律（除非受到外力，否則物體靜者恆靜，動者恆動）。他打造了一個非常長、沉重且穩定的鐘擺，秤錘（或一顆球）以鍍上鉛的黃銅製成，並用一條長達 67 公尺的電線由巴黎萬神殿（Panthéon）的天花板懸吊而下。傅柯知道只要沒有任何外力，一旦他開始讓秤錘開始擺動，它就會沿著一個相同的平面搖擺；也就是它會沿著「固定」恆星的相同慣性參考座標系擺動，而非地球的。只要將這個裝置架設在類似日晷的計時器（或是讓秤錘可以敲落的小物品），然後扣掉電線或秤錘在空氣中移動產生的摩擦力，就可以簡單地展示空間（也就是整顆地球），正相對鐘擺的擺動的平面旋轉。接下來的幾年中，傅柯利用了相似的原理，將陀螺儀（gyroscope，一種量測速度與旋轉的儀器）臻至完美。

　　傅柯擺的簡潔，讓它成為轟動十九世紀的事件。至今，依舊有上百座傅科擺能在全球各大學、博物館與科學中心見到。

位於西班牙瓦倫西亞（Valencia）科學藝術城（City of Arts and Sciences）的菲利普王子科學博物館（Príncipe Felipe Science Museum）中的大型傅科擺，大約每半小時就會有一根頂球木棒被敲倒，因為在鐘擺固定的慣性擺動平面之下，地球正在自轉。

參照條目　地球的大小（約西元前250年）；重力（西元1687年）。

砍伐森林

　　自史前時代，樹木與樹木生產的木材就是一種相當重要的自然資源。然而，樹木會占據廣闊的農耕土地，因此在農耕發明與以城市為據點的定居生活發展成形之後，人類開始為了耕種作物、建造房屋、開闢牧場與燃料需求，定期地砍伐大量樹木。在某些樹木相當有限的地區，例如復活島，一旦樹木砍伐殆盡之後，這類社會的經濟與社會結構就會產生相當劇烈的轉變。

　　大約在 1830 年，隨著工業革命的到來，以及早期依賴蒸汽機的工廠數量增加之下，全球森林砍伐的速度在 1855 年急遽上升，大約在同一時間，全球人口也開始急速增加。在十九世紀以及甚至在二十世紀大多時間裡，荒地重新種植樹木（也就是造林）的努力可謂十分有限，因此，地球在史前時代還是森林的地區，約有 60% 已遭到伐盡。

　　森林砍伐可以增加食物的產量，並有協助支撐人口不斷增加的作用。然而，其中有許多短期與長期的負面影響，因此若不加以管制，森林砍伐最終將有損永續發展。例如，樹木與其根系的移除，會造成土壤侵蝕與土石流的發生速率增加。樹木能提供與許多動物與昆蟲物種的棲居地，伐林因此會使得某些社會喪失獵場，同時也會造成北方棲居地流失物種多樣性（或甚至造成物種滅絕）。樹蔭能讓地表土地保持溼度，所以伐林也可能導致嚴重的土壤酸化。樹木同時也能鎖住空氣中大量的二氧化碳，因此伐林會造成相對大量的強烈溫室氣體增加。雖然對於某些人或社會而言，伐林似乎是短期的正確解方，但長期毫無節制的森林砍伐將造成相當可觀的負面影響。

　　近日，亞馬遜流域等依舊以驚人速率砍伐樹木的雨林地區，都正強烈聚焦於推廣永續伐林與造林。在最近的 50 年間，全世界超過一半的熱帶雨林已被橫掃伐盡，若是不加以抑止，到了本世紀中期，地球上的所有雨林將全數消失。

位於巴西亞馬遜流域被一掃而空的叢林。

參照條目　農耕的發明（約西元前一萬年）；人口成長（西元1798年）；工業革命（約西元1830年）；環境主義的誕生（西元1845年）；野火燎原（西元1910年）；熱帶雨林（西元1973年）；溫帶雨林（西元1976年）；寒帶針葉林（西元1992年）；溫帶落葉林（西元2011年）。

自然天擇

查爾斯·達爾文（**Charles Darwin**，西元 **1809—1882** 年）
阿爾弗雷德 · 羅素 · 華萊士（**Alfred Russel Wallace**，西元 **1823—1913** 年）

　　在十八與十九世紀，已滅絕植物與動物的化石發現，以及對於許多化石源自於遠古時代的理解，都讓眾多生物學家與地質學家對於地球的生物為何且如何隨時間變化產生強烈好奇心。其中一位科學家就是英國博物學家查爾斯·達爾文（當時年僅 21 歲），以一己之力（與家族的財力協助）登上了英國皇家海軍的船艦，踏上南美洲地理與植物的探索旅程。而小獵犬號（HMS Beagle）在 1831 年由英格蘭出發，展開為期五年的世界環遊旅程。

　　達爾文沿途對不計其數的植物、動物與化石標本做了仔細的觀察與收集。小獵犬號開啟了達爾文對於地球生物驚人多元性的視野，同時也發現生活在被地理隔絕地區的相似物種，似乎有相對較多的轉變，例如加拉巴哥島（Galápagos Islands）上的雀鳥（finches）。部分達爾文所觀察到的其實與均變說（地質與生命的逐漸變化）的概念一致，但某些時候卻可以看到物種之間透露著更為複雜且造成快速轉變的力量。

　　1836 年，在達爾文回到英格蘭之後，他開始試著為旅程中所觀察與收集到的資訊，找出合理解釋。

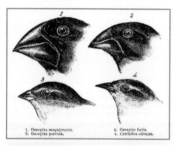

他的結論是他認為生物個體之間生理與行為特徵（也就是生物學家所謂的表型〔phenotype〕）的差異，會形成不同個體在生存與繁殖方面成功與否的差異——他將此過程稱為自然天擇。1858 年，達爾文發現另一位英國博物學家阿爾弗雷德 · 羅素 · 華萊士也獨自想出了一樣的結論，而他們兩人一同向科學協會發表了這項想法。達爾文對於自然天擇更詳細的概念，以及天擇在接下來的演化過程所扮演的角色，都仔細地寫在他於 1859 年出版的重大里程碑——《物種源始》（*On the Origin of Species*）。

　　達爾文接下來的研究工作極度受人注目，同時也歷經學術與神學方面的爭議，尤其是在自然天擇的理論中，人類也一樣經歷了數萬年的演化。今日，自然天擇與演化幾乎是人類（與其他物種）起源毫無爭議的主要理論，而達爾文則被廣泛視為人類史上最具影響力的科學家之一。

上圖　鳥類學家約翰·古爾德（John Gould）於 1845 年繪製的各式雀鳥鳥喙，這些雀鳥為達爾文在 1835 年前往加拉巴哥群島的數次旅程中所觀察到。
下圖　查爾斯·達爾文的照片，約攝於 1870 年。

參照條目　性的起源（約西元前十二億年）；靈長類（約西元前六千萬年）；最初的人類（約西元前一千萬年）；加拉巴哥群島（約西元前五百萬年）；智人現身（約西元前二十萬年）；解讀化石紀錄（西元1811年）；不整合（西元1788年）；內共生（西元1966年）。

空中遙測

加斯帕爾・費利克斯・圖爾納雄（Gaspard-Félix Tournachon），
又名納達爾（Nadar，西元 1820—1910 年）

創造一張大範圍區域地圖（例如一座城市、一個國家或一整個世界），需要早期繪圖師能夠轉換視角，從立於地球地表的視角，轉換到能夠脫離地面，想像在空中或甚至外太空的視角。某些早期製圖師的確能成功轉換至這類視角，儘管如此，絕大多數的早期大範圍地圖依舊欠缺地理的精確與／或相關尺寸。

一切都在遙測的出現之後全然改觀；遙測就是一種無須實際接觸，就可以得到一地或一物體的資訊的技術。例如，透過望遠鏡得到太陽或其他恆星與行星的天文學與光譜學的資訊，就是一種遙測，另外，在一艘船上利用望遠鏡或其他測量工具繪製海岸線的地圖，也屬於遙測。關於地球地圖的繪製，主要進展則是伴隨著空中遙測的發展，意即利用如照相等資訊讓大範圍地圖更為準確。

首度出現的空中遙測是來自法國攝影師加斯帕爾・費利克斯・圖爾納雄（人稱納達爾）等熱氣球發展先驅。1858 年，納達爾成為第一位取得空中航拍照片之人，照片由漂浮在巴黎上空的熱氣球拍下。雖然納達爾早期的照片都沒有留存下來，但是，在他終於在極具挑戰的熱氣球坐籃中讓拍攝與沖洗相片的流程完美發展之前，他在數十年的時間拍攝了無數張的空中照片。城市與政府的測量調查都會使用納達爾的空中相片，另外，觀光宣傳也會尋找納達爾合作。

很快地，也發展出利用風箏進行空中航拍的技術，接著，出現了第一臺能進行空中偵察的飛機。在第一次世界大戰期間，航拍照片能提供敵方防禦與軍隊動向等珍貴的新資訊。一戰之後，歐洲與美國的商業遙測攝影公司開始為政府、工業與學術等領域的顧客，提供製圖與量測的服務。1960 年代，遙測無可避免地開始發展到太空中的衛星，最終也發展出現代精密的間諜衛星，同時還有用更高解析度與更高頻率，並將目標放在記錄與研究我們星球的科學研究衛星。

一系列由法國攝影師納達爾在名為「巨人」（Le Géant）的熱氣球中所拍攝的照片，拍攝的對象為法國巴黎的凱旋門（Arc de Triomphe and Place de l'Étoile）。

參照條目 ‧ 第一幅世界地圖（約西元前600年）；解密陽光（西元1814年）；現代地質圖（西元1815年）；地質科幻小說（西元1864年）；大氣層的組成（西元1896年）；臭氧層（西元1913年）；航空探索（西元1926年）；地球同步衛星（西元1945年）；氣象衛星（西元1960年）；地球的自拍（西元1966年）。

太陽閃焰與太空氣象

理查・卡林頓（**Richard Carrington**，西元 1826—1875 年）

太陽是全太陽系中質量最龐大、能量最高且最重要（至少對我們而言是最重要）的非地球天體，因此，許多天文學家致力不斷加強望遠鏡觀測這顆離我們最近的恆星的能力，以便了解更多太陽內部的運作情形。天文學家利用適當的過濾，以及將太陽圓盤影像投射到牆面或螢幕等方式，測量並監控太陽可見「表面」（也就是太陽光球〔photosphere〕）的特徵，例如太陽黑子（sunspots）。人類研究太陽黑子的歷史已達數世紀之久，最早以望遠鏡觀測的時間可回溯至七世紀早期，而經過過濾的裸視觀察之歷史還可以回推至更早。隨著時間進步的望遠鏡性能與觀察技術，也讓我們對於太陽黑子有了遠遠更為詳細的了解。

最值得一提也擁有最富創意且多產的太陽黑子觀測者之一，就是英國的業餘天文學家理查・卡林頓。1859 年 9 月 1 日，卡林頓在一處太陽黑子最密集的區域觀察到強烈的發光現象。此現象僅維持了數分鐘。然而，隔天全球各地就傳出了劇烈的極光活動，以及電報等電子系統的重大中斷事件。

卡林頓觀測到的正是第一次太陽閃焰（solar flare）的紀錄；太陽閃焰就是太陽大氣層的巨大爆炸，同時會向太陽系以極度高速猛烈噴發出高能量粒子。這股「太陽風」造成的劇烈效應貫穿地球的磁場防護，而這類效應就稱為太陽風暴。自這次觀測之後，我們陸陸續續又觀察到許多類似的閃焰與風暴，不過，根據視覺觀察與冰芯數據分析結果，發現 1859 年的事件不僅是首度觀測到的事件，更是歷史紀錄以來最大型的爆發，或許更是上千年才會發生一次的巨型閃焰。

卡林頓的科學觀測不僅連結了太陽活動與地球環境之間的關係，更掀起了太空氣象（太陽風與所有行星之間的互動）的研究風潮。今日，地球軌道上一系列通訊、氣象與遙測衛星都是動輒數十億美元的科技與建設，這些設備在太陽閃焰與連帶出現的風暴之下，可謂高度脆弱。這也正是為何美國太空總署等宇航科學協會都十分努力地延續卡林頓的重要研究工作，持續預估、監控與了解太空氣象可能形成的種種效應。

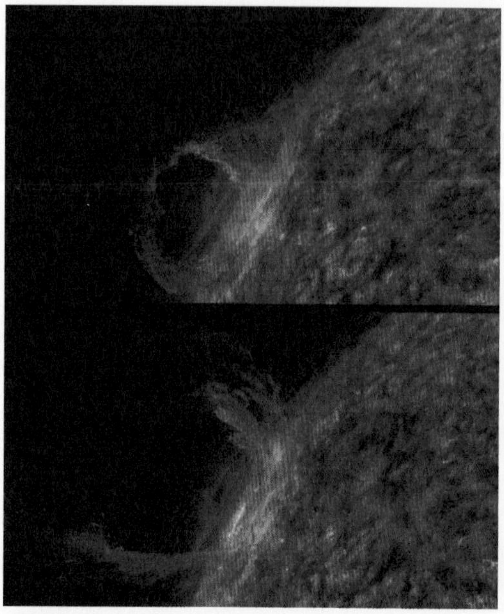

驚人的太陽表面強烈爆發。2010 年 3 月 30 日，由美國太空總署的太陽動力學天文臺衛星接收到極強烈的氦離子紫外光所捕捉到的縮時畫面。以尺寸比較而言，上圖中的光環中可以放進數百顆地球。

參照條目 空中遙測（西元1858年）；地磁反轉（西元1963年）；磁導航（西元1975年）；磁層振盪（西元1984年）。

地球的年齡

威廉·湯姆森（**William Thomson**），又名凱文男爵（**Lord Kelvin**，西元 1824—1907 年）

　　地球到底有多老？最早試著估算我們星球年紀的諸位具聲譽的科學家之一，就是蘇格蘭與愛爾蘭物理學家及工程師威廉·湯姆森。湯姆森是一位熱力學（thermodynamics，一門研究各式能量類型之間關係的領域）專家，他也是第一位因為研究發現而晉升為上議院（House of Lords）的英國科學家，因此被後世稱為凱文男爵。凱文假設我們的行星一開始為完全熔融的狀態，並隨著時間逐漸冷卻至現今地表與地球內部的溫度，並以此試著估算地球的年齡，但其中並不包含內部額外的熱能。在這個模型中，凱文估計 1862 年時，地球的年齡大約落在兩千萬至四億年，隨後再度修改為大約兩千萬至四千萬年。

　　凱文的估算在十九世紀的科學家之間掀起一場可觀的爭論。部分人認為此年齡過於古老（例如，某些《聖經》的宗教詮釋中，地球僅有六千年的歷史），但在許多地質學家的理解中又過於年輕，尤其是深入研究沉積地層與不整合領域的科學家。例如，若以查爾斯·萊爾的均變說角度而言，數千萬年的時間根本不可能解釋地質紀錄中，一層層岩層與氣候週期所包含的深邃歷史；另一方面，若是支持查爾斯·達爾文的自然天擇，如此短暫的時間也無法解釋化石紀錄中物種之間緩慢轉變的證據。

　　1896 年，放射性的發現與因此開始發展的放射性定年技術，讓我們知道凱文的基本加設之一其實並不正確：地球內部有額外的熱能來源，也就是放射性元素的衰變，例如元素鈾。一旦將凱文的計算添加上這項影響，地球的年齡便遠遠更為古老，甚至達數十億年。自此，二十與二十一世紀的科學家利用隕石（太陽系中已知最古老的物質，隕石同時也是組成行星的原料）的放射性定年，估算出的地球年齡相當驚人地精確且古老：四十五億六千七百萬年，誤差值為正負數百萬年。

物理學家威廉·湯姆森（凱文男爵）正在進行羅盤測量的照片，攝於 1910 年。

參照條目 地質學的基礎（西元1669年）；不整合（西元1788年）；解密陽光（西元1814年）；均變說（西元1830年）；自然天擇（西元1858至1859年）；溫室效應（西元1896年）；放射性（西元1896年）。

地質科幻小說

儒勒・凡爾納（Jules Verne，西元 1828—1905 年）

大致而言，地球與自然世界的科學發現在十九世紀歷經了劇烈的加速。針對地球與地球歷史進行探索與研究的科學家，包括亞歷山大・馮・洪堡德、查爾斯・達爾文、查爾斯・萊爾與威廉・湯姆森（凱文男爵）等人，他們都成為當時的名人或眾人熱愛的明星，不斷地公開演講，以及為不斷增加科學素養的大眾撰寫科學普及書籍。因此，不難想像小說作家將承接大眾科學的風潮，並開始跟著各種令人興奮的科學進展，創造許許多多令人難忘的故事與角色。

在這個受到廣大普及且相對新穎的科幻小說風格中，最早期的作家之一就是法國的儒勒・凡爾納。凡爾納在 1850 年代開啟他的寫作生涯，撰寫大眾雜誌文章以及短篇小說，聚焦於當時科學與科技界的熱門主題，尤其著重於他個人偏愛的地理與探險。凡爾納尤其受到查爾斯・萊爾與其他當時地質學先驅的啟發，著迷於當時相對較新的概念，也就是地球在漫長廣闊的時間中，已經歷過無數次的轉變週期，而變遷的歷史都保留在地表與近地表的地質紀錄中。凡爾納筆下的角色們會進入地底深處的國度，

試著閱讀種種紀錄，並循線深入神祕的地底核心。凡爾納甚至採用了地球生物歷史可能相當古老悠久的新概念，當他故事的角色前往地底深處的旅程中，更遇見了無數讀者想像中挖掘地底深處可能會出現的史前生物。

自從凡爾納的小說問世之後，某些最棒的科幻小說都相當受歡迎，也富教育意義與娛樂效果，因為許多作家都跟隨著最新的科技進展與科學發現，其中許多都是受到尖端科學家與工程師廣泛討論與爭論的主題。我們也的確看到科幻小說主題不斷地圍繞在考古、生物與基因、北極與深海的探險、航空、機器人、太空旅行等等科學與科技領域，其中經常會包含了能瞬間勾住讀者心神的真正科學與科技（或是有時會有更新奇酷炫的推想）。

儒勒・凡爾納於 1864 年出版科幻小說《地心歷險記》（*A Journey to the Center of the Earth*），此圖為書中插畫。

參照條目　第一幅世界地圖（約西元前600年）；美洲原住民創世神話（約西元1400年）；工業革命（約西元1830年）；環境主義的誕生（西元1845年）；自然天擇（西元1858至1859年）；地球的年齡（西元1862年）；地球同步衛星（西元1945年）。

探索大峽谷

約翰・衛斯理・鮑爾（John Wesley Powell，西元 1834—1902 年）

位於美國科羅拉多河的大峽谷是全球最令人驚艷的美景之一，此處同時也是地質學家神之嚮往的聖地。大峽谷為位於亞利桑那北部長達 446 公里的河段，河流在此處向沉積岩層切出極深且絕美的地景，讓超過二十億年的地球地質歷史展露在世人面前。大峽谷的某些區域深度可達 1,850 公尺，同時寬度僅 300 公尺。

雖然早在 1540 年，便有幾支西班牙團隊造訪大峽谷，但是從未有人記錄此地全貌，直到第一支正式的大峽谷科學探索團隊在 1869 年啟程，這支團隊由擁有地質學家、探險家兼軍人身分的約翰・衛斯理・鮑爾帶領。他與其他九人乘四艘船開始繪製河道地圖，同時為這條鮮為人知的區域（至少對歐洲居民而言）記錄植物、動物與氣象。這是一趟危險的旅程，尤其是途經乾旱與未知地帶，在瀑布與湍急河段的區域更考驗了穩固船隻與物資的來源。在這趟為期三個月的旅程中，此團隊便喪失了三名成員。

1869 年的這趟旅程，以及 1871 至 1872 年第二趟深入大峽谷更具野心的探險（此次成員包含了攝影師）後，鮑爾針對兩次探索旅程發表的各式圖像、量測紀錄、書籍與演講，在大眾與科學領域之間形成轟動。光是峽谷內一處直達谷底的露頭剖面，其岩石種類（火成岩、變質岩與沉積岩）、質地、顏色與化石資料，就能提供教科書關於地質學與地層學的基本原理證據，大峽谷甚至包括地球上最知名的不整合範例之一，此地以鮑爾命名，代表了地質時間所落失的至少十億年。地球上少有如同此地以這般驚人的方式展現地質歷史之處，這也是大峽谷為何能在 1919 年成為美國國家公園的原因之一。就像是鮑爾在 1895 年所寫下的一句話：「大峽谷之所以是大自然最為雄偉壯觀的景色，其中結合了各式各樣且極為多元的因素。」

上圖　約翰・衛斯理・鮑爾與美洲原住民滔古（Tau-gu）的合照。
下圖　停泊於大理岩峽谷（Marble Canyon）的船隻，攝於 1872 年。
本頁兩張照片都是在鮑爾第二趟大峽谷探索旅程中所拍攝。

參照條目　地質學的基礎（西元1669年）；不整合（西元1788年）；北美洲地圖（西元1804年）；現代地質圖（西元1815年）；均變說（西元1830年）；國家公園（西元1872年）；美國地質調查局（西元1879年）。

人類世

地質學家將地球歷史依序劃分成一段段越漸細分的時期，從最長的宙（eons），依序是代（eras）、紀（periods）、世（epochs），以及時間跨度最短的期（ages）。地質年代主要的界線一般而言都是由主要地質或古生物事件（例如大型滅絕事件）界定。然而，其中最接近現代的數個世與期的界線，則是依據主要氣候事件定義，例如冰期與間冰期。舉例而言，我們現在正值第四紀（Quaternary），起始時間為目前的冰河時期開端，大約兩百六十萬年前；在第四紀之中，我們目前身處全新世（Holocene），其起始時間為進入溫暖間冰期的開端，大約在西元前一萬年。

然而，部分地質學家與氣候學家認為我們近期已經進入了一個新的世，這段新的地質時期中，人類（也許）已經成為改變地球表面、大氣圈與生物圈的主要營力。他們提出將這段新的地質時期稱為人類世（Anthropocene，此字詞的前三個音節為希臘文的「人類」之意）。

人類世成為與全新世截然不同的地質年代的證據，來自 1870 年代，其中包括工業革命造成的衝擊（尤其是內燃機的發展），影響層面包括不斷增加的污染量，以及地球大氣層的溫室氣體（例如二氧化碳）含量。某些人認為此影響源自十九世紀開始急遽上升的森林砍伐，造成地表逕流模式的轉變。有的人則認為根據許多因人類活動直接形成的物種滅絕，此現象背後原因是人類在過去數世紀以來對生物多樣性的極度影響。還有很多人以更多哲學思維的視角認為，1940 年代的核能時代誕生，象徵著我們星球進入了新的紀元，如今，地球出現了一個物種，不僅能以單一物種之力摧毀生命，同時有能力造成整座生物圈劇烈且根本的巨大毀滅。

人類世是一種預示地球現今與未來步入沉淪的概念嗎？還是，人類世代表的是應該打破人類對世界可能造成影響的無知，成為一個覺知我們對環境責任的時代？接下來，就該由我們找出答案了。

人類在地球踏下的「腳印」，是否已是稱為人類世的新地質紀元開端？部分地質學家認為我們確實已經進入人類世。

參照條目　石器時代（約西元前三百四十萬至前三千三百年）；「冰河時期」的尾聲（約西元前一萬年）；青銅器時代（約西元前3300至前1200年）；鐵器時代（約西元前1200至前500年）；工業革命（約西元1830年）；發現冰河時期（西元1837年）；砍伐森林（約西元1855至1870年）；溫室效應（西元1896年）；地球日（西元1970年）。

土壤學

瓦西里・道庫恰耶夫（Vasily Dokuchaev，西元 1846—1903 年）

　　土壤是岩石在地球表面各式條件之下，經過物理與化學風化產生的細緻顆粒。風、水、冰、構造運動、火山噴發與甚至是隕石撞擊坑等等，都是將基岩分解或轉換成土壤的營力。另外，就像所有農人都知道的，有了土壤蘊含的重要養分與乘載的水分，植物才有成長的可能。少了土壤，植物必須經過努力掙扎才能生存，而大規模的農耕活動基本上不可能發生，地球上的生物樣貌也勢必極為不同。

　　土壤正式成為一門研究領域的時間大約在 1870 年，背後的推手便是俄羅斯地質學家瓦西里・道庫恰耶夫，現代土壤科學的基礎原理許多都是由他所建立。例如，與各式種類土壤來源相關的，包括原本的基岩組成、當地氣候條件、當地地形與水流條件、棲居於土地上的生物影響，以及土壤形成過程所花費的時間等等，這類觀念就是由道庫恰耶夫提出。他完成了許多土壤的野外調查，並發展出最早的土壤分類系統之一（以粒徑、顏色、有機物等等因素分類），現今許多土壤分類的面向仍是使用此系統。

　　土壤的組成、化學、型態與分類稱為土壤學（pedology），土壤學包含了相當廣大且多元的學術領域與社會規範，包括地質學、化學、礦物學、生態學、微生物學、農業學、考古學、工程學，以及甚至是都市與區域規劃。不論在學術或商業領域，土壤都能以自然資源視之，因此，如同其他資源，土壤也值得謹慎地監測與適當的管理。

　　由於微生物與生物對地球上土壤的組成與影響都扮演著重要的角色，因此，我們自然也會想了解：其他衛星或行星上是否也存在土壤？近日，美國土壤科學協會（Soil Science Society of America）表示，此問題的答案是肯定的。由於該協會認為由於其他世界也有可能擁有「土壤」，因此他們將土壤的定義修改為「大部分由鬆散礦物與有機物質組成的地層，位於或靠近行星表面並受到物理、化學與／或生物作用影響，並且通常能容納液體、氣體與生物群，同時能乘載植物」。

土壤擁有各式各樣的顏色、質地與組成，就如同本頁經典的柏油路面下的土壤剖面圖。

參照條目　農耕的發明（約西元前一萬年）；土木工程（約西元1500年）；尼羅河的整治（西元1902年）。

國家公園

　　人口成長以及連帶的森林砍伐、都市化與工業化，在在都需要資源支撐，漸漸地，自然世界將因此產生巨大轉變。當這類影響力在十九世紀以驚人的速率不斷提升時，部分博物學家、環保人士與政府都開始認知到許多絕美且脆弱的環境與生態系統，在沒有賦予特殊的管理保護之下，很可能會遭到摧毀。在美國，此想法引領出了一座座國立與州立公園，希望藉此保留國家中最特殊且無與倫比的自然美景。

　　1872 年，黃石國家公園成為第一個擁有此特殊地位的區域，當時，美國國會與總統尤利西斯·辛普森·格蘭特（Ulysses S. Grant）畫出超過兩百萬英畝的土地，其中包括山脈、峽谷、森林、河川與溫泉，範圍包含了懷俄明州、蒙大拿州（Montana）與愛達荷州（Idaho）。美國加州著名的巨大紅杉家園，也在 1890 年成為第二個受到聯邦保護的紅杉國家公園（Sequoia National Park）。1916 年，為了維護原有的國家公園以及越來越多劃分為國家公園的區域，美國國家公園管理局（National Park Service）在當時的國會與總統伍德羅·威爾遜（Woodrow Wilson）的授命之下成立：「為保存當地景致、自然環境與其中的歷史文物及野生生物，也為了提供人民擁有這般的享受，而未來後世子孫亦將因此擁有未受污染的同等環境。」

　　今日，美國擁有 59 座國家公園，以及數百個特殊保護區，例如文化紀念、古蹟、海岸、湖岸、鐵軌與自然休閒等區域。這些區域的總面積約相當於一整個蒙大拿州都劃分為國家公園。不只美國，世界各地都擁有類似的公園，許多這類區域（也包括位於美國的）同時也被聯合國教科文組織（United Nations Educational, Scientific and Cultural Organization，UNESCO）選定為世界遺產（World Heritage Sites）。據聯合國教科文組織估計，2016 年地球約有 15% 的面積為全部或部分受保護的區域，包括限制大眾出入的科學保護區、國家公園、自然遺址、自然保護區或野生動物保護區、地景保護區，以及主要為了永續使用留存的區域。

位於美國黃石國家公園獅子間歇泉（Lion Geyser）與心泉（Heart Spring），看看這多彩且迷人的熱泉沉積礦物。

參照條目 內華達山脈（約西元前一億五千五百萬年）；最古老的活樹（約西元前3000年）；探索大峽谷（西元1869年）；塞拉山巒協會（西元1892年）；嗜極生物（西元1967年）。

西元 1879 年

美國地質調查局

格羅夫・卡爾・吉爾伯特（G. K. Gilbert，西元 1843—1918 年）

因 1803 年的首度路易斯安那購地案，以及接下來在 1848 年的墨西哥—美國戰爭，美國領土有了大幅擴張，美國聯邦政府因此希望擴大調查這些新領土，為植物、動物與地理製作詳細的編目。這項任務便交付到了新成立的聯邦單位——美國地質調查局（United States Geological Survey，USGS）。美國地質調查局於 1879 年由國會成立，目的為「為公共土地分類編目，並調查國家領土上的地質構造、礦物資源與產物」。

格羅夫・卡爾・吉爾伯特便是早期美國地質調查局的地質學家之一，其主要研究為各式地質地形的成因與演化，也就是地形學（geomorphology），他同時也是約翰・衛斯理・鮑爾在 1874 年探索洛磯山脈的主要協助者。吉爾伯特後來更進入一場地質學家之間的激辯，那是位於亞利桑那溫斯洛（Winslow）附近一處地表上 1,200 公尺寬、170 公尺深的圓洞。此圓洞的成因有三個假說：其一是此為傳統火山坑，其二是一種稱為平火山口（maar）的特殊火山坑，因炎熱的岩漿與地下水互相作用而噴發，或是第三種因為小行星或彗星撞擊造成。吉爾伯特在 1895 年提出結論，這是一種因為強烈的火山蒸氣噴發形成的平火山口。

然而，吉爾伯特的想法在將近 65 年之後，被另一位美國地質調查局的傑出地質學家推翻，他便是尤金・舒梅克（Eugene Shoemaker），他在 1960 年提出此圓洞應是現今所稱的隕石坑，由小型含金屬小行星高速撞擊地表而形成。舒梅克也認為吉爾伯特的功勞匪淺，因其曾研究月球上類似的圓形構造，並正確地提出月球上圓形的凹洞為類似的宇宙天體撞擊產生。

除了吉爾伯特的太空研究，還有舒梅克等人的貢獻，目前該領域認為撞擊坑是行星表面轉變的主要應力。今日，美國地質調查局的科學家不僅深深投入在地球表面的地圖繪製與探索，同時也包括太陽系中其他世界的表面。

右圖　美國地質調查局格羅夫・卡爾・吉爾伯特正攀上美國加州柏克萊（Berkeley）附近，約 1906 年。
左圖　吉爾伯特展示撞擊坑形成的實驗（向柔軟的黏土丟擲堅硬的黏土），照片攝於大約 1891 年。

參照條目　亞利桑那撞擊事件（約西元前五萬年）；北美洲地圖（西元1804年）；探索大峽谷（西元1869年）；隕石狩獵（西元1906年）；通古斯加大爆炸（西元1908年）；認識撞擊坑（西元1960年）；杜林災難指數（西元1999年）。

喀拉喀托火山爆發

印尼與周遭鄰近的區域是地球上地質構造最複雜與活躍的地區。印尼附近就有兩個大陸板塊（歐亞大陸與澳洲板塊）與兩個海洋板塊（菲律賓海與太平洋板塊）在此聚合，創造出一片超過 5,000 公里寬的隱沒、斷層、褶皺與抬升區域條帶。歷史中許多最大型的地震與火山爆發紀錄都發生於此區域。其中最龐大的事件之一就是 1885 年 8 月 26 至 27 日的喀拉喀托火山（volcano Krakatoa）爆發。

喀拉喀托火山位於蘇門答臘與爪哇島嶼之間，是高密度的印度洋板塊隱沒至低密度歐亞大陸板塊過程中，產生的火山島弧之一部分。當海洋板塊熔融與隱沒時，密度較低的熔融岩漿會開始升起到上覆的大陸板塊，使得部分大陸板塊熔融，並同時產生密集的地震與火山活動。

喀拉喀托火山較早期與晚期的噴發事件之所以不同，取決於事件中巨量能量釋放所造成的摧毀程度。到了十九世紀晚期，歐洲探險家、殖民者、傳教士與商人在東南亞全境建立了許多殖民地與前哨基地，多數地點都以該區島嶼上許多稀有及異國物種的貿易與商業交流為主。由於當時僅知道當地強烈火山爆發，曾發生史前與早期年代（最接近當時的事件發生於 1860 年），1880 年代的人們並不知道此地具備未來嚴重噴發的可能。當時居住在喀拉喀托火山附近超過三萬六千人，全數因為當下的火山爆發與接下來的火山灰及海嘯喪生。主要的噴發事件所釋放的能量估計約等同於兩億噸的黃色炸藥，是全世界最大型原子彈能量的超過四倍。喀拉喀托島本身超過三分之二在這場爆發中消失。

如同歷史中其他主要火山爆發事件，喀拉喀托火山爆發事件可謂極為劇烈，且對地球天氣與氣候形成長久影響。天空因此轉為晦暗、日落變得更為多彩，而全球平均氣溫在火山爆發之後的五年之內下降了攝氏 1 度以上，因為火山灰與懸浮微粒噴射進入了平流層。自 1883 年的爆發事件之後，喀拉喀托島開始重新成形，同時也持續出現許許多多小型噴發事件。

1883 年喀拉喀托火山爆發事件的平版印刷，印製於 1888 年。

參照條目 香料貿易（約西元前3000年）；龐貝（西元79年）；于埃納普蒂納火山爆發（西元1600年）；坦博拉火山爆發（西元1815年）；島弧（西元1949年）；聖海倫火山爆發（西元1980年）；火山爆發指數（西元1982年）；皮納圖博火山爆發（西元1991年）；蘇門答臘地震與海嘯（西元2004年）；艾雅法拉火山爆發（西元2010年）；黃石超級火山（約十萬年後）。

塞拉山巒協會

約翰‧繆爾（John Muir，西元 1838—1914 年）

十九世紀中期至晚期，全球環境意識與運動有了急遽的增長，此現象一部分的推力源於探險家與博物學家的公開探險行程、寫作與演講，另一部分似乎也由於工業革命讓城市幾乎不斷地無限增長。

早期環境運動的關鍵人物之一，就是蘇格蘭與美國博物學家、哲學家、科學家與作家約翰‧繆爾。繆爾在大學時期研究地質學與植物學，但始終沒有拿到畢業證明，而是傾心投入旅行興趣，他因此獨自踏上無數次探險旅程與巡迴工作，足跡遍及美國與加拿大。繆爾在 1860 年代晚期到了加州，最終在內華達山脈中擁有絕美景色的優勝美地定居，他在此處生活、寫作並研究地質學。繆爾愛好在地景間健行與攀登，並試著解釋、闡述地形；他認為優勝美地的成形中，冰川作用為重要且顯著的因素，雖在當時引起爭議，但繆爾的想法與路易斯‧阿格西等人發現越來越多的冰河時期證據一致。

繆爾發覺，未經管制的發展、伐木與開採會威脅優勝美地與巨杉森林（Giant Sequoia Forest）等原始自然土地的存在，因此，他提倡州政府與聯邦政府應對這些區域施行保護。他的努力也協助說服了美國國會成立了第二個國家公園，也就是紅杉國家公園，並讓優勝美地在 1890 年列於加州政府的保護之下。繆爾發現理念相同的人們在這類倡議努力中，竟能擁有如此強大的潛在力量與影響力，便在1892 年成立了塞拉山巒協會，並身為第一屆協會會長。

在繆爾的帶領之下，此協會最早達成的立法勝利，包括創立了冰川國家公園（Glacier National Parks）與雷尼爾山國家公園（Mount Rainier National Parks），並讓優勝美地公園正式轉移成受聯邦政府保護，更促使美國國家公園管理局成立。

今日，塞拉山巒協會宣稱擁有超過三百萬成員，協會任務為「探索、享受與保護我們的星球」。當發展與商業活動的腳步持續擴張邁進，全球人口數量也不斷成長，來自大眾的環境保護聲音，以及塞拉山巒協會等如同守門員的團體，都會持續扮演相當關鍵的角色。

美國環保主義者及塞拉山巒協會創辦人約翰‧繆爾（右），與美國總統西奧多‧羅斯福（Theodore Roosevelt）的合照，攝於 1903 年加州優勝美地的冰川點。

參照條目　內華達山脈（約西元前一億五千五百萬年）；北美洲地圖（西元1804年）；工業革命（約西元1830年）；發現冰河時期（西元1837年）；環境主義的誕生（西元1845年）；砍伐森林（約西元1855至1870年）；自然天擇（西元1858至1859年）；探索大峽谷（西元1869年）；國家公園（西元1872年）；地球日（西元1970年）。

溫室效應

約瑟夫・傅立葉（Joseph Fourier，西元 1768—1830 年）
斯萬特・阿瑞尼斯（Svante Arrhenius，西元 1859—1927 年）

　　我們的家鄉星球，經常會被認為如同童話故事中「金髮女孩」挑中的那碗不會太熱、也不會太冷的粥，我們不像太靠近太陽的金星擁有煉獄般的烈焰，也不像離太陽太遠的火星如同一座冰雪世界。然而，到了十九世紀末期，科學家才發現地球之所以是適合棲居的海洋世界，是因為大氣層含有兩種相對十分微量卻極端重要的氣體：水蒸氣（H_2O）與二氧化碳（CO_2）。少了它們，地球的海洋將凍結成固體，若是仍有生物生存，也一定會與今日極為不同。

　　1820 年代，法國數學家約瑟夫・傅立葉是第一位發現地球平衡溫度（equilibrium temperature，若是熱能來源只有陽光的地表溫度）應該要低於冰點的科學家。那麼，為什麼我們的海洋會是液體？傅立葉推想，可能是因為地球的大氣層就像是一種絕緣體，如同包裹著熱能的溫室玻璃窗。不過，傅立葉並不確定。

　　直到瑞典物理學家與化學家斯萬特・阿瑞尼斯提出解答，他表示我們大氣層中的氣體確實不斷地使地表加溫，溫度超過攝氏 30 度，因此讓我們的星球地表溫度高於冰點。其中造成此加溫效果的氣體就是水與二氧化碳，這兩種氣體都呈透明，因此能讓陽光直接穿越抵達地表，但是，它們會吸收由地球放射出去的紅外線熱能，因此使得大氣層增溫。雖然地球表面實際確切的增溫機制與蓋上玻璃窗戶

的溫室不一樣，但我們至今依舊稱之為「溫室效應」，一部分原因就是傅立葉早期的想法與實驗。

　　阿瑞尼斯認知到溫室效應是一種地球自然擁有大量水與二氧化碳的簡單（且幸運）結果，他也進一步推測過去二氧化碳含量的降低也許就是冰河時期的原因。同時，他也是第一位科學家提出燃燒石化燃料可能會產生大量的二氧化碳，並造成全球暖化。當然，地球的氣候比阿瑞尼斯的想像更為複雜，但他對於人類可能開始轉變地球環境的概念，依舊如同先知般準確。

地球的大氣層就像是包裹著我們星球的溫室（雖然此說法並不精確），大氣層能讓陽光穿透，讓地表溫暖，但當陽光向外反射時，大氣層會使熱能困住，溫度因此提升。

 參照條目　地球的生命（約西元前三十八億年？）；寒武紀大爆發（約西元前五億五千萬年）；恐龍滅絕撞擊事件（約西元前六千五百萬年）；「冰河時期」的尾聲（約西元前一萬年）；小冰期（約西元1500年）；發現冰河時期（西元1837年）；二氧化碳攀升（西元2013年）。

放射性

威廉・侖琴（**Wilhelm Röntgen**，西元 1845—1923 年）
亨利・貝克勒爾（**Henri Becquerel**，西元 1852—1908 年）
皮耶・居禮（**Pierre Curie**，西元 1859—1906 年
瑪麗・居禮（**Marie Sk odowska Curie**，西元 1867—1934 年）

　　十九世紀晚期的歐洲與美國物理學實驗室，著實不斷忙於各式電流與磁力學領域的相關新發現。當時能創造且儲存大量電能與電流的新技術，在各種實驗方面的應用都帶來許多驚喜，例如德國物理學家威廉・侖琴在 1895 年的高伏特陰極射線管（cathode-ray tubes）研究，發現其中產生了一種神祕的新型態射線，侖琴因此將其稱為 X 射線（X-rays）。

　　法國物理學家亨利・貝克勒爾認為某些能夠發出磷光（phosphoresce，能在黑暗中發光）的自然物質，就與這類 X 射線有關。他在 1896 年設計了一系列的實驗，試圖確定這些物質在陽光照射之下，是否也會釋放 X 射線，因此意外發現其中的鈾鹽（uranium salts）會自行產生放射線。他發現了一種不同於 X 射線的性質，也就是放射性。

　　貝克勒爾開始與他的法國物理學家一起合作，也就是皮耶・居禮與瑪麗・居禮，這兩位物理學家也對這種會自行產生輻射新物質的古怪奇異的行為興趣濃厚。瑪麗・居禮特別針對鈾元素進行研究，而她也因此發現了另外兩個新的放射性元素：鐳（radium）與釙（polonium，以他的家鄉波蘭〔Poland〕命名）。為了紀念貝克勒爾與居禮的重大發現，他們在 1903 年獲頒諾貝爾物理學獎。瑪麗・居禮更是首位獲得諾貝爾獎的女性；她在 1911 年受頒諾貝爾化學獎，至今，她不僅是唯一在兩個領域獲得諾貝爾獎的科學家，也是唯一曾得到兩項諾貝爾獎的女性。

　　在過去一世紀中，放射性被當作自然「時鐘」，因為放射性元素能以可預期的速率釋放能量，並衰變為其他元素。我們能利用放射性準確地測量出地球、月球、隕石的年齡，甚至可以將太陽當作基準，推測我們整座太陽系與甚至更遙遠之外的天體年齡與演化。由於放射性的發現，以及貝克勒爾與居禮等科學先驅的研究，我們如今已經能精確地知道地球年齡為四十五億四千萬年，並且在太陽於大約四十五億六千八百萬年前形成之後不久開始建構。

上圖　放射性的發現者亨利・貝克勒爾，攝於 1918 年。
下圖　皮耶與瑪麗・居禮正於他們在法國巴黎的實驗室研究放射性，時間大約是 1907 年之前。

參照條目　地球誕生（大約西元前四十五億四千萬年）；月球的誕生（約西元前四十五億年）；地質學的基礎（西元1669年）；地球的年齡（西元1862年）。

大氣層的組成

里昂・泰塞朗德波爾（**Léon Teisserenc de Bort**，西元 1855—1913 年）
理查・阿斯曼（**Richard Aßmann**，西元 1845—1918 年）

　　十九世紀中期高空氣球遙測的技術增進，再加上氣象儀器與氣球本身的改良，都讓研究者能夠在高度相當遙遠之處，直接量測到地球大氣層的溫度與壓力。這項新發展成形的學術領域為高空氣象學（aerology，研究大氣層的組成與構造），其中的先驅科學家之一就是法國氣象學家里昂・泰塞朗德波爾與德國氣象學家理查・阿斯曼，他們在當時都各自提出利用高空氫氣氣球測量地球大氣層的組成。例如，泰塞朗德波爾從 1896 年開始就向大氣層釋放了數百件以無人高空氣象氣球承載的測量儀器。當時氣球可控制抵達的高度約為 17,000 公尺。

　　這些早期研究發現大氣層大致可以劃分為至少兩層。泰塞朗德波爾將較靠近地表的最下層稱為對流層（troposphere，希臘文，意為「旋轉」），而溫度隨著高度不斷上升至大約 12,000 公尺，而緩慢下降。然而，到了更上層，溫度則在氣球可到達的最高處都一直保持穩定。泰塞朗德波爾將較上層稱為平流層（stratosphere，希臘文，意為「向外擴散」），並將兩層的交界稱為對流層頂（tropopause）。

　　接下來一一發展出的氣象探測氣球、高空飛行器、次軌道探空火箭（suborbital sounding rockets），以及最後發展出的軌道衛星，都讓我們一步步更了解地球大氣層的構造。地球大氣層其實並非僅僅只有兩層，而是五層。由內而外依序分別是（1）對流層，自地表向上大約 12 公里，占有大氣層整體質量的 80%；（2）平流層，最終發現此層能向上延伸 50 公里，此層溫度在早期高空氣球的極限之外，還因為臭氧層的加熱而增溫；（3）中氣層（mesosphere），能向外再延伸 80 公里，此層溫度一樣會隨著高度增加而降低；（4）熱氣層（thermosphere），向外延伸約 700 公里，太陽風與地球磁場會使得此層稀薄的氣體離子化，並創造極光；最後，（5）外氣層（exosphere），大約能向外延伸約 10,000 公里，此處的原子與分子很容易沿著相同的磁場線，脫離並再度返回大氣層。

美國氣象局（US Weather Service）的一般大氣層探空氣球，以人工釋放升空。照片約攝於 1909 至 1920 年之間。

參照條目　空中遙測（西元1858年）；溫室效應（西元1896年）；臭氧層（西元1913年）；氣象雷達（西元1947年）；氣象衛星（西元1960年）；磁層振盪（西元1984年）。

地球科學界的女性

弗蘿倫絲・巴斯康（**Florence Bascom**，西元 1862—1945 年）

千年以來，現代科學研究追求一直都是男性為主的領域。不論是學術或社會上，女性都一直不被鼓勵從事科學或科技領域的職業，女性被強烈禁止進入任何尖端學術機構，任何頂尖的學術協會也不允許任何女性成員，甚至不得表揚任何女性。雖然歷史中的確有少數例外的紀錄，但在整段科學歷史期間，這裡絕大部分都是男孩俱樂部。

不過，至少在地球科學領域，此情形在十九與二十世紀期間有了緩慢的轉變。例如，英國化石收藏家瑪麗・安寧，便對十九世紀早期的古生物領域創造了重大貢獻，雖然她未曾接受任何該領域的正式教育，而且當時鮮少正式學術單位承認且讚揚。另一項例子，則是地質學兼古生物學家瑪麗・福爾摩斯（Mary Holmes，西元 1850—1906 年）在 1888 年，成為第一位獲得地球科學領域博士學位的美國女性。

另一位十九世紀晚期的頂尖地球科學家就是弗蘿倫絲・巴斯康，她更讓女性在科學領域有了十分重要的進展。巴斯康在 1890 年獲得地質學博士學位，是美國第二位地球科學領域的女性博士，並在 1896 年成為美國地質調查局第一位聘雇的女性。巴斯康主要研究曾經或現今大陸板塊邊界附近的火成岩組成與成因，她也是礦物學、結晶學與岩石學（petrology，研究岩石形成的學門）的專家，就像許多現代地質學家，她的研究也同樣結合了野外與實驗室等觀察。巴斯康針對美國東部海岸地區的阿帕拉契山脈的山麓（piedmont）一帶，提出並檢驗許多關於成因與後續演化的創新假說。在為美國地質調查局工作的過程中，她也一面在1901 年為布林莫爾學院（Bryn Mawr College）成立了地質科學系，直到 1928 年之間，都在此教育與指引學生。

雖然始終遭遇無數性別歧視，研究生涯所做的貢獻亦經常不受承認，然而，安寧、福爾摩斯與巴斯康等許許多多女性，都緩慢地為後世女性推開學術的大門。即使如此，今日這扇大門仍然尚未完全敞開：目前科學領域的博士學位女性已占 50%，但大學科學教職位置中的女性不到 25%。就像美國科學教育家比爾・奈（Bill Nye）在科學節目《The Science Guy》所說的：「世界有一半人口是女人與女孩，所以，讓一半的科學家與工程師也是女人與女孩吧。」

地質學家弗蘿倫絲・巴斯康，手中拿著地質羅盤。史密斯大學（Smith College）留存的照片，拍攝時間不詳。

 參照條目　阿帕拉契山脈（約西元前四億八千萬年）；解讀化石紀錄（西元1811年）；美國地質調查局（西元1879年）；珊瑚地質學（西元1934年）；內部地核（西元1936年）；描繪海底地圖（西元1957年）；海底擴張（西元1973年）；磁層振盪（西元1984年）。

加爾維斯敦颶風

颶風（hurricane），也稱為熱帶氣旋，是一種旋轉快速的低壓風暴系統，經常伴隨著強風、雷暴和大量降雨。這種風暴之所以稱為「熱帶」氣旋，因為它們都是在靠近赤道的溫暖開放水域生成。颶風的能量源於強烈的熱帶日照將海水蒸發，潮溼的水氣會在升空的過程冷卻，並再度凝結成雲或雨水。位於北半球的颶風的風向為逆時針旋轉，南半球則是順時針。一般而言，這類風暴會由東向西移動，並大致出現在赤道南北緯度 30 度之間，但是，當颶風遇上大陸或大型島嶼，有時會有急轉朝向正北或正南前進，或甚至是轉頭朝向東方。另外，亞洲與太平洋西部地區的颶風，稱為颱風。

美國本土曾遇過最致命的颶風（確實是美國史上最致命的自然災難），發生在 1900 年 9 月 8 至 9 日，當時一個熱帶氣旋猛烈直搗加爾維斯敦（Galveston）與德州，接著進入位於墨西哥灣（Gulf of Mexico）且近鄰休斯頓（Houston）南邊的一座城市，這座城市居住了大約四萬人。根據加勒比海的氣象紀錄，當此颶風在五至六天前行經伊斯帕尼奧拉（Hispaniola）與古巴的島嶼，並在進入海灣的溫暖水域之後急遽增強，隨即破壞了沿岸地區的電報線且削弱了各地的聯繫。颶風以每小時 230 公里的最大持續風速進入加爾維斯敦，造成大量的房屋、建築與其他各種公共建設毀損，以及一萬兩千人喪命，進一步重創這座城市在往後數十年之間的社會與經濟機能。雖然此次颶風事件為美國史上最致命，但並非經濟損失最高的颶風事件，這項頭銜由 2005 年蹂躪紐奧良的卡崔娜颶風（Hurricane Katrina）取得。卡崔娜颶風造成將近兩千人喪生，並估計形成約一千六百億美元的損失。

在絕大部分的人類歷史中，颶風／颱風都是僅能擁有些許事前警告的未知現象。在二十世紀之前的紀錄中，印度、中國與東南亞因熱帶氣旋直接或間接喪生的人口超過百萬。然而，世界各地目前依舊無法產生這類風暴的有效預報，即使是現在的衛星氣象預報時代，全球各地因為資訊流通不良、預先警報不足、避難所不足，以及／或風暴後的反應與支持協助不良等因素而喪生的人數依舊太多。

1900 年 9 月 8 至 9 日，加爾維斯敦與德州遭遇災難性的強烈颶風襲擊，照片中的倖存者正在城市的殘骸間尋找仍有價值之物。

參照條目　舊金山大地震（西元1906年）；野火燎原（西元1910年）；三州龍捲風（西元1925年）；塵暴（西元1935年）；氣象衛星（西元1960年）。

尼羅河的整治

每年夏季，尼羅河都會因為衣索比亞山脈的融雪，使得河水漫過河岸，向四周的沙漠溢散。這個相對能夠預測（甚至數千年前已有）的氾濫，每年都會為尼羅河谷帶來新的肥沃沉積物，並讓當地農業發展得以永續。然而，尼羅河每年的洪水同時也阻礙了沿岸的城市與公共建設發展，也因此使得實際利用尼羅河的資源變得較為困難。

試著整治與管理尼羅河洪水的想法，其實至少早在十一世紀就已經出現，當時試著將位於埃及阿斯旺（Aswan）城市附近一處河道較窄之地設立河壩。到了十九世紀尾聲，在英國入侵與占領埃及之後，當時的科技已經進展到真的能夠實行先前的河壩計畫。1898 年，當地開始興建一座石造水壩，並在 1902 年完工。阿斯旺水壩（Aswan Dam）便成為世上最大型的石造水壩，也是史上最大型的現代土木工程計畫。

從上游而下的洪水會在抵達阿斯旺水壩之前，匯聚於一座人造蓄水湖納瑟湖（Lake Nasser，以頒布造湖計畫施行的埃及總統命名），並當作城市與農田灌溉用水。河壩水門會在讓下游河道調節並維持一整年穩定流動時開啟。然而，人造湖蓄積的水資源已跟不上尼羅河下游的人口成長與農耕灌溉需求，另一方面在每年融雪的洪水高峰也不堪負荷，因此，這座人造湖在建成之後的數十年之間底層高度增至兩倍。到了 1940 年代中期，阿斯旺水壩已達到了高度的極限，因此便在上游約六公里之處，開始興建另一座更大型的石造河壩。第一座河壩便改名為下阿斯旺水壩（Aswan Low Dam），而第二座在 1970 年完工的水壩，則名為上阿斯旺水壩（Aswan High Dam）。

尼羅河整治之後除了獲得正面益處之外，其實也造成部分負面影響。例如，約有十萬人被迫因為新湖泊的興建而搬遷、上埃及的沉積物急遽減少、藻類的增加使得水源品質下降，以及尼羅河三角洲的侵蝕狀態比之前更為嚴重。整體而言，尼羅河整治對人類與環境造成的影響，至今依舊持續進行著批判性的評估。

最初的埃及阿斯旺水壩。照片攝於 1912 年尼羅河的西岸。

參照條目　農耕的發明（約西元前一萬年）；土木工程（約西元1500年）；水力（西元1994年）。

舊金山大地震

地球表面地質活動最密集的區域，就是數十個主要構造板塊的交界之處。例如某些地區是大陸板塊互相碰撞，並創造出全星球最高聳的山脈——喜馬拉雅山；某些地區則是海洋板塊隱沒至大陸板塊之下並熔融，創造出一連串地震與高度活躍的火山活動，例如安地斯山脈或美國太平洋西北部；還有一些地區是板塊之間互相平行滑動，有時在彼此緊貼推擠之下，周遭地區就會發生地震，但不會形成火山。

1906 年 4 月 18 日的早晨，就發生了一起類似的板塊劇烈推擠，舊金山及周遭數百公里之內的居民都被一場極為巨大的地震喚醒。在將近 45 秒之間，地面猛烈搖晃，建築物被從地基連根拔起，蓋在舊金山灣區（San Francisco Bay）沉積層上的建築物尤其遭到毀滅性的破壞，因為這些地區歷經了從前未知的土壤液化（liquefaction，沉積物因震動搖晃而如同液體，同時產生劇烈的形變）。數百人因建築物倒塌而當場死亡，大約有將近三千人隨後因為接踵而來爆發的大火而喪生。

地質學家以地震釋放的能量估算它們的規模，並以指數的方式呈現，此算法在 1935 年由美國地震學家查爾斯・芮希特（Charles Richter）提出。通常不會被察覺的小型地震是地殼與地函內的小規模運動所形成，每天大約會有數千起芮氏規模一到四的小地震發生。規模四到六的地震每天全球大約會發生數起，這類規模的地震會產生能被察覺的晃動與中等破壞。規模達六到八的強烈地震較為罕見，平均大約數天到數週會發生一次，這類地震會造成猛烈地搖晃，若發生在人口密集地區會造成建築物嚴重損壞。最為罕見的地震規模為大於八，平均約為一至十年出現一次，將造成大災難般的毀滅與大量性命的喪失。

1906 年的舊金山大地震雖然遠遠稱不上史上最為致命的地震事件，但此次地震對於未來的建築與城市規劃都產生了重大影響，無庸置疑地，也拯救了往後在這座地殼不斷移動的星球上，居住在不斷增加的城市中無數的性命。

1906 年 4 月 18 日，舊金山大地震中半毀的沙加緬度街（Sacramento Street）與遠方燃起的大火。

參照條目 板塊構造運動（約西元前四十至前三十億年？）；喜馬拉雅山脈（約西元前七千萬年）；喀斯開火山（約西元前三千萬至前一千萬年）；安地斯山脈（約西元前一千萬年）；加爾維斯敦颶風（西元1900年）；智利大地震（西元1960年）；蘇門答臘地震與海嘯（西元2004年）。

隕石狩獵

丹尼爾·巴林傑（Daniel Barringer，西元 1860—1929 年）

　　撞擊隕石坑是影響行星地表樣貌的重要角色之一，然而，直到二十世紀中期至晚期我們才漸漸意識到。為何如此晚近才發現？也許部分原因是這類因素形成的新撞擊坑在人類歷史過程實在極為罕見。一般而言，我們其實比較熟悉或能夠接受的地表變遷因素，是更為常見的火山、構造運動或侵蝕過程與事件。

　　儘管如此，撞擊事件形塑了我們星球的地質與生物歷史，而理解這項概念也是現代地質學、古生物學與行星科學的一大進展。這些極為重要的自然「教室」之一，就是位於美國亞利桑那州靠近溫斯洛的一個深邃的圓形坑洞，寬度達 1,200 公里，並向下深探 170 公尺，早期稱為柯恩山（Coon Mountain）。最初，此圓坑的成因在學術圈歷經廣泛的爭論，但美國地質調查局的格羅夫·卡爾·吉爾伯特在 1880 年代，強硬地將圓坑成形的假說定調：這是一個地底岩漿與地下水相互作用而引發蒸氣爆炸，進一步產生的火山構造。

　　不過，並非所有人都徹底相信此答案。其中之一便是美國地質學家與礦場創辦人丹尼爾·巴林傑，他相信此處的圓坑是由金屬小行星高速撞擊所形成。巴林傑相信只要仔細搜尋與挖掘小行星殘骸，就能證實自己的撞擊假說（首度在 1906 年公開提出），他推測小行星的碎塊可能就深深地埋在後來逐漸累積的沉積層之下。他隨後買下了圓坑與周遭的土地，並開始在此地進行調查與鑽探。然而，調查始終未果，直到 1929 年，他們收集到了相當少量的富鐵岩石碎塊。

　　巴林傑的假說是正確的，但是，必須在經過大約數十年之後，未來的地質學家如尤金·舒梅克等人才發現這是帶有極大能量的高速撞擊事件，隕石幾乎全數蒸發（即使其成分為鐵！），大部分被撞擊的目標也蒸散消失。巴林傑挖掘出的含鐵岩石之母礦在五萬年前幾乎全數溢散於空氣中。

巴林傑隕石坑中發現最大型的金屬小行星撞擊殘骸，如今展示於美國亞利桑那州溫斯洛的撞擊坑遊客中心。

參照條目　恐龍滅絕撞擊事件（約西元前六千五百萬年）；亞利桑那撞擊事件（約西元前五萬年）；美國地質調查局（西元 1879 年）；通古斯加大爆炸（西元 1908 年）；認識撞擊坑（西元 1960 年）；隕石與生命（西元 1970 年）；滅絕撞擊假說（西元 1980 年）。

通古斯加大爆炸

列奧尼德・庫利克（**Leonid Kulik**，西元 1883—1942 年）

　　許多居住於偏遠的西伯利亞深處靠近通古斯加河（Tunguska River）的居民，在 1908 年 6 月 30 日的早晨都被一場極為壯觀的事件驚醒。大約在早上 7 點 15 分，天空爆發了幾乎令人目盲的強烈閃光，同時伴隨雷聲般的爆炸。大地開始經歷規模 5.0 的地震。更遠處四周開始吹起炙熱的強風，方圓約 2,100 平方公里（相當於半個美國羅德島〔Rhode Island〕）的範圍內降下火雨，摧毀約八千萬棵樹木。亞洲與歐洲全境都記錄到了這次地震事件，而之後數天，全球的夜空都發出了奇異的光芒。

　　科學家推測該區域勢必發生了隕石撞擊。直到 1927 年，第一支科學研究團隊才來到了這個渺無人煙的偏遠地帶進行調查，然而俄羅斯礦物學家列奧尼德・庫利克卻始終找不到撞擊坑。這次事件顯然是一場空中爆炸事件，而地面的災禍則是因為衝擊波、熱氣與火焰造成，因此找不到如同美國亞利桑那州的巴林傑隕石坑。

　　在超過一世紀的時間內，行星科學家不斷地爭論通古斯加撞擊的背後成因。會不會是一塊冰凍的彗星碎塊在進入大氣層時產生龐大的毀滅？或是一顆小型岩質小行星？一團脆弱的礫岩物質因此在成

功抵達地表之前便消失無蹤？不論成因為何，其中最佳假說是一個直徑約十公里的物質，以每秒約十公里的速度，在距離地表約十公里之處發生能量約一千萬噸黃色炸藥的爆炸（相當於巴林傑隕石坑的能量，並且超過二戰原子彈的能量約五百倍）。

　　2013 年，俄羅斯車里雅賓斯克（Chelyabinsk）西部再度發生了一場類似的火球與空中爆炸事件，幸運的是釋放的能量較小。不可思議地，通古斯加與車里雅賓斯克的兩場爆炸事件都無人喪生（雖

然許多車里雅賓斯克的居民因為玻璃碎裂而受傷）。通古斯加與車里雅賓斯克兩起事件如同醒鐘，讓我們更深入了解撞擊事件，尤其即使是小型的物體，若以極端高速闖入我們的星球，也可能對我們的環境造成毀滅性的衝擊波效應。

下圖　通古斯加森林在空中爆炸一分鐘之後的想像景象，由藝術家與行星科學家威廉・肯尼斯・哈特曼（William K. Hartmann）繪製。此畫在聖海倫火山完成，此火山在 1980 年產生的衝擊波如同通古斯加爆炸事件。
上圖　1927 年庫利克的調查旅程。

參照條目　恐龍滅絕撞擊事件（約西元前六千五百萬年）；亞利桑那撞擊事件（約西元前五萬年）；美國地質調查局（西元1879年）；隕石狩獵（西元1906年）；認識撞擊坑（西元1960年）；隕石與生命（西元1970年）；滅絕撞擊假說（西元1980年）。

抵達北極

羅伯特·皮里（**Robert Peary**，西元 1856—1920 年）

在人類歷史中，探索我們星球未知領域的渴望背後有許多推動因素，包括國家主義或國土擴張、經濟開發與科學發展。然而，許多例子的背後動力都更為個人，有時更升級成為個人或專業的自我滿足，類似的經典範例之一，就是第一支抵達地球北極與南極的探險隊伍。

來自美國的羅伯特·皮里是一名土木工程師，以及擁有調查專業技術的海軍士官。1880 與 1890 年代，皮里以部分自行出資與部分由富人贊助，籌措了數場前往北極的旅程，目的是協助證明格陵蘭是一座島嶼。在 1898 至 1909 年之間，皮里再度組織了數趟新探險旅程，目標是抵達地理北極。1909 年，他組織了一支包含四名因紐特人（Inuit）及個人助理馬修·韓森（Matthew Henson）的隊伍，並宣稱自己成為抵達緯度 90 度北極的第一人。

不過，此宣稱同時也爭議十足，因為至少有一支探險隊在當年更早之前就已宣布抵達北極，而且接下來針對皮里紀錄的學術研究發現，他的航程紀錄可能並不一致與／或不準確。然而，當時由國家地理學會（National Geographic Society）與探險家協會（Explorers Club）等組織的調查研究，卻讓大眾廣泛認為皮里等人是第一支抵達北極的隊伍。皮里晉升為海軍少將（Rear Admiral），並成為探險家協會會長。

由於二十世紀初期的導航儀器本身精確度與可靠性的不足，再加上當時探險者面對的誇大甚至竄改旅程紀錄的誘惑著實龐大，因此至今仍有少數爭論皮里是否真為第一支抵達北極的探險隊。的確也有部分聲音認為，直到 1926 年由挪威北極探險家羅爾德·阿蒙森（Roald Amundsen）帶領的飛行探險隊，才是真正擁有科學證實的第一支抵達北極的隊伍。

上圖　裝備全副北極毛皮的海軍上將羅伯特·皮里，攝於 1909 年。
下圖　1909 年 4 月由羅伯特·皮里等人拍攝，他們相信此處便是地理北極。

參照條目　抵達南極（西元1911年）；航空探索（西元1926年）；攀登聖母峰（西元1953年）；國際地球物理年（西元1957至1958年）。

野火燎原

自從大約四億七千萬年前，第一批植物現身於地球之後，植物的大量增加結合了大氣層的氧氣濃度提升，使得野火成為陸地生態的重要因素之一。閃電雷擊、火山噴發或岩漿溢流，以及甚至在炎熱乾燥等條件下產生的自燃，以上都是歷史間野火發生的潛在自然因素。當然，野火的形成也可能因為人類的不慎、刻意縱火，或是刻意進行的農地清除整理。

一旦野火燃起，便會迅速吞噬廣大森林。其中極端的範例之一就是發生在 1910 年 8 月 20 至 21 日的「大火」（Big Burn），這場狹帶了燎原大火的風暴席捲了美國西部華盛頓、愛達荷與蒙大拿等州。在短短的兩天中，原本各地零星的小型野火因為乾燥的強風吹拂，一一匯聚成一片燃燒範圍達三百萬英畝（面積約等同於美國康乃狄克州〔Connecticut〕）的龐大燎原野火。1910 年的「大火」是美國歷史最巨大的野火事件，此事件造成 87 人喪生，絕大多數為試圖撲滅火勢的消防人員。半數城市都歷經了嚴重的損害，上千人民失去了家園、農場與事業。

「大火」成為 1905 年剛成立的美國國家森林局的重大事件，當時被任命負責控制森林大火的損害。然而，控制火勢的方式不確定與不一致，使得種種嘗試的效果大打折扣。最終，1910 年的「大火」協助建立起對抗野火一致的設備、方式與消防人員訓練，而美國國家森林局針對野火的政策確定為盡快壓制火勢，以保護其他區域的森林。諷刺的是，部分人認為自從「大火」事件之後，國家森林局的壓制火勢政策可能無意間導致某些地區發生火災，因為當地開始增加在林地存放火絨（枯樹枝與樹葉）的數量。

雖然野火可能會造成嚴重的生命與財產損失，但它也是地球許多植物物種的自然週期的一環。例如，常見於美國西部的樑木松（lodgepole pine），其毬果就必須經過類似野火般的高溫加熱之後，才會釋放種子。

1910 年的「大火」事件之後，愛達荷州華萊士（Wallace）的當地居民正在城鎮殘骸中四處搜尋。

參照條目　陸地植物首度現身（約西元前四億七千萬年）；最古老的活樹（約西元前3000年）；砍伐森林（約西元1855至1870年）；舊金山大地震（西元1906年）；寒帶針葉林（西元1992年）；溫帶落葉林（西元2011年）。

抵達南極

羅爾德・阿蒙森（Roald Amundsen，西元 1872—1928 年）
羅伯特・史考特（Robert Scott，西元 1868—1912 年）
歐內斯特・薛克頓（Ernest Shackleton，西元 1874—1922 年）

如同美國探險家羅伯特・皮里等人在 1909 年投入的首先抵達地球北極的競賽，大約在差不多的時間，地球的南極也有數支隊伍同樣地熱切追求最先抵達南極的榮耀。不過，當時這兩地探險隊伍面對的挑戰相當不同，不像北極，南極是一大片覆蓋了冰層的大陸地塊。因此，隊伍必須實際以陸路途徑橫越長達 1,300 公里的嚴寒冰凍條件。

英國極地探險家歐內斯特・薛克頓與另一支由地理與科學探險家組成的隊伍，一同登上帆船「獵人號」（Nimrod），並在離南極大約數百公里之處被迫撤回。兩支隊伍在 1911 年夏季再度一同競爭首先抵達南極的頭銜。其中一支隊伍由英國皇家海軍士官羅伯特・史考特帶領，並接受英國皇家學會的資助啟程，他從特拉諾姆（Terra Nova）於海上啟程航向南極洲，並在車隊的護送之下以陸路前往南極。史考特與四名隊員在 1912 年 1 月 17 日抵達南極，但眼前竟是一座飄揚著挪威國旗的小帳篷，由其對手阿蒙森與其他四人組成的探險隊搭乘帆船「前進號」（Fram）於五週前在此立下。阿蒙森為接受贊助與自行出資的極地探險家，他在皮里抵達北極之後，便將注意力轉向南極。

阿蒙森與裝備齊全的隊員在 1912 年 3 月回到文明世界，並成為贏得南極競賽的英雄。同時，史考特與四位同伴發現阿蒙森獲勝之後（史考特在他的日記寫下：「最糟的事發生了……」），便啟程返回特拉諾姆，但因為途中天候不佳且物資不足而不幸喪生。當史考特隊伍珍貴的冒險故事與命運終於在 1913 年初回到英格蘭，他們也一樣獲得英雄的榮譽。

今日，人們在南極大陸主要從事科學研究，由許多國家共同管理基地，而美國位於南極的一處科學研究基地便命名為阿蒙森—史考特南極站（Amundsen-Scott South Pole Station）。

羅爾德・阿蒙森（右）與三位隊員在南極立下挪威國旗，照片攝於 1911 年 12 月 17 日。

參照條目　抵達北極（西元1909年）；航空探索（西元1926年）；攀登聖母峰（西元1953年）；國際地球物理年（西元1957至1958年）。

馬丘比丘

希拉姆・賓漢（**Hiram Bingham**，西元 1875—1956 年）

　　十五至十六世紀的印加（Inca）文明沿著南美洲西海岸的安地斯山脈，在現今的厄瓜多與智利之間發展。在印加文明的頂峰時期，印加帝國統治著數千萬人民，其為美洲前哥倫布時期最龐大的帝國。印加文明極為擅長以石造技術打造雄偉的紀念建築結構與道路，同時也創造出特色獨具的精緻紡織品，並且發展出能夠適應當地崎嶇山脈地形的創新農耕方式。絕大多數的主要印加城市，以及印加文明的歷史、宗教與社會傳統，都在西班牙征服者於 1520 與 1530 年代抵達之後，遭到掠劫與摧毀。

　　逃過西班牙人侵略的印加根據地之一（因為未被發現）是一處小型的莊園，名為馬丘比丘（Machu Picchu），此莊園的海拔位置比印加首都庫斯科（Cusco，位於現今祕魯）還高，達 2,450 公尺。十九世紀晚期與二十世紀早期，西方人「再度發現」馬丘比丘。如今，此地已成為祕魯最受歡迎的觀光地點之一，協助此地重建並進一步讓印加歷史推近大眾的早期最知名的探險家之一，就是美國學者兼探險家希拉姆・賓漢。賓漢並未經過人類學的正式教育，但他曾在耶魯大學（Yale University）研究並教授拉丁美洲歷史，同時接受國家地理學會的資助，多次探訪祕魯與鄰近國家。1911 年的某次旅程中，賓漢

被當地人帶領到馬丘比丘，此地在數世紀的荒廢之後，當時已深埋在叢林之中。馬丘比丘在賓漢的監看之下開始清理與重建，而賓漢隨後出版的《失落的印加之城》（*The Lost City of the Inca*）迅速成為暢銷書籍。

　　考古學家隨後判斷馬丘比丘應是印加貴族的度假莊園，約有 750 名員工維持此莊園的運作、維修、農耕與動物牧養，另外還加上讓社區持續營運的進口與運輸。學者也不斷地研究馬丘比丘許多石造建築的起源與意義，當初賓漢等人為了研究或博物館展示，許多被從當地移出的人造物（陶器、雕像、珠寶與人類遺骸），都在 2012 年歸還祕魯。

印加城市馬丘比丘遺跡，如今已成為祕魯的考古遺址之一。照片攝於 2012 年。

參照條目 安地斯山脈（約西元前一千萬年）；石器時代（約西元前三百四十萬至前三千三百年）；北美洲地圖（西元1804年）；環境主義的誕生（西元1845年）。

大陸漂移

阿爾弗雷德‧韋格納（Alfred Wegener，西元 1880—1930 年）

　　就算在孩童眼中，地球的大陸地圖其實就已經很像是一種七巧板的謎題。因為只要將南美洲放在南非洲的旁邊，兩者似乎就可以鑲嵌吻合！同樣地，北美洲與格陵蘭也能與非洲西北部與歐洲契合。即使這樣的排列組合看起來是如此直覺地吻合，但是，對於地質學家而言，實際情況卻是沒有發現任何大陸地塊曾經在海洋地殼上「漂移」成今日位置的確切證據。然而，在德國地質學家阿爾弗雷德‧韋格納等學者的心中，卻始終擺脫不去大陸地塊曾經一度合併成一個巨大陸塊的想法。而韋格納因此仔細對比了大西洋兩側陸塊的岩石種類，並特別檢視植物與動物的化石類型，結果發現了驚人的相似性。他同時也發現某些位於印度熱帶地區的物種化石，竟然曾經在遠方更接近溫帶區域繁茂生長，韋格納因此推測南極洲、澳洲、印度與馬達加斯加亦曾經在非洲的東側相連。

1912 年，韋格納發表了一篇相當具開創性的論文，他假設目前所有陸塊都曾經是一個單一陸塊（Urkontinent，德文）的一部分，爾後漸漸彼此漂移開來。

　　韋格納的大陸漂移假說在當時受到極具聲譽的地質協會強烈反對，許多人也將韋格納視為異議分子。地質學家們主要的考量是，找不到大陸能在固體海洋地殼上移動的機制（韋格納並未解決此問題），再者，經過後來的計算發現，韋格納當時預估的大陸漂移速率是實際大陸相對移動速率一百倍以上。然而，仍有許多人無法放棄大陸漂移的想法，因此相關研究仍持續進行。

　　以某種層面而言，韋格納的假說其實是正確的。大約在二十世紀中期至晚期發現了島弧與海底擴張機制，同時也終於了解地球的地殼能劃分為幾十塊大型構造板塊，而這些構造板塊其實就是「漂浮」在上部地函之上，並隨著時間彼此相對移動。韋格納的單一巨大陸塊也的確曾經存在，也就是現今地質學家所稱的盤古大陸。有時候，謎底可能真的就如同眼前所示的一樣直接明顯，但仍須異議分子的視角才能看透。

上圖　以早期電腦製作，將許多目前的大陸地塊「拼起來」，重建出盤古大陸。
下圖　德國氣象學家及地質學家阿爾弗雷德‧韋格納，攝於 1930 年。

參照條目　板塊構造運動（約西元前四十至前三十億年？）；盤古大陸（約西元前三億年）；大西洋（約西元前一億四千萬年）；島弧（西元1949年）；描繪海底地圖（西元1957年）；海底擴張（西元1973年）。

臭氧層

亨利・比松（Henri Buisson，西元 1873—1944 年）
高登・多布森（Gordon M. B. Dobson，西元 1889—1975 年）
夏爾・法布里（Charles Fabry，西元 1867—1945 年）

　　氧氣開始在地球大氣層逐漸累積的成因可分為兩項，首先是當能行呼吸作用的微生物藍綠菌首度在太古宙現身，接著到了更近期，能產生氧氣的陸地植物出現了迅速繁衍的現象，在氧氣再度增加的情況之下，大量的次級產物分子（secondary molecules）也開始形成，其中最重要的次級產物之一，就是臭氧（ozone，O_3）。

　　臭氧在大氣層的高空之處產生，當太陽輻射出的高能量紫外線被氧氣吸收之後，氧氣（O_2）會分解成單一的氧原子（O），其中的氧原子就有機會與氧氣再度結合成為臭氧。雖然臭氧最高濃度也不過大約百萬分之十（10 ppm），但如此微量的氣體卻是地球生物得以生存的關鍵。因為，一旦太陽紫外線能一路暢行無阻地到達地面，碳氫鍵以及其他組成生物的重要有機分子分子鍵將會迅速斷裂。僅僅是一小部分的太陽紫外線就能對地表生物造成危害（例如嚴重的晒傷），或甚至會直接破壞有機分子（尤其是在高海拔地區）。若是少了臭氧，我們都將不復存在。

　　臭氧在 1913 年首度被發現，當時法國物理學家夏爾・法布里與亨利・比松發現太陽光譜中，竟有一部分的紫外線輻射「消失」了，而他們推論此現象的成因就是臭氧。有了此發現之後，英國物理學家高登・多布森進一步設計了一臺光譜儀，能夠在地表測量並追蹤大氣層臭氧的含量，並在 1958 年之後建立了遍布全球的臭氧監測網絡；為了紀念多布森的貢獻，氣象學家將大氣層臭氧含量的單位命名為「多布森單位」（Dobson units）。自 1960 年代之後，臭氧也成為太空站持續監測的目標之一。

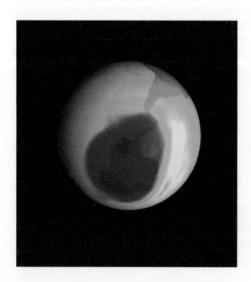

　　在 1970 年代，地球南北兩極區開始出現臭氧層急遽減少的現象，也就是「臭氧層破洞」（ozone holes），其背後原因就是氟氯碳化物（chlorofluorocarbons，CFCs）的影響，這種主要當作冷媒使用的人工合成物會裂解臭氧。在全球環境保護管理與企業責任兩相努力的成功之下，氟氯碳化物已經逐步由其他不會裂解臭氧的化合物取代，而臭氧層也開始逐漸復原。

本圖根據 2000 年 9 月由美國太空總署繞極衛星（Earth Probe）的測繪臭氧總量分光計（Total Ozone Mapping Spectrometer，TOMS）數據所製作，此為南極洲上空觀測到最大範圍的「臭氧層破洞」。

參照
條目　太古宙（約西元前四十至前二十五億年）；光合作用（約西元前三十四億年）；大氧化事件（約西元前二十五億年）；陸地植物首度現身（約西元前四億七千萬年）；大氣層的組成（西元1896年）。

巴拿馬運河

　　十五與十六世紀的歐洲探險家與企業家，之所以久久難以找到一條西行前往香料島嶼的路徑，原因之一就是橫亙在路途中的北美洲、中美洲與南北洲，以及必須因此繞行路途遙遙的遠路。到了十七與十八世紀，由於美洲東西兩側海岸線的地圖大致繪製完成，人們發現這道巨大的阻礙在今日的巴拿馬與尼加拉瓜的中美洲陸地的面積其實相當狹窄。因此，開始有了建造運河的想法。

　　跨越尼加拉瓜的確切運河計畫大約可以回溯至二十世紀初期，但是因為運河水道的一部分必須經尼加拉瓜湖（Lake Nicaragua），因可能破壞當地淡水資源等環境考量而打消。眾人的目標開始轉向巴拿馬的狹窄地峽，此地建造運河的想法早在 1500 年代便有相關討論。而在十九世紀晚期，美國就曾在此地峽協助建造一條鐵路，讓往返東岸與加州淘金潮的貨物與人流的運輸能加快腳步。在 1881 到 1844 年間，法國曾經試著打通一條穿越巴拿馬的船行運河，但由於超過兩萬人在當地因瘧疾與其他熱帶疾病而喪命，此計畫也迅速告終。

　　美國則是利用了經常被歷史學家稱為的經典「炮艦外交」（gunboat diplomacy），其支持當地反抗軍成立新的巴拿馬國家（曾是哥倫比亞的一部分），以交換在此國家建造一條運河，並擁有無限期的管理權。1906 年，美國在這片夾在大西洋與太平洋之間的崎嶇陸地上，設計了一系列的水閘與人造湖（某些部分以之前法國的開鑿工程為基礎），而建造運河的計畫再度開啟。1914 年，這條長達 80 公里的運河建造完成，至今仍是美國最龐大的工程計畫，花費了約今日的 90 億美元天價。雖然過程中已做了許多改善公共衛生與勞工健康的措施，然而仍有超過五千人在建造運河的過程中喪命，其中許多都是移民勞工。

　　巴拿馬運河節省了上千公里的旅程，以及數週的旅行時間。今日，這兒每年都有超過 14,000 艘船隻行經，是全世界最忙碌的航線之一。

聖塔克拉拉號（USS Santa Clara）正穿越巴拿馬運河的觀花水閘（Miraflores locks），照片攝於 1914 年。

參照條目 香料貿易（約西元前3000年）；土木工程（約西元1500年）；環遊世界（西元1519年）；尼羅河的整治（西元 1902年）。

探索卡特邁火山

羅伯特・費斯克・格里格斯（Robert F. Griggs，西元 1881－1962 年）

　　頻繁的火山爆發即是包圍著太平洋的著名「太平洋火環帶」的鮮明招牌，其中包括了從阿拉斯加向西延伸出去、綿長且蜿蜒的阿留申群島。太平洋板塊在此處隱沒至北美洲板塊之下，並在一連串活躍的火山島嶼南方，形成一道深邃的海溝，那就是深達 7,620 公尺的阿留申海溝（Aleutian trench）。此區域兩座最知名且近期依舊活躍的火山，是比鄰的卡特邁火山（Katmai）與諾瓦拉普塔火山（Novarupta），這兩座山峰位於島弧遙遠的東端。

　　1912 年 6 月 6 日，阿拉斯加南部與東南部的居民目擊來自卡特邁周遭的巨大火山爆發。在大約 60 小時之內，此次爆發就向平流層噴入了大量火山灰，數量相當於 1980 年聖海倫火山爆發的 30 倍，也比 1991 年皮納圖博火山爆發多出五成。雖然這場爆發的威力不敵先前的坦博拉與喀拉喀托火山爆發，但卡特邁這次噴發依舊是二十世紀規模最龐大的火山爆發事件。鄰近的科迪亞克島（Kodiak Island）覆蓋了達 30 公分厚的火山灰，而最遠到西雅圖都有火山灰降落的紀錄。

　　出於渴望了解當地植物與動物因此次火山爆發受到什麼影響，美國植物學家羅伯特・費斯克・格里格斯在 1915 年進行了一系列的探險，並由美國國家地理學會出資贊助，計畫記錄卡特邁地區生態遭到的破壞與重生。在格里格斯於 1916 年的第二趟探索旅程中，此團隊發現（並命名）了萬煙谷（Valley of Ten Thousand Smokes），這是卡特邁區域內一處填滿 1912 年爆發事件產生的火山灰山谷，當時仍有數量驚人的噴氣孔（裂隙）釋放著火山灰的蒸氣。格里格斯在 1916 年的旅程也發現了鄰近卡特邁火山的一座新火山，並命名為諾瓦拉普塔火山；地質學家在 1950 年代發現，1912 年的巨大火山爆發事件其實源於諾瓦拉普塔火山，而非卡特邁火山。

　　格里格斯廣泛閱讀國家地理學會文章的習慣與一連串的探索旅程，讓他產生必須保存卡特邁火山與諾瓦拉普塔火山周遭環境的熱情，此地也成功在 1918 年成為卡特邁國家保護區（Katmai National Monument），最後更在 1980 年成為卡特邁國家公園（Katmai National Park）。

植物學家與探險家羅伯特・費斯克・格里格斯，以及同行的佛森（L. G. Folsom）與富爾頓（B. B. Fulton）正於卡特邁村（Katmai Village）搭建營區。照片攝於 1915 年。

參照條目 板塊構造運動（約西元前四十至前三十億年？）；坦博拉火山爆發（西元 1815 年）；國家公園（西元 1872 年）；喀拉喀托火山爆發（西元 1883 年）；島弧（西元 1949 年）；聖海倫火山爆發（西元 1980 年）；火山爆發指數（西元 1982 年）；皮納圖博火山爆發（西元 1991 年）；黃石超級火山（約十萬年後）。

俄羅斯大饑荒

　　人類歷史中，充斥了許許多多漫長且悲傷的饑荒時期，並且因食物匱乏帶走的性命高達上億人口。導致最嚴重且致命的饑荒之原因相當多元，但通常都獨立或綜合了乾旱、洪水、作物染病、人口快速成長、不良的經濟政策與／或戰爭等因素。除了飢餓，在饑荒時期喪生的人口中，眾多死因都是源於伴隨而來的營養不良，以及四處散布的傳染疾病。

　　人類在現代時期曾經歷過最嚴重的饑荒，就是 1921 至 1922 年的俄羅斯大饑荒，當時約估有五百萬人不幸死亡，同時造成超過千萬人的生活出現嚴重衝擊。雖然俄羅斯大饑荒最初的起因是 1921 年春天窩瓦河（Volga River）洪水爆發造成的作物摧毀，但當地又在接下來的夏季遇上強烈的乾旱，而如此的災難竟建立在第一次世界大戰與俄羅斯內戰（1919—1921 年）加起來近乎七年的背景之下。種種衝突使得俄羅斯歷經了巨大的經濟與政治變革，同時也在俄羅斯的中央政府，以及應該為新的共產國家種植與運送食物的農人村莊之間，醞釀了動盪不安、暴力與對抗的情況。再者，又更因為莫斯科的列寧（Lenin）政府最初拒絕外國協助，而使得饑荒的影響程度與歷程加劇。

　　雖然十九與二十世紀還曾發生其他情況更為嚴峻的饑荒（最致命的饑荒發生在中國與印度，造成上千萬人喪生），但是，俄羅斯大饑荒發生的時間點與狀態，對於國際間開始成立網絡廣大的政府救助組織至關重要，這類組織包括美國救濟管理局（American Relief Administration，1919 年成立，當時的局長為未來的美國總統胡佛〔Herbert Hoover〕），以及全球性的組織聯合國世界糧食計畫署（United Nations World Food Programme），另外也有協助將任務範圍擴大與發展更多個人捐贈的救援組織，例如美國紅十字會（American Red Cross）。全球救援組織的任務依舊極為重要，因為即使到了現今的二十一世紀，因為政治動盪與氣候／天氣災難形成的饑荒，仍然造成了數百萬人的喪生。

1921 年之前，來自英格蘭與美國的貴格會（Quaker）救援成員，正在窩瓦河盆地靠近薩瑪拉（Samara）的 Novosemejkino 村，向飢餓的孩童發送衣物與食物。

參照條目 農耕的發明（約西元前一萬年）；人口成長（西元1798年）。

三州龍捲風

　　龍捲風（Tornadoes，亦稱為 cyclones、whirlwinds 或 twisters），是一種快速旋轉的柱狀風暴，能從空中的雲延伸至地表。龍捲風不論是尺寸與轉速的變化範圍都相當大，但平均而言，直徑約有 80 公尺，風速在每小時 180 公里以下，而行經地表的長度為數公里。然而，單一規模最龐大且能量最強的龍捲風直徑可達三公里，並且能在地表移動長達 100 公里，其風速甚至可達每小時 480 公里。在一個強烈龍捲風的底部，會出現一團快速旋轉的煙塵、砂石與天然及人造殘骸，這些都將造成相當嚴重的傷害與人命的喪失。

　　美國歷史上最嚴重的龍捲風就是其中最為驚人的風暴之一。1925 年 3 月 18 日，一個相對小型的漏斗雲狀龍捲風在密蘇里東南部的穆爾鎮（Moore Township）被人目擊。這個龍捲風很快地變得更大，並開始以每小時 96 至 113 公里的速度朝東北方前進，在其移動超過 320 公里的路徑中，沿途摧毀了眾多城鎮與城市，最終延伸至伊利諾州（Illinois）的南部與印第安納州（Indiana）的西南部。汽車被拋在高空、鐵軌被扭扯離開地表，而部分建築物被從地基連根拔起。在這個龍捲風成形到消散僅僅三個半小時間，造成了幾乎 700 人死亡、超過 2,000 人受傷、15,000 間房屋摧毀，而十幾個社區受到嚴重損傷（其中四個社區不復存在），造成約今日 20 億美元的損失。

　　後來的氣象學家將 1925 年的「三州龍捲風」列為等級 F5（破壞力最強，風速相當於每小時 480 公里）。它行經的陸地面積比任何歷史紀錄的龍捲風更多，除了 1989 年的孟加拉龍捲風（造成 1,300 人喪生）之外，它也是最致命的龍捲風。至今，科學家依舊持續討論 1925 年的此次龍捲風究竟是單一風暴，還是一系列的家族龍捲風；不論如何，大規模的嚴重破壞與寶貴性命的喪失，都讓我們試著努力發展更完善的龍捲風監測，而大約數十年過後，終於有了氣象雷達與衛星氣象預報等進展。

位於伊利諾州西部的法蘭克福鎮（West Frankfort）廢墟，此鎮就在 1925 年 3 月 18 日三州龍捲風的行經路徑上。

參照條目 加爾維斯敦颶風（西元1900年）；舊金山大地震（西元1906年）；野火燎原（西元1910年）；俄羅斯大饑荒（西元1921年）；塵暴（西元1935年）；氣象雷達（西元1947年）；氣象衛星（西元1960年）；巴爾加斯土崩（西元1999年）。

西元 **1926** 年

液態燃料火箭

康斯坦丁・齊奧爾科夫斯基（**Konstantin Tsiolkovsky**，西元 1857—1935 年）
羅伯特・高達德（**Robert Goddard**，西元 1882—1945 年）
華納・馮・布朗（**Wernher von Braun**，西元 1912—1977 年）

　　以火藥推進的火箭已經約有超過一千年的歷史。中華是第一個在戰爭與娛樂（煙火）中運用火箭的文明。但是，在 1903 年俄羅斯數學家康斯坦丁・齊奧爾科夫斯基的第一篇學者研究文章中，他對於火箭的想像超越了武器——火箭可以是一種太空旅行的可能。他拓展了許多火箭研究領域的理論，他也是第一位提出使用液態燃料而非火藥的科學家，以此讓燃燒效率與推力重量比最大化。齊奧爾科夫斯基在俄羅斯與蘇聯被普遍尊稱為現代火箭研究之父。

　　不過，美國火箭科學家兼克拉克大學（Clark University）物理教授羅伯特・高達德，則是第一位真正實踐齊奧爾科夫斯基的理論之人，他實際展示了液態燃料的可行性，並證實其可以達到讓可觀重量順利升上高空。高達德發展出火箭利用汽油與液態一氧化二氮（nitrous oxide）的關鍵設計，並為此申請專利，同時也提出多階段火箭的概念，他認為此概念最終能讓火箭達到「極端的高度」。雖然他自己製作的火箭升空高度以今日的標準而言不高，但是高達德的概念完備，接續的科學家也因此才能根據他的設計延伸出更長、更高且最終進入地球軌道（甚至超越軌道）的飛行；後續的科學家包括戰後太空競賽團隊，以德國與美國頂尖火箭科學家華納・馮・布朗為首。

　　就像是許多發明家，高達德具遠見、富想像力，經常自行研究與看見他人忽略的可能性。他也是早期便提倡以火箭研究大氣科學實驗的學者，同時也像是齊奧爾科夫斯基所希望的，讓火箭有一天帶著我們進入太空。也許諷刺的是，最終促使火箭科學領域發展的第二次世界大戰，同時也使得高達德太空旅行的夢想在其死後才得以實現。

羅伯特・高達德與他的第一架液態燃料火箭，在 1926 年 3 月 16 日於麻州（Massachusetts）的奧本（Auburn）升空。不像是今日常見的一般火箭，此模型的燃燒室與噴嘴位於頂端，而燃料箱則在底部。這架火箭飛行時間為 2.5 秒，升空高度為 12.5 公尺。

參照
條目　重力（西元1687年）；史波尼克衛星（西元1957年）；人類抵達太空（西元1961年）；逃脫地球的重力（西元1968年）；定居火星？（約西元2050年）。

航空探索

理查・艾芙琳・拜爾德（**Richard E. Byrd**，西元 1888－1957 年）
羅爾德・阿蒙森（**Roald Amundsen**，西元 1872－1928 年）

在二十世紀剛開始的幾十年間，美國與歐洲的強大且操控性強的飛機飛行領域等開拓先驅，持續發展出更穩定且航程距離更長的飛機。這些飛機將在 1920 年代創下許多重要的航空「第一次」；例如查爾斯・林白（Charles Lindbergh）在 1927 年創下了史上第一次單人飛行跨越大西洋。並在當時延伸拓展出許多探索遠征飛機。許多人都創下驚人成就，例如美國海軍士官與探險家理查・拜爾德，他在 1926 年 5 月 9 日宣布自己是史上第一名飛越北極之人（與另一名海軍的飛行駕駛員佛洛伊德・貝內特〔Floyd Bennett〕）。

拜爾德與貝內特在位於挪威的斯瓦巴島（Svalbard，位於北緯 78.5 度）機場起飛，經過大約 1,050 公里的飛行之後抵達北極，並在返回斯瓦巴島之前繞行極區以進行六分儀（sextant）的測量。短短幾天過後，挪威探險家羅爾德・阿蒙森（早先在 1911 年達成史上首度抵達南極之人）與隊員也以可操控的探測飛船，從斯瓦巴島飛越北極抵達阿拉斯加。回到美國，拜爾德受到英雄般的歡迎，除了晉升為海軍中校，同時獲頒榮譽勛章（Medal of Honor）。然而，部分歷史學家持續爭論究竟誰才是第一位飛越北極的人，拜爾德或阿蒙森？不論如何，航空探索時代自此揭開序幕。

1927 年，拜爾德在與林白爭奪首度單人飛越大西洋的競賽中不幸落敗。爾後，他在 1928 至 1956 年間，帶領數艘美國海軍船艦與飛機進行南極洲的探索與地圖繪製之競賽。這些遠征包括了 1929 年首度飛越南極航行，以及在南極洲進行的地理、氣象與地質等密集調查（當時更記錄了南極大陸上從未被發現的十座山脈）。為了 1957 至 1958 年的國際地球物理年（International Geophysical Year，IGY），拜爾德派任一支美國海軍作戰小組，在南極洲的麥克默多灣（McMurdo Sound）、鯨灣（the Bay of Whales）與南極建造永久基地，自此，南極洲開始有了永久的科學研究基地。

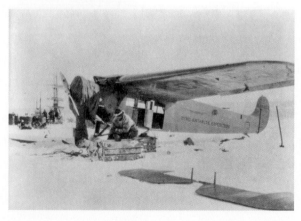

上圖　理查・拜爾德身著飛行外套。照片攝於 1920 年代。
下圖　德國福克公司（Fokker）的「超級環球客機」（Super Universal），拜爾德的南極洲遠征探索曾使用過此飛機。照片攝於 1929 年。

參照條目　南極洲（約西元前三千五百萬年）；抵達北極（西元1909年）；抵達南極（西元1911年）；探索卡特邁火山（西元1915年）；國際地球物理年（西元1957至1958年）。

安赫爾瀑布

吉米・安赫爾（Jimmie Angel，西元 1899—1956 年）

當軍用與商業飛機在 1920 與 1930 年代變得更為廣泛，越來越多的科學與資源研究調查旅程開始依靠飛機完成運輸物資、拍攝照片與遙測等等需求。例如，採礦公司開始利用航空測量判斷可能的新礦藏，必須實際進入野外的地質學家與土地調查員也開始廣泛使用航空照片。飛行調查旅程中，可謂最棒的現代「發現」之一，就是位於委內瑞拉叢林深處一座全世界最高聳的瀑布。

美國人詹姆斯（「吉米」）・安赫爾十分年輕時就學會了飛行，在第一次世界大戰之後，曾擔任過飛行教練、測試駕駛與特技飛行員。最後，他精湛的飛行技巧將他引領到了南方邊境，他為政府、科學單位與天然資源開採公司工作，在墨西哥、中美洲與南美洲等地進行空中探測。在 1930 年代，安赫爾在科學、考古與地質等領域扮演了相當關鍵的角色，因為他來回在委內瑞拉東南部的大薩瓦納（Gran Sabana）區域探索，包括許多零散坐落於該區域的高聳平頂方山（mesa／tepui）。1933 年 11 月 18 日，安赫爾在一次為了尋找礦床的飛行旅程中，飛越了從奧揚方山（Auyán-tepui）奔流而下的巨大瀑布。雖然當地原住民培蒙人（Pemón）數千年來已相當熟識此座瀑布，但是安赫爾自此成為首度發現並記錄這座全球最高瀑布的現代西方人，為了紀念他的發現，這座瀑布因此命名為安赫爾瀑布（Salto del Ángel）。

接下來，關於安赫爾瀑布以及吉米・安赫爾繼續在奧揚方山與委內瑞拉遙遠莽原與叢林中的種種冒險旅程，都在世界各地受到廣泛新聞與照片的報導與流傳，也讓此區域逐漸受到更多科學與觀光的關注。最終，為保護安赫爾瀑布、奧揚方山與周遭熱帶雨林與莽原絕美的自然地景與生態多樣性，委內瑞拉政府在 1962 年成立了加奈馬國家公園（Canaima National Park）。加奈馬是全球第六大國家公園，造訪加奈馬國家公園與一睹安赫爾瀑布的風貌，也成為拜訪委內瑞拉遊客們的重要行程之一。

海拔高達 979 公尺的巨大安赫爾瀑布，位於委內瑞拉的波利瓦州（Bolívar）。

參照條目　第一座礦場（約西元前四萬年）；環境主義的誕生（西元1845年）；空中遙測（西元1858年）；航空探索（西元1926年）；莽原（西元2013年）。

珊瑚的地質學

桃樂絲・希爾（Dorothy Hill，西元 1907－1997 年）

　　珊瑚，一種小型的海洋無脊椎生物，生活在水底且經常會建造出淺水珊瑚礁，而珊瑚的地質紀錄則是在大約五億五千萬年前的寒武紀大爆發時期，有些突然地現身（許多物種都是如此）。床板珊瑚（Tabulate）與四射珊瑚（rugose）等物種在古生代（大約五億五千萬至兩億五千萬年前）蓬勃繁盛，但在二疊紀與三疊紀之際的「大滅絕」期間盡數消滅（如同其他 96% 物種的命運）。曾經在珊瑚中僅占少部分物種的石珊瑚（stony corals）則成功過了大規模滅絕，至今依舊居住於地球各地的淺海環境。

　　珊瑚對於環境條件極為敏感，例如水溫、鹽度、酸度與日照程度，因此，現生珊瑚與珊瑚化石的研究，正是讓我們探索過去氣候條件（例如步向大滅絕的環境條件）與現今氣候多樣性的重要視角。全球頂尖的珊瑚研究科學權威之一，就是澳洲古生物學家桃樂絲・希爾，她早期在劍橋大學（Cambridge University）進行研究工作，包括一篇發表於1934 年的重要研究論文，此論文讓我們進一步了解珊瑚蟲（polyps）如何附著於岩石或前代祖先珊瑚蟲之上，並延續發展成精緻的珊瑚礁與其他構造。希爾特別擅長想像與推測在珊瑚中已經結晶成堅硬的組織之中，其柔軟組織（非化石化的組織）扮演什麼角色與有何功能。隨後，她到了澳洲，並有機會實際從大量的古老珊瑚化石，以及實際生活在大堡礁（Great Barrier Reef）等地的現生珊瑚中進行研究。

　　希爾不僅組織野外調查、分析與闡釋各式化石標本，另一方面也確保研究經費並同時經營不斷成長的研究團隊（集結了眾多擁有重要技術的現代古生物研究者）。同樣重要的，希爾同時也不斷地攀上學術的更高峰：1946 年，她是第一位被聘請為大學教授的女性（澳洲某大學）；1970 年，她成為澳大利亞科學院（Australian Academy of Science）第一位女性會長。希爾曾經指導了數十位學生、博士後研究員與研究團隊成員，她對這門古生物學重要分支領域所帶來的重大影響，可謂一則活生生的傳奇。

上圖　本圖為桃樂絲・希爾記錄並研究的眾多珊瑚構造類型中的部分構造描繪。
下圖　桃樂絲・希爾（圖中央）正在指導一群學習野外地質學的學生。

參照條目　寒武紀大爆發（約西元前五億五千萬年）；大滅絕（約西元前兩億五千兩百萬年）；解讀化石紀錄（西元1811年）；美國地質調查局（西元1879年）；地球科學界的女性（西元1896年）；內部地核（西元1936年）；描繪海底地圖（西元1957年）；海底擴張（西元1973年）；大堡礁（西元1981年）；磁層振盪（西元1984年）。

塵暴

　　水是地球絕大部分土壤中的關鍵成分，一方面是因為水能夠幫助土壤中的顆粒連結，並賦予土壤顆粒之間的凝聚力，另一方面則因為水能支持植物生長，而植物又能提升土壤的穩定性，尤其是山坡地的土壤。少了水分（例如處於乾旱時期的土壤），土壤的凝聚力將下降，而植物乾枯之後，山坡也將變得較不穩定且更容易被風和雨水侵蝕。1930 年代中期的美國中西部，便歷經了這一連串毀滅性的後果，而這段時期就是所謂的「塵暴」（Dust Bowl）。

　　尤其是在 1934 至 1936 年與 1939 至 1940 年之間，位於德州、奧克拉荷馬州（Oklahoma）、堪薩斯州（Kansas）與新墨西哥州的北美大草原（Great Plains）所歷經的嚴峻乾旱，將原本肥沃的土地與農地轉變為飛揚塵土。巨量滔天湧現的沙塵暴乘風而起，跨越數百公里，進而遮蔽陽光，並破壞眾多房屋與機械設備，也使得無數人出現了呼吸道的問題。發生於 1935 年 4 月 14 日的「黑色星期天」（Black Sunday）沙塵暴事件中，風暴從加拿大綿延至美國德州，全球新聞廣泛報導，此區域與類似事件也同時有了新的名稱——「塵暴」。原本已因大蕭條（Great Depression）的經濟影響而飽受貧困重擊的數萬戶家庭，被迫拋棄自家農場，移民至其他州。此區域某些地方約有 75% 的可耕種表土都被風暴一掃而空。

　　然而，乾旱僅是 1930 年代「塵暴」的部分成因。另一個重要因素便是犁田等農耕技術的廣泛使用，造成牢牢抓住北美大草原廣大土壤的植物根部網絡被大範圍地移除。使用新式機械化農耕設備的確能大大增加作物產量，但在未仔細了解植物在穩固土壤的生態中扮演的重要角色之下，眾多農人並未意識到自己正加速土壤在乾旱期間迅速瓦解。

　　由於「塵暴」造成的嚴重人命與經濟的破壞，美國政府開始積極著手北美大草原等地的土地管理與土壤保護。今日，北美大草原的農人具備了更多知識，並密切與學術及政府單位合作發展種植與收成等實際措施，讓土地能在勢必會偶爾再度出現的乾旱事件中，變得更為強健穩固。

1935 年 4 月 18 日，巨大猛烈的沙塵暴正朝著德州的城鎮史特拉福（Stratford）前進。

參照條目　土壤學（西元1870年）；加爾維斯敦颶風（西元1900年）；舊金山大地震（西元1906年）；野火燎原（西元1910年）；俄羅斯大饑荒（西元1921年）；三州龍捲風（西元1925年）；氣象雷達（西元1947年）；氣象衛星（西元1960年）；草原與常綠灌木林（西元2004年）。

內部地核

英奇·萊曼（Inge Lehmann，西元 1888—1993 年）

　　自二十世紀開始，透過穿越整個星球的地震波，人們開始了解地球的內部構造。大約從此時開始，地震學家（研究地震與地球內部構造的地質學家）在地球各處設置地震監測系統，架構出一個不僅可以偵測到區域強烈地震的網絡，還能接收到來自全球遠距離地震傳來的微弱震波。利用測量地震波花費多少時間穿越地球，以及使用分布在大範圍空間眾多地震測站觀測到的相同地震進行三角測量定位，地震學家因此了解地球如同洋蔥一樣劃分成不同圈層，分別是地核、地函與地殼。

　　最初的地球內部模型相對簡單，而在越來越敏銳的地震監測網絡架設之後，許多地震學家開始困惑這些訊號呈現的模樣與內部模型有所衝突。1936 年，丹麥地震學家英奇·萊曼終於有了關鍵發現，她在分析地震數據時逐漸認為地核其實應該分為兩層：其一是液態（熔融）的外部地核，大約占據 60% 的地核體積，然後是包在其中並一直到地心的固態內部地核。從前，一部分是因為地球的磁場，所以一般認為地核是一個單一熔融的物質。萊曼的計算與分析在經過學者們大量的仔細檢視之後，不到短短數年之間，便廣泛受到地質學界的接受。在萊曼的研究生涯中，一直是一位受到科學與地質學協會眾多景仰的學者，主要是因為她的地震學研究，也因為她成功克服了仍舊以男性為主的領域所帶來的艱鉅挑戰。

　　今日的全球地震測站網絡持續擴展空間分布並強化敏感度，即使是穿越地球的小型地震波都能成功偵測，並不斷加強我們對於地球內部構造的研究與了解。目前，我們已知內部與外部地核的成分絕大多數都是鐵（以及部分微量重金屬），而地函也能分為內外兩個圈層。如今，地殼的深度、內與外部地函，以及內與外部地核，都有了相當精確的了解。

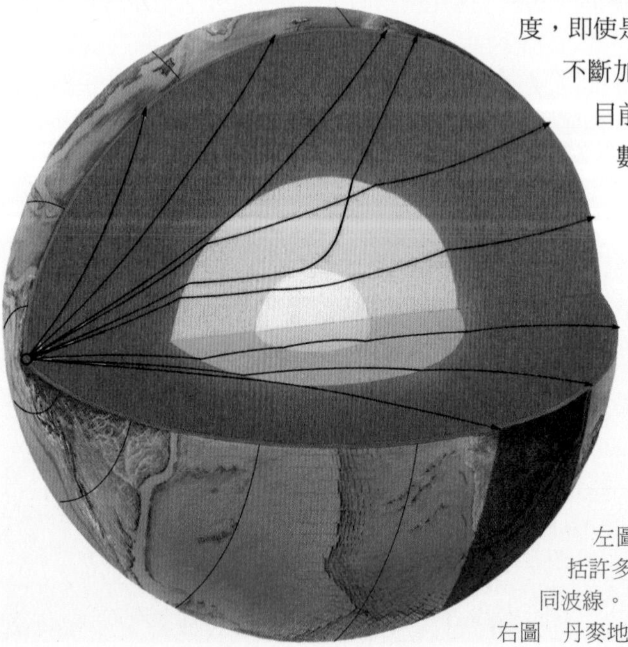

左圖　地震波穿越地球內部的剖面示意圖，其中包括許多在地函、外部地核與內部地核交界產生折射的不同波線。
右圖　丹麥地質學家英奇·萊曼。照片攝於 1932 年。

參照條目　地球地核的形成（大約西元前四十五億四千萬年）；地球地函與岩漿海洋（約西元前四十五億年）；地球科學界的女性（西元1896年）；舊金山大地震（西元1906年）；地球科學衛星（西元1972年）；地球地核固化（約二十至三十億年後）。

西元 **1937** 年

掩埋場

在工業革命時期伴隨農耕組織化發展的定居地與人口不斷成長，城鎮與城市不可避免地開始煩惱該拿許許多多的垃圾怎麼辦。當時，考古學家已經發現了許多類型的掩埋場（middens，家用垃圾的掩埋地），時間一路從史前時代延伸到前工業革命的時代。這些堆放垃圾廢料的地點，經常包含了食物與植物殘骸、動物骨頭、糞便、陶器或石器碎片，以及其他人造物品，這些都是能夠透露當初生活在此地區人們生活細節的重要資訊。有的掩埋場是遊牧社群快速挖鑿出的簡單坑洞；有的則是包含了位於城鎮或村莊郊區，世代累積出的巨量貝殼丘塚、動物糞肥堆或垃圾堆。

然而，在城鎮與村莊之內或鄰近地區不斷累積的垃圾或人類廢棄物，當它們逐漸蔓延接近城市時，終究會造成嚴重的健康問題。開放式的垃圾堆、糞坑與污水溝會在許多城市形成擴散的致命疾病，再者，焚燒垃圾的方式也會釀成可觀的人體健康問題，尤其對於居住於附近的人們而言。顯然，我們必須有政府層級且組織化的因應處理，以對付全球日益鮮明的垃圾問題。

解決辦法之一，就是以古代掩埋場的概念為基礎，由城市或其他市府當局成立專用的當地掩埋場；也就是一個負責掩埋經過有效率且衛生處理過的垃圾之地點。第一批類似政府成立的正式掩埋場之一，就是 1937 年在美國加州佛雷斯諾（Fresno）打造的創新設施。不像之前的市立掩埋場，僅僅只是一些地表挖出的坑洞，並在坑洞被垃圾填滿之後以表土覆蓋，佛雷斯諾的垃圾會在佛雷斯諾衛生垃圾掩埋場（Fresno Sanitary Landfill）倒入一系列溝渠，而且每天都會以機械壓密再蓋上一層土壤。這樣的處理方式有效降低了傳統掩埋場會遇到的問題，例如齧齒類動物與鳥類、鬆散的垃圾碎屑與惡臭，同時似乎能大大加速許多有機與可分解垃圾的分解。佛雷斯諾掩埋場在 1987 年因為已到達承載量而關閉，但它成為後續許多現代掩埋場的重要原型，如今，它已是美國國家歷史地標（US National Historic Landmark），同時也列為國家史蹟名錄（National Register of Historic Places）。

垃圾正倒入美國紐約史坦頓島（Staten Island）的清泉掩埋場（Fresh Kills landfill）。此掩埋場於 1948 年開啟，2001 年關閉。清泉掩埋場曾是世上最大型的垃圾掩埋場。照片攝於 1995 年。

參照條目　農耕的發明（約西元前一萬年）；土木工程（約西元1500年）；人口成長（西元1798年）；工業革命（約西元1830年）；環境主義的誕生（西元1845年）；砍伐森林（約西元1855至1870年）；人類世（約西元1870年）；土壤學（西元1870年）。

探索海洋

雅克—伊夫・庫斯托（Jacques-Yves Cousteau，西元 1910—1997 年）
愛米爾・加尼安（Émile Gagnan，西元 1900—1979 年）

　　雖然無數的探險家在歷史過程中發現了陸地上史詩般的路徑、攀登上一座座高山、在廣大的冰川與冰層上探索，或是駕船航行於海面上，但是直到二十世紀之前，我們對於大海之中的了解少之又少。直到新的技術出現並開始精進之後，個人或小團體得以在水下停留更長的時間，人類甚至有機會一路抵達海底，而我們對於海洋的認識開始有了巨大的轉變。

　　早在十五世紀，我們就已經開始使用各種形式的水下呼吸管與潛水鐘，幫助我們在水下停留更長的時間，這些設備的技術用於協助船隻與海港的修繕，或是試著從沉船殘骸中打撈珍貴的物品。最早的軍用潛水艇大約在十九世紀初期發展，而第一套使用加壓氧氣的「閉路」自攜式水中呼吸裝置（Self-Contained Underwater Breathing Apparatus，SCUBA）則在 1876 年開發出產。然而，1943 年出現了重大的發展突破，當時的法國海軍少校雅克—伊夫・庫斯托與工程同事愛米爾・加尼安發明了（甚至也申請了專利）一種容易使用的自攜式水中呼吸裝置，稱為水肺（Aqua-Lung）。庫斯托使用水肺進行水底攝影與掃雷等工作，很快地，此裝備便在世界各地廣受歡迎且成為相當成功的商品。庫斯托離開海軍之後，他便開始使用水肺探索海洋。

　　1950 年起，庫斯托與他的克里普索號（Calypso）的船員開始進行潛水與水底拍攝的旅程，他們將這艘船當作野外研究與探索的行動實驗室。庫斯托漸漸成為全球知名人物與海洋保育的發聲者，世界各地上百萬人都曾準時收看一位戴著紅色貝雷帽的法國人主持的海洋探險紀錄式電視節目：《雅克・庫斯托的海底世界》（*The Undersea World of Jacques Cousteau*，1966 至 1976 年）與《庫斯托的奧德賽》（*The Cousteau Odyssey*）。庫斯托本人與他的電視節目都收到無數的獎項，也讓無數人希望地球海洋得以受到保護，海洋中的資源與生物棲居地也能永久留存。1973 年，庫斯托協會（Cousteau Society）成立，協會今日在世界各地的成員超過五萬名，他們致力了解並尊重我們海洋世界中脆弱的生命。

法國海洋學家與探險家雅克・庫斯托，正使用他的水下推進器鸚鵡螺（Cousteau）。照片社於 1955 年。

參照條目　環境主義的誕生（西元1845年）；描繪海底地圖（西元1957年）；馬里亞納海溝（西元1960年）；嗜極生物（西元1967年）；地球日（西元1970年）；深海熱泉（西元1977年）；大堡礁（西元1981年）；水下考古（西元1985年）。

西元 **1943** 年

天空島嶼 |

　　探險家與演化論生物學家都發現了地理隔離現象，例如距離大陸地塊相當遙遠的島嶼，經常會讓植物與動物物種產生相當大的差異。早期的研究之一就是查爾斯・達爾文分析加拉巴哥島上雀鳥鳥喙的多元種類，達爾文演化論主要的動力：自然天擇概念的誕生部分也源自於此。不過，其實地理隔離不一定只能發生在海洋中央的島嶼。

　　地質學家長時間研究了將近 60 處相對孤立的山峰與小型山脈，這些地點位於美國亞利桑那州與新墨西哥州的南部邊界，以及墨西哥契瓦瓦州（Chihuahua）與索諾拉州（Sonora）的北部邊界，它們如同坐落在一片沙漠地景中的一處處小圓點。這些山峰都屬於馬德雷山脈（Sierra Madre range）的一部分，海拔高度介於 1,523 到 3,050 公尺之間。亞歷山大・馮・洪堡德等人在 1840 年代首度發現，這些高山山峰上的植物與動物品種隨著高度產生十分劇烈的變化。以生物學與生物多樣性而言，孤立的山峰在許多層面都與隔離在海中的島嶼一致。自大約 1943 年，旅遊指南開始將馬德雷山峰稱為天空島嶼（sky islands），而這個名稱也就此確立。

　　馬德雷天空島嶼的環境與周遭低地極為不同。從炎熱乾燥的索諾拉沙漠開始向上，生態會首先轉變為草地，接著是聚集橡樹與松樹的林地，然後是松樹森林，最後再度轉為雪杉、冷杉（firs）與白楊的森林。而平均氣溫也會在高海拔地區下降攝氏十幾度。自上次冰期結束之後，低地區域逐漸成為沙漠，而某些物種就開始向上遷徙，而其中許多就是生物地理學家（biogeographers）口中所稱的孑遺物種（relict species）。

　　雖然北美洲沙漠的馬德雷天空島嶼是最知名且最密集研究的類型，但是世界各地還有數百處同樣孤立且生物分歧的大陸天空島嶼，分布在眾多的氣候帶與生物群落中。這類天空島嶼就如同研究獨特物種（而且常常瀕臨絕種）在氣候與演化趨向的天然活教室。

在靠近土桑（Tucson）亞利桑那州南部的「天空島嶼」中，海拔最高的山脈格拉漢山（Mount Graham）。照片攝於 2009 年。

參照條目 洛磯山脈（約西元前八千萬年）；撒哈拉沙漠（約西元前七百萬年）；加拉巴哥群島（約西元前五百萬年）；地質學的基礎（西元1669年）；環境主義的誕生（西元1845年）；自然天擇（西元1858至1859年）；探索大峽谷（西元1869年）；盆嶺地形（西元1982年）。

地球同步衛星

赫曼・奧伯特（Hermann Oberth，西元 1894—1989 年）
赫曼・波托西尼克（Herman Poto nik，西元 1892—1929 年）
亞瑟・查理斯・克拉克（Arcthur C. Clarke，西元 1917—2008 年）

　　牛頓的重力與運動定律，以及克卜勒的行星運動定律不僅適用於行星繞著恆星，或月球等衛星繞著行星的軌道，同樣也適用於人造衛星的情形。1920 年代羅伯特・高達德發展出首架能夠升至高空的液態燃料火箭之後，火箭科技與宇航學（astronautics，在太空中導航航行的研究）開始快速發展。

　　高達德的時代已經有火箭飛向軌道（或甚至超越軌道）的力學與動力研究。其中兩位當代的科學家就是匈牙利與德國物理學家赫曼・奧伯特，以及奧匈帝國（Austro-Hungarian）火箭工程學家赫曼・波托西尼克，他延續由俄羅斯數學家康斯坦丁・齊奧爾科夫斯基首度提出的概念，並發展出相關細節，其中的概念之一就是地球靜止軌道（geostationary orbit）或地球同步軌道（geosynchronous orbit）。

　　一顆位於同步軌道的衛星，每次完成一個完整的軌道旋轉會花費相同的時間，也就是衛星會在軌道上沿著行星（也就是地球）的軸完成一次旋轉。這種位於地球靜止軌道的同步衛星，在地球表面觀測者的眼中會如同停在高空中，一動也不動。只要有了地球的質量與自轉速度，就可以利用牛頓第二運動定律計算出地球同步軌道的海拔高度，結果大約就是離地表 36,000 公里。

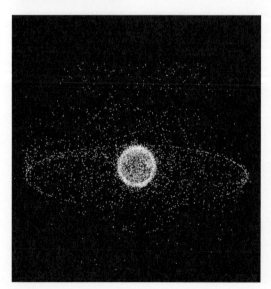

　　英國科幻作家與未來學家亞瑟・查理斯・克拉克就是首度想出這類衛星軌道最實際應用的人物之一，也就是用於全球電信，他在 1945 年於雜誌刊載了一篇文章，名為「外太空的轉播——火箭太空站能否促成廣播的全球覆蓋？」。克拉克讓此概念逐漸普及，也因此促成全球各地開始注意並支持此概念。1964 年起，地球同步衛星的應用已經遠遠超越了傳送廣播。今日，這些衛星能中繼轉播電視、網際網路與全球定位系統（global positioning system，GPS）的訊號，並幫助我們監測地球的天氣與氣候。

上圖　太空梭發現號（Discovery）在 1985 年部署的 AUSSAT-1 通訊衛星。
下圖　美國太空總署軌道碎片計畫辦公室（Orbital Debris Program Office）目前追蹤到的衛星分布照片。圖中可以清楚看見地球外有一環排列明顯的地球靜止衛星。

參照條目　行星運動定律（西元1619年）；重力（西元1687年）；液態燃料火箭（西元1926年）；氣象衛星（西元1960年）；地球科學衛星（西元1972年）。

人造雨

文森‧薛佛（Vincent Schaefer，西元 1906─1993 年）
伯納‧馮內果（Bernard Vonnegut，西元 1914─1997 年）

　　關於控制天氣的想法可以追溯至古代，但是，絕大多數都將此任務交付於能投擲雷電或扭轉風向的天神或半神，而不是渺小的凡人。以人類之力實際影響天氣的概念相對較新，其中最知名的應是促使雲朵製造雨水的種種方式，這些理論概念大約在 1890 至 1930 年代首度出現，到了 1940 年代，科學家第一次以實驗證實了這些理論。

　　1946 年，在通用電器公司實驗室（General Electric Laboratories）工作的美國化學家與氣象學家文森‧薛佛，正嘗試解決飛機機翼在穿越冷雲、雪或凍雨時會裹上一層冰霜的問題。他與同事一起在實驗室建造了一臺「雲室」（cloud chamber），試著了解水在控制條件之下冷凝與蒸發的物理機制。薛佛意外注意到絕對純水在溫度達冰點以下許多時，仍能以水汽形式存在，此狀態即是過冷（supercooled），此時，任何微量的乾燥冰微粒可以瞬間讓過冷水凝結成雨滴。同年，薛佛進行野外實驗，安排一架飛機在飛越美國麻州西部的波克夏爾山（Berkshire Mountains）時，向山頂的雲中傾倒乾燥的冰塊，結果第一次成功製作出「人造雪」。

　　薛佛的通用電器公司同事與化學家好友伯納‧馮內果（為知名小說家寇特‧馮內果〔Kurt Vonnegut Jr.〕的哥哥），很快地就發現過冷雲可以用其他任何種類的微粒（他使用的是碘化銀微粒），「種下」降雪或降雨的種子，這些顆粒就像是水滴開始形成的「成核點」（nucleation sites）。接著，進一步發現甚至是簡單的食鹽也可以在過冷雲讓雨滴開始成形成長。在自然界，扮演相同功能的經常是顆粒細緻的灰塵或冰。

　　薛佛與馮內果的方法很快就得到商業與政府／軍方的注意，自此，利用「種雲」啟動下雪或降雨變成世界各地許多國家實際控制天氣的一種可行方式。例如，阿拉伯聯合大公國（United Arab Emirates）的政府就會在杜拜（Dubai）與阿布達比（Abu Dhabi）沙漠利用種雲製造人工暴雨。

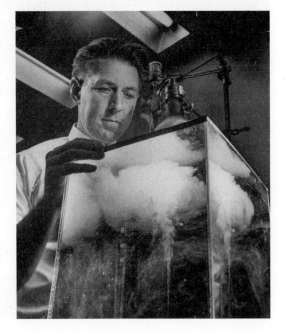

人造雨先驅文森‧薛佛正在他的實驗室工作，實驗室位於美國紐約斯克內克塔迪（Schenectady）通用電氣公司研究中心。照片攝於 1946 年。

參照條目　氣象雷達（西元1947年）；氣象衛星（西元1960年）。

氣象雷達

　　1900 年摧毀了加爾維斯敦的颶風，或是 1925 年造成城市重創的三州龍捲風，災難性的天然風暴之所以會造成如此嚴重的損害，部分原因在於我們對於類似的氣象事件缺少更好且適當的警告或實際運作的追蹤或監測。在十九世紀晚期與二十世紀早期關於空中遙測有了進展之下，開始有可能以高空氣球、飛船或飛機監測某些類型的風暴。然而，類似的設備相當稀少且昂貴，而且在某些下雨或降雪的地區這類設備無法得到可靠的資訊，因為觀測者只能看到一團「迷霧」。因此，氣象學家需要一種能看穿雲霧且真正追蹤風暴的方法。

　　這種方法在雷達（radar，即無線電偵測與定距〔RAdio Detection And Ranging〕的首字母縮寫）進步之後出現了成真的曙光。雷達系統可以經由天線在一定的距離之內傳送無線電波，接著利用同一架天線接收反射回來的無線電波，並計算此波的能量多寡。此技術在 1930 年代開發，並在第二次世界大戰期間為了偵查與追蹤敵軍戰機與戰艦，而得到可觀的進展。另外也發現了雷達科技在軍事與民用領域的重要應用，例如氣象預報。在可見光的範圍中，厚實雲層為不透明，但是對於無線電波而言，以極小懸浮微粒所組成的雲層則是透明的。然而，雲層中大型的雨滴、凍雨與雪等顆粒無線電波便無法穿透。因此，當雷達系統對雲層發出脈衝時，多數的訊號會直接穿過，而少數打到雨、雪或凍雨的訊號則會反射並被雷達的天線接收。藉此，雷達便能「看到」人類眼睛看不到的地方。

　　當這些技術被發現之後，首批商用氣象雷達站便在 1947 年啟用，由美國氣象局管理。而第一座氣象雷達站在華盛頓特區成立，很快地，美國全境開始建立了數十座雷達站，協助監測極端氣象事件，並在發生時提供警告。此系統隨著時間更加精進且分布更為廣泛，今日，我們已有一個由各地先進氣象雷達站做成的全球網絡，讓我們擁有預報、飛行、航海與氣象相關學術研究等重要資訊。

卡崔娜颶風在氣象雷達圖中的雨帶，此畫面為 2005 年 8 月 25 日此颶風正接近佛羅里達（Florida）東南海岸。

參照條目 空中遙測（西元1858年）；加爾維斯敦颶風（西元1900年）；三州龍捲風（西元1925年）；地球同步衛星（西元1945年）；人造雨（西元1946年）；氣象衛星（西元1960年）；地球科學衛星（西元1972年）。

西元 **1948** 年

追尋人類起源

瑪麗・李奇（**Mary Leakey**，西元 1913—1996 年）
路易斯・李奇（**Louis Leakey**，西元 1903—1972 年）

現代人類學（研究人類起源與過去人類行為的學門）的重大成就之一，就是找出我們智人物種的起源可能是大約二十萬年前的非洲，並由當地開始向外散布至幾乎整座星球。這樣的結論，建立在地質學、古生物學與基因鑑定等領域好幾世紀的努力研究工作，連結遍布全球各地許許多多社會與部落之間的關係，追尋出他們的起源、生活方式與遷徙的足跡。

現代研究人類起源的早期先驅，包含了一對研究古人類學的夫妻，瑪麗與路易斯・李奇。路易斯出生於肯亞，後來到英國劍橋大學研究考古學；瑪麗則是在英國出生，爾後在倫敦大學學院（University College London）研究考古學，之後成為繪製人類學文章與書籍之插圖的插畫家。兩人在 1936 年結婚，隨後的旅行足跡廣布非洲東部，努力試著尋找並挖掘任何有關石器與新石器時代相關化石的線索，藉此進一步了解居住在現今肯亞與坦尚尼亞的早期人類。

1948 年，瑪麗・李奇有了職業生涯頂峰的發現，她在靠近肯亞維多利亞湖發現了一具非洲原康修爾猿（*Proconsul africanus*）的化石化遺骸（包含頭骨），其生活於中新世，時間大約是兩千三百萬至一千四百萬年前。非洲原康修爾猿是一種四足靈長類，十分類似於猴子、黑猩猩與倭黑猩猩，而瑪麗與路易斯（以及其他許多考古學會）都認為此化石會是早期靈長類與最終人類之間的連結。1940 到 1950 年代，這對夫妻持續在塞倫蓋提平原（Serengeti plains）等地挖掘出重要的原始人類化石與工具。

數十年來後續的研究不輟，包括經過李奇夫婦指導的黛安・弗西（Dian Fossey）與珍・古德（Jane Goodall）等許多研究者，揭開了原始人類家族演化樹的豐富細節，精細資訊之豐富更是多李奇夫婦與眾多二十世紀中期之人所無法想像的。雖然非洲原康修爾猿的發現確實極為重要，但如今已知牠僅是許多最終延伸至現代智人的連結之一。

瑪麗・李奇（圖左）正告訴路易斯・李奇她發現的早期原始人類物種化石。此地位於坦尚尼亞的奧都韋峽谷（Olduvai Gorge）。照片攝於 1960 年代。

參照
條目　靈長類（約西元前六千萬年）；石器時代（約西元前三百四十萬至前三千三百年）；維多利亞湖（約西元前四十萬年）；智人現身（約西元前二十萬年）；白令陸橋（約西元前9000年）；解讀化石紀錄（西元1811年）；地球科學界的女性（西元1896年）；迷霧森林十八年（西元1983年）；黑猩猩（西元1988年）。

島弧

和達清夫（**Kiyoo Wadati**，西元 1902—1995 年）
雨果・班尼奧夫（**Hugo Benioff**，西元 1899—1968 年）

　　早在現代的板塊構造運動概念發展出來之前，二十世紀早期至中期的地質學家與地球物理學家就已經利用地震儀測站的網絡，發現絕大多數地震發生的地點分布其實有著特殊的模式。例如，1920 年代晚期的日本地球物理學家和達清夫極具說服力地呈現了，某些地震會發生在地底深處，其中許多就是來自像是馬里亞納海溝等綿長的深海海底谷地傾斜帶上。1949 年，美國地震學家雨果・班尼奧夫延伸了和達清夫的研究，提出這些地震發生的傾斜帶剛好就沿著太平洋火環帶的弧形板塊邊緣，而且板塊向下傾斜的角度最大為 45 度。

　　弧形板塊邊緣向下插入岩石圈的情形，在地表上的模樣就是彎曲的弧線，這樣的軌跡也正好就是阿留申群島、日本與加勒比海等全球各地火山群島的分布。這些弧形的火山序列如今稱為島弧（island arcs），島弧就是一種這裡有海洋地殼隱沒（向下潛入）鄰近地殼的特徵，這些隱沒的板塊會在高溫與高壓之下熔融周圍岩石，岩漿會進一步在隱沒板塊前方的上覆板塊噴發成為火山。這類沿著隱沒板塊發生地震的條帶，如今稱為和達—班尼奧夫帶（Wadati-Benioff zones）。

　　到了 1950 年代，不論是海洋與大陸板塊交界上的火山島弧、位於這些板塊交界的深海海溝，或是沿著隱沒海洋板塊傾斜面分布的深部地震，在在都顯示阿爾弗雷德・韋格納曾經被嘲笑的大陸漂移假說可能為真。這些邊界很明顯都有相當可觀的地殼互相移動，不過，依舊有許多問題沒有解決，尤其是板塊漂移的動力究竟源自何處？然而，當我們終於把海底地圖完成且發現了中洋脊，接著從海床的磁性條帶發現，新的海洋地殼就是從這些海底擴張的山脊創造出來，所有組成現代板塊構造學說的謎底拼圖才總算湊齊。

高密度板塊（圖右）隱沒或下潛到低密度板塊（圖左）下方的剖面示意圖，因此產生沿著碰撞帶的地震與火山條帶。在球面的行星上，這些火山會在地表呈現一道彎曲的弧線。

西元 1953 年

攀登聖母峰

艾德蒙‧希拉瑞（**Edmund Hillary**，西元 1919—2008 年）
丹增‧諾蓋（**Tenzing Norgay**，西元 1914—1986 年）

1923 年，當記者訪問英國登山家喬治‧馬洛里（George Mallory）為何要嘗試攀登世界頂峰聖母峰時，他的回答變成全球登山家與探險家的口號：「因為它就在那兒。」馬洛里從未成功征服聖母峰，之後 1930 年代或 1940 年代也都沒有任何登山者攀上頂峰。聖母峰是一座萬分難以征服的山，挑戰者必須克服冰河裂隙、垂直山壁，以及在超過海拔 8,800 公尺之後，那令人頭暈目眩的缺氧環境。

自 1920 年代一路到 1950 年代初期，英國與瑞士登山家們一再登頂失敗。然而，英國在 1953 年組織了一支新的登山團隊，他們以登山者成對上山的方式嘗試循序逐漸開拓，一次次離頂峰更近一些。第二支出發的成員為紐西蘭的艾德蒙‧希拉瑞與尼泊爾雪巴（Sherpa）嚮導丹增‧諾蓋，而他們在 1953 年 5 月 29 日抵達聖母峰頂峰。

這是一項不朽的成就，而希拉瑞與諾蓋都表示這是團隊努力的成果。在他們之前，人類已經完成了大幅的開拓，不僅是同一支登山團隊的先行者（還有試著從南部向上穿越尼泊爾的無數登山家），他們也受到早先登山者沒有的強大科技協助，其中包括精密的氧氣供應系統。再者，諾蓋在 1952 年曾與瑞士團隊嘗試征服聖母峰但不幸失敗，這對於次年的攀登探險也是相當寶貴的經驗。

希拉瑞與諾蓋瞬間就成為紅遍全球的知名人士。他們的團隊採取的是謹慎漸進式的策略，在進行最後登頂之前，海拔 5,900 至 7,925 公尺之間就是由五組小隊輪番完成。希拉瑞獲得英國女王親授為爵士，而諾蓋在同時接受英國與印度政府的高度榮譽獎勵。不過，絕大多數源自國際科學與探險協會的榮耀都正確地頒授給了整支團隊。

到了 2017 年底，登上聖母峰之人已經超過 4,800 名，而將近有 300 位登山者（包括嚮導）不幸於途中喪生。在登山者歷經艱困的頂峰區域環境時，以及嚮導試著讓所有登山者活著到達世界頂端的同時，壓力正是必須調控管理的重點。

艾德蒙‧希拉瑞爵士（圖左）與丹增‧諾蓋（圖右）正在聖母峰山坡嘗試向上攀登。照片攝於 1953 年。

參照條目 環境主義的誕生（西元1845年）；抵達北極（西元1909年）；抵達南極（西元1911年）；馬丘比丘（西元1911年）；航空探索（西元1926年）；探索海洋（西元1943年）。

核能

　　自十九世紀的工業革命開始，全球對於大量能源的需求急遽增加。最初，由河川與溪流推動的渦輪發電機（turbine generators，即水力發電），或是以燃燒木材或煤加熱水所推動的蒸汽渦輪（turbine generators，即蒸汽機），都能提供足夠的能量。當需求增加後，以燃燒石化燃料（汽油、石油與天然氣）推動渦輪的內燃機便加入了發電的行列。由於石油、天然氣與煤本身與形成它們的原料都必須經過長時間的地質作用，因此都屬於非再生能源。為了長期永續能源的需求，許多政府與企業都正在尋找增加替代能源使用的方式，例如太陽能、風力，以及最近期發展出來的核能。

　　1930 年代早期的物理學家終於能夠確定原子的基本構造，此時，他們也發現我們其實有可能在核分裂的反應中，「培育」出富放射性的元素，例如鈽（plutonium）。這項技術便在二戰期間創造出第一顆核子武器，二戰過後，其中的某些科技被解密，成為商用與個人營運的新替代能源之基礎。核能利用反應槽中放射性元素衰變產生的熱能，讓周圍水沸騰後推動蒸汽渦輪。首度能夠發電（約100千瓦）的研究及核能反應槽在美國於 1951 年啟動，而全球第一座大規模供電（約 500 萬瓦）於城市用電電網的核能發電廠，在 1954 年於蘇聯的城市奧布寧斯克（Obninsk）啟動。今日，核能發電廠所產生的電力約占全球電力的 10%。

　　雖然利用放射性熱能讓水煮沸聽起來似乎相對簡單，但其中包含了大量的創新工程概念，不論是核能的測試或發展，另外也包含了如何控制核能物質不會過熱而導致反應槽「融化」。儘管經過持續的努力，歷史中依舊發生了少數幾次驚人的反應槽熔融事件，其中包括了 1979 年美國的三哩島核電廠（Three Mile Island plant），以及 1986 年的俄羅斯車諾比核電廠（Chernobyl plant）。這類震驚全球的意外對於人類與環境產生的影響，以及核廢料該如何安置於環境等長期問題，都是核能進一步擴張須面臨的挑戰。

靠近美國賓州（Pennsylvania）哈里斯堡（Harrisburg）附近的三哩島核能發電廠，照片攝於 1979 年。圖中的大型建築物為冷卻塔，較小型且頂部為圓形的圓柱建築物為反應槽。

參照
條目　工業革命（約西元1830年）；放射性（西元1896年）；尼羅河的整治（西元1902年）；風力（西元1978年）；太陽能（西元1982年）；車諾比事件（西元1986年）；水力（西元1994年）；石化燃料枯竭？（約西元2100年）。

描繪海底地圖

瑪麗 · 薩普（**Marie Tharp**，西元 1920—2006 年）
布魯斯 · 希森（**Bruce Heezen**，西元 1924—1977 年）

在絕大部分的人類歷史中，占據地球表面約 70% 面積的海底面貌一直都是全然神祕。然而，在二十世紀各種海洋探索的研究進展之下，我們終於揭露了深海海床面貌的細節，而其地形與地質的多變也使眾人為之驚豔。

最初的海底地圖繪製於第一次世界大戰期間展開，當時利用早期聲納（sonar，聲波導航測距〔SOund Navigation And Ranging〕的首字母縮寫）技術，目的為辨識礦脈、沉船遺骸與潛水艇。聲納為船隻向海床傳送聲波，接著計算聲波反射回傳的時間，藉此描繪出海底地形。這類技術在第二次世界大戰期間有了改良版本，隨後便進入了民用的海洋研究調查領域。

早期最具天賦與創造眾多成果的研究學者之一，就是美國海洋學家瑪麗·薩普，她在大約 1940 年代晚期開始於哥倫比亞大學與布魯斯·希森一起進行研究工作。希森與一支研究團隊共同完成了許多收集海洋測深（bathymetry）數據的旅程，當時使用的就是聲納設備。薩普則負責對他們帶回來的數據進行處理與分析（當時女性並不允許登上這類研究船隻）。到了 1952 年，薩普已經將許多數據描繪成圖，並足以辨識出大西洋中洋脊，同時她提出此成果已可能成為證實大陸漂移假說的證據。最初，希森等人對此有所懷疑，但在 1957 年薩普與希森出版了一幅北大西洋海床全面的輪廓與自然地理（physiography，物理特徵、例如山脈、山谷、峽谷等等），同時證實了許多她的想法。

薩普的海底地圖極具革命性，同時也是全球板塊構造整體概念終於得以結合的關鍵。例如，大西洋中洋脊如今已成為全球最大規模的連續山脊。許多聲納相關技術自此都有了重大進展，同時也投入描繪全球完整海底地圖的測深旅程，讓我們得以進行地球活躍海床的詳細地質研究，包括海底山脈、海溝、火山、山崩與地震等等。

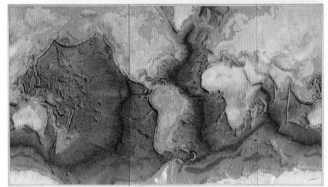

上圖　瑪麗·薩普。照片攝於 2001 年。
下圖　現代大西洋南部海床的地形圖。

參照條目　板塊構造運動（約西元前四十至前三十億年？）；解讀化石紀錄（西元1811年）；地球科學界的女性（西元1896年）；大陸漂移（西元1912年）；地磁反轉（西元1963年）；海底擴張（西元1973年）。

史波尼克衛星

謝爾蓋‧柯羅列夫（**Sergei Korolev**，西元 **1906—1966** 年）

美國人很喜歡生動地回憶起能夠定義當代或時代的重大事件發生時，他們身在何方，或是正在做些什麼。例如珍珠港轟炸事件（bombing of Pearl Harbor）、甘迺迪（John F. Kennedy）刺殺事件、挑戰者號（Challenger）太空梭爆炸事件，以及當然還有 911 恐怖事件的創傷歷程。在某一個美國世代，能定義當代的事件發生在 1957 年。

1957 年 10 月 4 日，蘇聯成為第一個成功向外太空發射人造衛星的國家。蘇聯的頂尖火箭工程學家謝爾蓋‧柯羅列夫正是蘇聯創造第一顆洲際彈道飛彈（intercontinental ballistic missile，ICBM）的團隊負責人，他遊說政府讓他與他的團隊進一步改良 R-7 彈道火箭（R-7 rocket），讓此火箭一個小型科學酬載（payload，一組儀器或實驗）發射到地球軌道。蘇聯同意了柯羅列夫的計畫，並希望藉此在外太空領域擊敗美國。此酬載名為史波尼克（Sputnik，俄羅斯文，意為衛星）。自此，太空時代展開。

史波尼克一號會在三個月之間，每 96 分鐘繞行地球一圈（直到其軌道慢慢衰減而在大氣層燒盡），同時以單一瓦特傳送著嗶嗶嗶的訊號，這樣的訊號可以直接由全球各地的簡單業餘無線電（ham radio operators）接收。這顆衛星在美國全境造成了一波小小的崩潰心境，大眾開始明確地發覺蘇聯真的擁有朝向世界任何地方發射洲際彈道飛彈的能力（他們同時還擁有核子彈頭）。美國政府也因此努力展現自身太空能力，在史波尼克燒盡大約兩週後，發射了美國第一顆衛星探險者一號（Explorer 1）。

史波尼克在美國關於科學與科技領域的投資與教育，掀起了一場小型革命，其影響至今依舊存在。歷經史波尼克影響的世代（也經常稱為阿波羅世代〔Apollo generation〕），也真的親眼見到了美國贏得太空競賽，不僅在 1969 至 1972 年之間一共有 12 名人類踏上了月球，接下來的幾十年間，太空領域還出現了更多驚人的成就。

史上第一顆人造衛星史波尼克一號的複製品，收藏於美國華盛頓特區的史密森尼學會（Smithsonian Institution）的國家航空太空博物館（National Air and Space Museum）。其金屬外殼直徑大約 58 公分，天線可向外延伸 285 公分（此圖僅顯示部分）。

參照條目　液態燃料火箭（西元1926年）；地球同步衛星（西元1945年）；地球輻射帶（西元1958年）；人類抵達太空（西元1961年）。

國際地球物理年

在第二次世界大戰過後，以及尤其是韓戰過後的 1950 年代早期，全世界擁有領先科技的國家之間的關係降入冰點。這種地理政治冷戰的緊張氛圍不僅在各國政府之間，甚至影響了世界各地科學家的交流與合作關係。某些科學家決定必須著手改善此狀態，因此即使當時國際政治處於混亂，他們依舊組織、集結全球科學家，共同增進地球科學發展。

十九世紀晚期與二十世紀早期的科學協會曾為了推進極區的研究與探索合作，舉辦了數次「國際極地年」（International Polar Year）。國際科學聯合總會（International Council of Scientific Unions）依循此模式，提出了號召全球科學家齊聚一堂，不僅關注於極區的研究，也將範圍擴大至地球表面、海洋與大氣層等眾多領域。他們將此聚會稱為「國際地球物理年」（International Geophysical Year，IGY），最終聚集了 67 個國家共同參與各式合作計畫。「國際地球物理年」正式運作了 18 個月，從 1957 年 6 月 1 日至 1958 年 12 月 31 日，其中關於地球科學的計畫涵蓋了地質學、地震學、地磁學、氣象學、電離層物理（ionospheric physics）、海洋學與太陽物理學（heliophysics）等。

國際地球物理年達成的科學成就與後續研究，包括了首度成功發射的地球科學衛星史波尼克一號與探險者一號，以及之後的范艾倫輻射帶（Van Allen radiation belts）發現，還有後續在南極洲建立的長期穩固研究合作。在國際地球物理年期間與前後的數年之間，英國、法國、比利時、日本與美國甚至都在南極洲成立了聯合研究基地，其中就包括了由美國管理的阿蒙森─史考特南極站。國際地球物理年也直接促成了 1959 年的南極公約（Antarctic Treaty）簽訂，讓南極洲永久受到環境保護，並致力於和平且相互合作的科學研究。

國際地球物理年證明了科學家（與各國政府）都能有效率地共同合作，即使在國際政治艱困的時期，仍能一起發現與解決關於地球科學的種種重要問題。許多由國際地球物理年開啟的研究工作至今依舊持續進行，而許多分散於不同國家的科學家與科學協會也仍然努力推廣著和平的科學合作。

攝影師蓋倫・羅威爾（Galen Rowell）映照在儀式南極點（Ceremonial South Pole）的鏡面上，此地位於阿蒙森─史考特南極研究站之外。

參照條目 南極洲（約西元前三千五百萬年）；抵達北極（西元1909年）；抵達南極（西元1911年）；航空探索（西元1926年）；探索海洋（西元1943年）；史波尼克衛星（西元1957年）；地球輻射帶（西元1958年）。

地球輻射帶

詹姆斯‧范艾倫（James Van Allen，西元 1914—2006 年）

　　自從蘇聯在 1957 年秋季成功發射了史波尼克一號，而且能實際運作，震驚的美國政府急忙地試著迎頭趕上。這個發射且實際運作衛星上小型簡單科學酬載的任務交給了一支聯合團隊，其中包括陸軍彈道飛彈局（Army Ballistic Missile Agency），負責將衛星裝在一枚改造的木星—紅石遠程彈道飛彈（Jupiter-Redstone intermediate-range ballistic missile）；以及位於帕薩迪納（Pasadena）附近的一間陸軍與加州理工學院（California Institute of Technology，Caltech）聯合設施，稱為噴射推進實驗室（Jet Propulsion Laboratory，JPL）。這支聯合團隊負責了探險者一號的發射與其上的科學實驗。

　　探險者一號的科學酬載由美國太空科學家詹姆斯‧范艾倫設計，其中包括一個宇宙射線計數器（cosmic ray counter）、微流星體撞擊偵測器（micrometeoroid impact detector）與某些溫度感測器。比起史波尼克一號簡單的廣播訊號，探險者一號能夠進行的實驗更為複雜，但加起來的質量、能量與體積依舊裝得進木星彈道飛彈中。

　　1958 年 1 月 31 日，美國的第一顆人造衛星（世界的第三顆，緊接在 1957 年 11 月發射的史波尼克二號）在佛羅里達的卡納維爾角飛彈試射試驗區（Cape Canaveral Missile Annex）成功發射。探險者一號進入 115 分鐘繞行地球一圈的橢圓軌道，並在電池耗盡之前進行了超過三個半月的科學儀器運作。在探險者一號執行任務期間，其上的科學儀器不斷地即時廣播傳送數據回噴射推進實驗室科學團隊。

　　最初，探險者一號的數據令人困惑，因為它似乎在繞行地球期間到了特定的海拔高度與特定位置時，就會出現像是因為極大量的高能粒子產生的訊號。范艾倫與其團隊認為這些數據代表可能有一道帶有高能粒子或電漿的條帶或區域，被地球磁場阻隔在外。幾個月之後，探險者三號也證實了此想法。這是衛星第一個創下的重大太空科學發現，為了表達對此科學團隊負責人的敬意，如今，這個近

地球的強化粒子能量的外太空區域便稱為范艾倫輻射帶（Van Allen Radiation Belt）。而探險者系列的小型太空飛行器至今已經成功進行了將近一百次的任務。

2005 年 1 月，阿拉斯加的熊湖（Bear Lake）上空便閃耀著如此明亮的極光或北極光。這類的極光是高能太陽風粒子與地球磁場的交互作用，以及高能粒子被困在范艾倫輻射帶而產生。

參照條目　太陽閃焰與太空氣象（西元1859年）；史波尼克衛星（西元1957年）；國際地球物理年（西元1957至1958年）；磁層振盪（西元1984年）。

氣象衛星

地表氣象雷達系統首度在 1940 年代啟用時，幾乎馬上就面臨了在極端天氣事件中追蹤與預報風暴及保護生命方面的極大困難。儘管地表氣象雷達依舊可以連結成較大型的網絡，但它們絕大多時候僅能提供相對有限範圍內的天氣解讀觀點。高空氣球、飛機與次軌道探空火箭（sub-orbital sounding rockets）都能提供範圍更廣大的解讀，但是這些技術無法頻繁地使用，而且它們也可能只能提供相對區域性的氣象數據。我們需要的是真正的全球視角——就像是從外太空望向地球。

在 1950 年代太空時代開啟，以及世界第一顆科學衛星成功發射之下，我們開始有可能將相機等儀器送到地球軌道上監測地球地表與大氣層的天氣與其他各種特性。因此 1960 年成立了一支聯合團隊，團隊包括美國無線電公司（Radio Corporation of America，RCA）與美國陸軍訊號研究與發展實驗室（US Army's Signal Research and Development Laboratory），並在新成立的聯邦組織美國太空總署（NASA）的領導之下，成功發射並運作了第一顆氣象衛星——泰洛斯衛星一號（Television InObservation Satellitem，TIROS-1）。雖然泰洛斯衛星的運作時間很短（僅 78 日），但因為完成了相當成功與實用的氣象預報，因此造就了後續 20 年間又發射了一系列七顆氣象衛星——雲雨一號（Nimbus 1）至雲雨七號。

這些早期氣象衛星都位於短期低地球軌道。然而，自 1960 年代晚期至 1970 年代早期，另一個新成立的聯邦組織美國國家海洋暨大氣總署（National Oceanic and Atmospheric Administration，NOAA）開始運作地球同步衛星，有效地將這些衛星「停泊」在北美洲上空的不同區域，持續地全天候監測大範圍地區。肩負重任的美國氣象衛星中，包括了地球同步作業環境衛星（Geostationary Operational Environmental Satellite，GOES）系列，系列中最早的衛星於 1975 年 10 月發射，第 17 顆衛星則在 2018 年 3 月發射。俄羅斯、日本、中國、印度與歐洲的太空組織也同樣發射與運作了許多地球同步氣象衛星，提供了當地極為關鍵的氣象預報數據。

工程師們正在測試世界第一顆成功運作的氣象衛星泰洛斯衛星，位於美國紐澤西普林斯頓（Princeton）的美國無線電公司。照片攝於 1960 年。

參照條目 空中遙測（西元1858年）；加爾維斯敦颶風（西元1900年）；三州龍捲風（西元1925年）；地球同步衛星（西元1945年）；人造雨（西元1946年）；氣象衛星（西元1960年）；史波尼克衛星（西元1957年）；地球輻射帶（西元1958年）；地球科學衛星（西元1972年）。

認識撞擊坑

尤金・舒梅克（Eugene Shoemaker，西元 1928—1997 年）

地球表面不斷地受到侵蝕、火山與構造作用的營力與過程，其實我們四周一直都有許多這方面的證據。不過，還有一種我們的星球表面地質正在受到的劇烈影響相當難以觀察到，那就是來自太陽系的撞擊坑。這樣的證據其實不遠，看看我們一旁月球與上面滿布的隕石坑，就能了解地球一定也曾經歷過類似的撞擊轟炸。

地質學家花了非常長的時間才了解隕石撞擊在地球的地質過程扮演多麼重要的角色，就如同其他行星與月球的情形。例如，美國地質調查局的傑出地質學家格羅夫・卡爾・吉爾伯特即便知道月球上許多圓形坑洞可能都是隕石撞擊坑，依舊認為亞利桑那的柯恩山為火山爆發形成的火山口，不過，仍有像是礦場開採業者丹尼爾・巴林傑等人認為這類構造是由小型富鐵小行星的撞擊而造成。這類因撞擊造成的構造如今稱為隕石坑，其關鍵證明與能指認後續在全世界各地找到的將近兩百個撞擊構造的證據，則是由另一位美國地質調查局的地質學家尤金・舒梅克（暱稱為「金」）創下。

舒梅克是頂尖的野外地質學家，擁有相當敏銳的觀察力，也具備能將岩石告訴他的資訊轉換為一整套故事的傑出能力。為了進一步了解隕石撞擊坑確實能夠改變行星的表面，舒梅克在美國內華達仔細地研究核彈試爆所產生的小型撞擊坑。他發現了這類高能量爆炸過程所產生的特徵線索，其中包括了在高壓衝擊波之下產生的球狀礦物。在他 1960 年完成的博士論文中，舒梅克利用了種種累積的經驗，

說服了依舊懷疑巴林傑隕石坑是由大約五萬年前小型金屬小行星撞擊造成之人。舒梅克奉獻了他後半生的職業生涯，與他的妻子行星天文學家卡羅琳・舒梅克（Carolyn Shoemaker）一起合作，尋找地球上的撞擊構造，以及搜尋並研究近地球的大型群集小行星，這些可能會在未來形成危害地球生命的撞擊。

地質學家尤金・舒梅克（圖中央，手持地質槌）正於亞利桑那的巴林傑隕石坑，指導一群太空人關於撞擊坑的地質學。照片攝於 1967 年。

參照條目　恐龍滅絕撞擊事件（約西元前六千五百萬年）；亞利桑那撞擊事件（約西元前五萬年）；美國地質調查局（西元1879年）；隕石狩獵（西元1906年）；通古斯加大爆炸（西元1908年）；隕石與生命（西元1970年）；滅絕撞擊假說（西元1980年）；杜林災難指數（西元1999年）。

馬里亞納海溝

唐・瓦許（**Donald Walsh**，生於西元 1931 年）
雅克・皮卡德（**Jacques Piccard**，西元 1922—2008 年）

　　創造全世界最高聳山脈的源頭來自地球表面的構造板塊碰撞，這聽起來相當直覺，不過，這類碰撞同樣也能造就世上最深峽谷的概念也許並非就如此直觀了。這是因為相互碰撞的板塊擁有各式各樣的密度（例如密度較高的海洋地殼與密度較低的大陸地殼聚合），所以密度較高的板塊隱沒（下沉）至另一個板塊之下，在碰撞邊界被向下拉的隱沒地殼便會在此處形成綿長又深邃的海溝。

　　地球上最深且海拔高度最低的地點，就在馬里亞納海溝（Mariana Trench，或稱 Marianas Trench）中的挑戰者深淵（Challenger Deep）。馬里亞納海溝長約 2,550 公里，寬約 69 公里，如同一輪畫在地球地殼上的新月，位於西太平洋的海床上。此海溝就是大型太平洋板塊向西隱沒至較小型馬里亞納板塊之下的交界。雖然這兩塊彼此聚合的板塊都是密度相對較高的海洋地殼，不過因為太平洋板塊更古老、更冷且因此密度更高，所以會隱沒至東邊較年輕地殼之下。

　　太平洋板塊的平均深度為海平面以下 4,188 公尺，但馬里亞納海溝又向下延伸到了大約 11,000 公尺的深度，此深度已經超過了地表最高峰的聖母峰。馬里亞納海溝首度的現代精確測深是使用聲納技術，在 1950 年代早期由英國皇家海軍的戰艦挑戰者二號完成；因此最深處也有了挑戰者深淵的名稱。1960 年 1 月，美國海洋學家唐・瓦許與瑞士海洋學家及工程師雅克・皮卡德展開了人類首次前往挑戰者深淵的旅程，使用的是美國海軍自航式深海潛航器——特里亞斯號（Trieste）。

　　瓦許與皮卡德在海床僅僅停留了 20 多分鐘，但他們驚訝地發現竟有大量的魚類生活在如此的深度（此處的壓力超過地表大氣壓力一千倍以上）。2012 年，電影導演詹姆斯・卡麥隆（James Cameron）與兩個機器人再度潛入，也一樣發現在這座星球最極端的環境中，有著不可思議的生物多樣性。

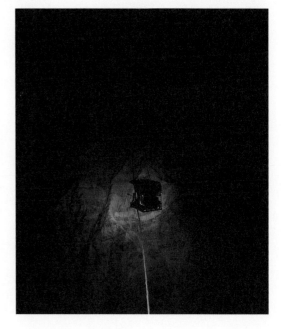

美國國家海洋暨大氣總署的遠距操控機械潛航器深淵發現者（Deep Discoverer）。2016 年深淵發現者為了探索馬里亞納海溝岩層的地質狀態，向下潛至大約 6,100 公尺深。

參照條目　白努利的流體力學定律（西元1738年）、超導電性（西元1911年）、海森堡測不準原理（西元1927年）。

智利大地震

　　自 1930 年代開始，地質學家因為在世界各地逐漸擴張的地震儀網絡，開始試著為地震的強度或規模進行分類。最初用來嘗試地震強度的是近震規模（local magnitude scale），由美國地震學家查爾斯‧芮希特（Charles Richter）與貝諾‧古騰堡（Beno Gutenberg）在 1935 年發展，並將其稱為芮氏地震規模（Richter Scale）。然而，此計算方式僅限於非常接近測站的地震，而且無法區別強度相當高地震事件的規模。因此，地震規模的計算方式隨著時間持續修改，1970 年代之後，所有地震的強度都以地震矩規模（Moment Magnitude Scale，M）計算；雖然媒體依舊稱之為芮氏地震規模。地震矩規模對數強度單位，也就是當規模上升 1，強度增加為原本的 32 倍，而當規模上升 2，強度成為原本的 1,000 倍。

　　歷史紀錄中地震矩規模最大的地震發生在 1960 年 5 月 21 日，而震央接近智利的瓦爾迪維亞（Valdivia）。1960 年的智利大地震規模為 9.4 至 9.6，相較於 1906 年重創舊金山所經歷的十分鐘猛烈地震，此次地震強度為超過 55 倍。瓦爾迪維亞與許多周遭的城鎮都瞬間化為礫瓦。這場地震同時引發

了海嘯，並以高度超過 25 公尺的浪高重擊智利海岸。海嘯甚至越過了整座太平洋，並以超過 11 公尺高的浪濤襲擊夏威夷大島的城市希洛（Hilo）。地震與海嘯約估造成了一千至七千人喪命，同時伴隨了數十億美元的連帶損失。

　　1960 年的智利大地震，由太平洋板塊在南美洲西部海岸隱沒至南美洲板塊之下的板塊聚合造成，而海嘯則是因為地殼歷經劇烈的向上逆衝而牽起上方的海水。之後的全球地震警告與海嘯預測系統之強化，部分也是因為這場地震，而且也因此協助拯救了接下來數十年間眾多生命。

歷經 1960 年 5 月 21 日巨大地震之後，智利瓦爾迪維亞的部分城市殘骸。

參照條目　板塊構造運動（約西元前四十至前三十億年？）；安地斯山脈（約西元前一千萬年）；舊金山大地震（西元1906年）；蘇門答臘地震與海嘯（西元2004年）。

人類抵達太空

尤里・加加林（**Yuri Gagarin**，西元 **1934—1968** 年）
艾倫・雪帕德（**Alan Shepard**，西元 **1923—1998** 年）

　　自從最早的科幻小說出現，以及之後開始有了火箭科技的發展，不少人便夢想人類逐漸成為太空旅行的種族。然而，當第二次世界大戰與冷戰分別在科技與政治方面帶來的推動，太空旅行的夢想才得以在羅伯特・高達德與康斯坦丁・齊奧爾科夫斯基等先驅手中實現，火箭的能力發展出足以達到脫離速度（escape velocity）並進入地球軌道，而上面載的不僅只是衛星，還有我們人類。

　　當時，美國與蘇聯展開激烈的競爭，渴望成為第一個將人類帶向太空的國家（與政治體系）。兩個國家也都因為這場競賽集結了許多傑出的科學家與工程師，並投入了可觀的經濟資源。到了 1961 年春季，蘇聯險險贏得了這場競賽。太空人尤里・加加林在 1961 年 4 月 12 日成為第一名進入太空的人類，而太空人艾倫・雪帕德在短短三個月之後成為第二人。

　　加加林以加裝了東方計畫一號（Vostok 1）太空艙的洲際彈道飛彈（ICBM）升空，在地球軌道繞行了一圈多，並在太空環境停留了約 108 分鐘。雪帕德則乘坐改版的紅石洲際彈道飛彈（Redstone ICBM），而他的太空艙自由七號（Freedom 7）完成了一趟 15 分鐘的次軌道飛行。兩項任務都相當成功，而兩個國家也繼續投入更具雄心的軌道任務，以展示火箭與太空航行及控制技術的精進。在雪帕德航行成功的幾週之後，美國總統甘迺迪確實請求國會通過一項極具野心的任務：「十年之內，成功將一名太空人登陸月球並安全返回地球」。俄羅斯也一樣將目標對準月球，但是，最終在 1969 年 7 月輸了這場競賽。

　　加加林與雪帕德都在大眾與媒體之間得到廣泛的矚目，積極地分享他們的太空旅行經驗。加加林雖然沒有再度飛向太空，但雪帕德成為未來僅僅 12 名踏上月球的太空人之一，在 1974 年的阿波羅 14 任務（Apollo 14）擔任指揮。自 2001 年，每年 4 月 12 日成為許多國家共同慶祝的「尤里之夜」（Yuri's Night），紀念加加林等人太空探索的成就。

史上第一名人類在 1961 年 4 月 12 日進入太空，那就是蘇聯太空人尤里・加加林。

 參照條目 地質科幻小說（西元1864年）；液態燃料火箭（西元1926年）；史波尼克衛星（西元1957年）；逃脫地球的重力（西元1968年）；月球的地質（西元1972年）；定居火星？（約西元2050年）。

地球化

卡爾‧薩根（**Carl Sagan**，西元 **1934—1996** 年）

在二十世紀之前關於我們太陽系的探索，很容易相信我們鄰近的金星或火星等行星可能頗為類似於地球，擁有可呼吸的大氣層、海洋與可居住的表面。然而，現實狀態遠遠並非如此，金星被發現是一座如同地獄般炎熱的世界，溫室氣體二氧化碳的加溫之下，任何曾經可能存在的海洋也都被蒸發，而今日火星的大氣層則是過於寒冷與稀薄，因此難以讓任何液態水穩定地留在表面。

然而，1960 年代的學術研究開始認真討論這類行星轉變為類似地球行星的可能，轉變的方式就是一種行星規模的工程，稱為地球化（terraforming）。地球化的目標包括修改行星大氣層與表面環境（溫度、壓力、溼度），讓它變得更接近地球，讓我們目前已知的生物可能得以在其上生存。

第一位認真提出一套類地行星進行地球化假說的是美國天文學家與行星科學家卡爾‧薩根。1961年，薩根的著名論文中，假設能夠在金星的大氣層「種下」藻類，並進一步緩慢地從大氣層中移除二氧化碳，並以石墨的方式使其固著於地表，以此降低溫室效應並讓地表變得適合居住。然而，後續關於金星大氣層的研究（其中包括硫酸雲）發現，使得薩根的想法無法實現。薩根同樣也在 1973 年提出火星地球化的想法，並在學術協會之間掀起廣泛的討論，最終在 1970 與 1980 年代形成一系列嚴肅的地球化學術工作坊與研討會。

自此，無數的科學家、哲學家與夢想家都一一傳承著薩根燃起的火把，而我們也漸漸清楚想要劇烈轉變行星環境的特徵，必須投入極其昂貴的資金，並經過數世紀或數千年的努力執行，同時必須倚靠許多至今尚未發明出來的技術。儘管如此，依舊有許許多多的夢想家始終懷抱著有朝一日我們鄰近行星能改造成更像是地球的世界。

火星經過地球化的想像圖（也許在數千年之後的未來），這樣的火星擁有能夠支持生命生存的海洋與厚實大氣層。

參照條目　眾多地球？（西元1600年）；地質科幻小說（西元1864年）；溫室效應（西元1896年）；人造雨（西元1946年）；嗜極生物（西元1967年）；太陽系外的類地行星（西元1995年）；定居火星？（約西元2050年）。

地磁反轉

松山基範（**Motonori Matuyama**，西元 1884－1958 年）
勞倫斯·惠特克·莫里（**Lawrence W. Morley**，西元 1920－2013 年）
弗雷德里克·約翰·范恩（**Frederick J. Vine**，生於西元 1939 年）
德拉蒙德·霍伊爾·馬修斯（**Drummond H. Matthews**，西元 1931－1997 年）

地球深處，外部地核熔融鐵的旋轉外殼所創造的電流產了強烈的磁場，因此形成一圈環繞我們行星的強力磁圈。地球的磁場就是使羅盤指針指向北方或南方的力。古地磁學是一門地球物理領域分支學門，主要研究隨著時間轉變的地球磁場，在了解這些轉變的過程中，也可以因此更加認識地球的表面與內部的過程。

火成岩包含了一小部分的磁性礦物，例如磁鐵礦，當這類礦物熔融時就會像羅盤的指針會順著與地球磁場平行的方向排列。當岩石冷卻之後，就會記錄下固化時的地球磁場方向。自二十世紀早期，地質學家就開始研究磁化岩石，發現某些岩石的磁極（北或南）會與其他岩石完全相反。1929 年，日本地質學家松山基範發現最接近現在的地球場反轉，發生在大約七十八萬年前。隨後的研究者發現地球磁場自從侏羅紀之後，曾經歷數百次的反轉，而造成此現象的原因始終成謎。

1963 年，科學家有了更重要的發現。這兩篇論文分別由加拿大地球物理學家勞倫斯·莫里，以及英國地球物理學家弗雷德里克·范恩與德拉蒙德·馬修斯發表，他們詳細描述從 1950 年代開始繪製的地球磁場反轉地圖中，發現海床有著驚人的磁性「條帶」。由於中洋脊兩側的磁帶分布有著鮮明的對稱，他們因此認為中洋脊勢必是新熔融岩石噴發至海床的源頭。岩石接著固化並保留了當時的磁極，然後漸漸被帶離中洋脊，而之後噴發出的新岩漿則會保留相反的磁極。地磁反轉因此也是發現中洋脊為海底擴張中心的關鍵證據之一。

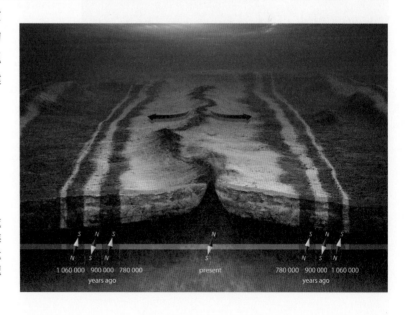

當中洋脊火山產生了新的海床，當時的地球磁場磁極就會被火成岩中的磁性礦物記錄下來。當海床逐漸向中洋脊之外擴張，它就會像地質版的「錄音磁帶」，記錄下隨著時間變化的地球磁極。

參照條目 地球地核的形成（大約西元前四十五億四千萬年）；大陸地殼（約西元前四十五億年）；板塊構造運動（約西元前四十至前三十億年？）；磁鐵礦（約西元前2000年）；太陽閃焰與太空氣象（西元1859年）；內部地核（西元1936年）；描繪海底地圖（西元1957年）；海底擴張（西元1973年）；磁層振盪（西元1984年）。

內共生

康斯坦丁‧梅列施柯夫斯基（**Konstantin Mereschkowski**，西元 1855—1921 年）
琳恩‧馬古利斯（**Lynn Margulis**，西元 1938—2011 年）

　　在生物學中，共生（symbiosis）代表的是一種兩個以上不同生物的緊密且長期的關係與互動。例如小丑魚與海葵的共生關係，或是人體消化道中各式各樣的微生物。演化生物學家將共生的概念推演至源頭核心，試著藉此了解第一個真核細胞（擁有複雜內部細胞構造的細胞）與第一個複雜多細胞生物，究竟是如何出現。細胞複雜性起源的主要假說之一，稱為內共生學說（endosymbiosis），有時亦稱為共生起源（symbiogenesis），其假設真核生物從較簡單的單細胞原核生物之共生關係中演化生成。

　　內共生學說的基本架構由俄羅斯生物學家康斯坦丁‧梅列施柯夫斯基在二十世紀初期開啟。梅列施柯夫斯基受到真菌與藻類形成的地衣（lichen）共生關係的強烈影響。當時他的想法受到許多人的嘲笑或忽視，部分是因為當時缺乏適當的實驗技術，部分則是由於他個人拒絕以自然天擇解釋共生關係。

　　然而，在新的野外與實驗室技術的發展之下，以及更深入了解自然天擇在細胞層級所扮演的角色之後，內共生假說由美國演化生物學家琳恩‧馬古利斯復興，馬古利斯在 1966 年發表了一篇關鍵論文（1970 年出版了一本科普書籍），再度將這項爭論推演至國際演化生物學界的舞臺上。就像是梅列施柯夫斯基，馬古利斯關於真核細胞粒線體來自原核細菌的想法，也面臨了科學界的反彈。然而，到了 1980 年代，一部分因為馬古利斯努力不懈地廣泛推動此概念，許多實驗演化生物學家開始發現眾多確鑿的證據，其中包括來自粒線體與葉綠體 DNA 的詳細基因分析；兩者的 DNA 與其共生宿主並不相同。內共生便從一項假說轉變成受到廣泛認可的理論，而此理論囊括了所有器官形成階段（organogenesis，胚胎發展時特化器官形成的階段）。

演化生物學家琳恩‧馬古利斯是細胞內共生學說的的創立者之一。

參照
條目　光合作用（約西元前三十四億年）；真核生物（約西元前二十億年）；性的起源（約西元前十二億年）；複雜多細胞生物（約西元前十億年）；自然天擇（西元1858至1859年）。

地球的自拍

「自拍」就是人們將相機轉向拍攝自己的模樣（也可能會與朋友及家人一起合拍），這也是一種視角轉換與向內自省的概念。這項概念幾乎在太空攝影發展的最初就已經出現。

某些最早帶上太空的相機就架設在十分受矚目的數架德國 V-2（German V-2）火箭，這批火箭由美國陸軍發射至地球次軌道，並在 1940 年代晚期於新墨西哥的白沙導彈試驗場（White Sands Missile Range）上空飛過。以今日的照片標準而言，當時拍攝的照片顆粒感強且粗糙，但這是我們第一次能從離地表數百公里的空中，看見地球優雅的弧線。

自 1960 年代首度出現氣象衛星之後，太空攝影變得更為常見。然而，直到 1966 年，我們才首度在一項太空任務的過程中，從「深太空」（deep space）拍攝了一張地球的自拍。月球軌道器一號（Lunar Orbiter I）是一系列五顆機械太空飛行器發射至月球軌道的第一架，此系列的發射時間為 1966 至 1967 年，任務是拍攝阿波羅太空人最終的登陸地點。由於當時還沒有數位相機，所以上面裝載了相當於暗房、掃瞄器與傳真的設備，因此能自行處理黑白負片，並轉換成數位檔案，然後傳回地球。

為了抓住這個在深太空反身回看地球的視角與概念的機會，月球軌道器的團隊遊說美國太空總署，撥出一點軌道器向下對準月球表面的時間，轉頭回看地球。這個決定其實具有風險，因為軌道器有可能再也無法轉頭回到月球表面。但最終因為這是一項極為獨特且具有深意的機會，在 1966 年 8 月 23 日此團隊得到了許可，可以將相機轉頭面向基地與地球上的我們，然後拍下一張自拍。這張首度捕捉到地球高掛月球天際的照片，立刻掀起大眾與媒體的狂熱。這張照片與接下來一張張地球的自拍，也都有助於環境意識的覺醒。

第一張從深太空的地球「自拍」，由月球軌道器一號在 1966 年 8 月 23 日拍攝，並於 2008 年再處理。

參照條目　氣象衛星（西元1960年）；逃脫地球的重力（西元1968年）；地球日（西元1970年）；地球科學衛星（西元1972年）；月球的地質（西元1972年）。

嗜極生物

湯瑪斯・布洛克（**Thomas Brock**，生於西元 1926 年）

太空生物學（Astrobiology）就是研究宇宙間生物與棲居環境的起源、演化與分布。這個研究領域的定義聽起來也許有些特殊，因為此研究領域的存在只奠基於一個觀測點。也就是，我們目前唯一已知存在於宇宙的生物（也就是地球上的生物）其實本質都十分類似，都建立在類似的 RNA、DNA 與其他碳基有機分子。

然而，關於宇宙間其他生物的研究並非尋找像是我們的複雜生命形態，而是其他行星之間，尋找一處適合我們星球最主要生命形態的環境，這樣的生命形態就是細菌與其他「簡單」生物。在歷經過去 55 年以上的研究，我們對於適居性的認知已經有了大幅進展，而展開這類環境搜尋的最佳地點，其實就是我們腳下踏著的這座星球。例如，1967 年，美國微生物學家湯瑪斯・布洛克發表的一篇重要論文中，就詳細描述了一種繁茂生長於美國黃石國家公園溫泉中的耐熱細菌——嗜熱菌（hyperthermophiles）。布洛克的研究工作也有助於進一步啟發嗜極生物（在艱困環境中能夠生存，或甚至蓬勃發展的生命形態）的研究。

自此，我們也在深海熱泉周遭的極高溫水域中，發現了嗜熱菌；在另一個完全相反的環境，也就是接近冰點或冰點以下，發現了能生活或繁盛成長的嗜冷生物（psychrophiles）。其他像是在極高鹽度中生活的嗜鹽生物（halophiles）、生活在極端酸鹼值地區的嗜酸生物（acidophiles）與嗜鹼生物（alkaliphiles）、生活在極高壓力環境的嗜壓生物（piezophiles）、生活在溼度極低環境的嗜乾菌（xerophiles），甚至還有能夠生存於高紫外線或高放射性環境的嗜放射生物（radiophiles）。

我們這座星球的生物歷史告訴太空生物學家的訊息十分鮮明：生命能夠生存的環境條件範圍極度寬廣。因此，在像是火星、木星的衛星木衛二與木衛三（Ganymede）之深海、土星（Saturn）的衛星土衛二之地下水，或是表面嚴寒且有機物質豐富的土星衛星泰坦（Titan）等極端地區，尋找過去或現在嗜極生物的存在或嗜居環境，也並非瘋狂的想法了。

美國懷俄明州黃石國家公園的牽牛花池（Morning Glory Pool）。沿著溫泉外部邊緣的多彩顏色來自於各式各樣的嗜熱菌，它們能在高溫熱泉（攝氏 80 度以上）的環境中生存且蓬勃發展。

參照條目 地球的生命（約西元前三十八億年？）；複雜多細胞生物（約西元前十億年）；寒武紀大爆發（約西元前五億五千萬年）；隕石與生命（西元1970年）。

逃脫地球的重力

威廉・安德斯（William Anders，生於西元 1933 年）
法蘭克・鮑曼（Frank Borman，生於西元 1928 年）
詹姆斯・洛威爾（James Lovell，生於西元 1928 年）

　　自從智人物種現身之後，曾經住在地球上的人類約估有一千億人，而直到 1960 年代，沒有任何一人脫離過我們家鄉星球的重力影響。在 1968 年末，第一名人類終於做到了，他是阿波羅八號任務的成員；阿波羅八號的任務目的設計為預演人類登陸月球相關的太空艙、航行過程與維生系統是否可以順利進行。法蘭克・鮑曼、吉姆・洛威爾與比爾・安德斯都曾經是美國軍隊的飛行員與士官，並在 1968年 12 月 21 日成為第一批達到地球脫離速度的人類，也是第一批搭乘美國太空總署壯觀的火箭神農五號（Saturn V）的隊員。他們也是第一批直接望見地球從其他世界地平線升起的人類，而他們帶回來的著名彩色照片「地出」（Earthrise），也讓 1966 年月球軌道器一號的黑白版相形失色。

　　在 1969 至 1972 年之間，接下來的八次阿波羅任務又多了 21 名太空人，掙脫地球重力並成功抵達月球且再度返回。自 1972 年之後，進入太空的人類超過 520 人，但都沒有超過地球低軌道（距離地表2,000 公里之內），因此其實都並未脫離地球重力。人類從此便沒有繼續進行深太空航行的部分原因，就是神農五號火箭在 1973 年退役（同時沒有替代方案），而且蘇聯也在 1976 年取消 N-1 重型運載火箭計畫。美國太空總署接著將目光焦點放在太空梭（Space Shuttle，可以運載人類、貨物與太空飛行器，但範圍僅在地球低軌道之內），而且國際太空站的軌道也只距離地表大約 400 公里遠。

　　不過，再度將人類送往地球「重力阱」（gravity well）之外的想法又正慢慢發酵，包括重返月球與前往火星等其他星球。美國太空總署取代神農五號的太空發射系統（Space Launch System）在 2014 年開始成形，預計在 2019 年能進行第一次試飛。（編按：太空發射系統於2021 年 1 月 16 日測試引擎。參見：https://zh.wikipedia.org/wiki/ 太空發射系統）

電腦模擬的阿波羅八號指揮艙，1968 年 12 月，它成為第一架脫離地球重力並進入月球軌道的載人太空飛行器。此圖描繪了成員拍下著名「地出」照片時，飛行器、地球與月球的大致相對位置。

參照條目 空中遙測（西元1858年）；地質科幻小說（西元1864年）；液態燃料火箭（西元1926年）；航空探索（西元1926年）；人類抵達太空（西元1961年）；地球的自拍（西元1966年）；地球日（西元1970年）；月球的地質（西元1972年）。

隕石與生命

激勵太空探索的動力之一，就是尋找我們家鄉星球之外的生命。但是，這樣的搜尋該如何進行？方法之一就是向外尋找地球生物身上出現的化學元素，例如碳、氫、氮、氧、磷與硫。不過，這些元素遍及宇宙內眾多不像能孕育生命的地區與環境（例如恆星的內部）。另一個更有效率的策略可能不是尋找特定的元素，而是特定的元素排列組成，也就是分子，由此尋找任何生物的基本化學組成。

地球上生命的基本組成為有機分子。某些有機分子的結構簡單，例如甲烷（CH_4）、甲醇（CH_3OH）或甲醛（H_2CO）；某些有機分子則遠遠更為複雜，例如蛋白質、胺基酸、核糖核酸（RNA）與去氧核醣核酸（DNA）。在過去半世紀中，天文學家已經偵測到許多簡單有機分子，出現在高密度星雲、彗星尾、太陽系外部的冰凍衛星與星環，以及衛星泰坦與巨大行星的大氣層中，甚至還出現在土星的小型衛星土衛二的活躍噴流。

有時，來自太空的有機分子還有可能直接進入地球。例如，1969 年 9 月 28 日，一顆流星火球越過白日的空中，然後墜落在靠近澳洲維多利亞州莫奇森（Murchison）城鎮的地表。這件超過一百公斤的隕石標本在此處被發現，經過詳細的分析之後，科學家在 1970 年宣布這顆隕石包含了一些常見的胺基酸，胺基酸正是組成生物的重要有機分子。接續的研究中發現，莫奇森隕石擁有超過 70 種簡單胺基酸，以及許多簡單與複雜的無生物有機分子。

我們都知道地球上的生命需要液態水、能源（如熱能或太陽光），以及大量的複雜有機分子。在莫奇森隕石與其他隕石上的胺基酸發現，支持了生物關鍵分子能夠在非生物的環境中出現的想法，這類的環境例如太陽星雲、彗星或新生成的微行星。宇宙間或許擁有大量生物，或許沒有，但至少組成生物的物質似乎遍布許多地方。

莫奇森隕石的鎂（紅色）、鈣（綠色）與鋁（藍色）X 光圖，這是一顆超過四十五億五千萬年的碳質球粒隕石。這顆古老的岩石擁有從太陽星雲、水與複雜有機分子濃縮的原始礦物，其中包括超過 70 種的胺基酸。

參照條目 地球的生命（約西元前三十八億年？）；嗜極生物（西元1967年）。

地球日

瑞秋・卡森（**Rachel Carson**，西元 1907－1964 年）
莫爾頓・希爾伯特（**Morton Hilbert**，西元 1917－1998 年）

　　生態學是一種研究生物與環境互動的學門。不論我們是否自知，其實人類一直以來都不斷地練習生態學，因為覺察我們的環境中的威脅與機會，是生存的重要關鍵。當人口在十九世紀與接下來的二十世紀持續飆升，而工業革命與科技迅速進展之下，人類更容易脫離我們歷史以來一直與環境的連結（尤其是身在城市的人們），而這座星球生物圈的健康也開始逐步下滑。森林砍伐、污染與不可避免的能源擷取，也都一步步地威脅到每一個社會與人類的健康。

　　這樣的狀態大約在 1960 年代引起可觀的大眾回應與投入，漸漸在全球各地頻繁出現大量國際討論與環保運動（希望明確表達對抗危害環境或非永續作為的人們或組織）的成長。其中最著名的里程碑之一，就是 1962 年出版的《寂靜的春天》（*Silent Spring*），這是一本由美國環保主義者瑞秋・卡森所著的極具影響力的書，瑞秋・卡森指出許多人們與工業對於自然世界的負面影響。她與其他生態學家、環保人士與科學家一起創造了最終成為有助於環境覺察與管理的全球運動。

　　美國公共衛生教授莫爾頓・希爾伯特等人創造了另一個重要且長久成長的環保運動，也就是地球日（Earth Day），這個國際紀念日用意在於彰顯人類在改變我們環境所扮演的角色，以及我們必須負起將一座安全且永續的世界傳給後代的責任。希爾伯特、他的學生與許多美國政府單位與組織首度在 1970 年 4 月舉行第一個地球日。從 1990 年開始，地球日變成了年度活動，如今定為 4 月 22 日，並且擴大包含了舉辦教育研討會、表演、社區清潔活動，以及其他在世界各地以增加人們環境意識為目標的活動，並制約可能會威脅脆弱生態系統的個人與組織。如今，地球日的活動已經有遍布全球超過五千個環境團體舉辦，並吸引了數百萬人參與。

1970 年 4 月 22 日，第一次在美國紐約舉辦地球日的人群。

參照
條目 　智人現身（約西元前二十萬年）；人口成長（西元1798年）；工業革命（約西元1830年）；環境主義的誕生（西元1845年）；砍伐森林（約西元1855至1870年）；塞拉山巒協會（西元1892年）；地球的自拍（西元1966年）；逃脫地球的重力（西元1968年）。

地球科學衛星

　　將太空影像科技用於建立更好的氣象監測與預報，是衛星遙測地球相當明顯且重要的第一步應用。然而，1960 年代與 1970 年代早期的科技有了大幅擴展，不僅是針對簡單的黑白或可見光波彩色相機的裝設，還有其他像是光譜儀等能夠判別表面與大氣層原子、分子或礦物成分的儀器。

　　1972 年發射的第一顆美國政府地球資源技術衛星（Earth Resources Technology Satellite），之後更名為大地衛星一號（Landsat 1），就是太空遙測研究地球的主要進展之一。大地衛星一號掛載了兩個當時先進的影像相機，並且發射至極區軌道，因此可以在地表於衛星之下旋轉時測繪整座地球。大地衛星一號在五年的運作時間中收集了十分大量的數據，這些數據能應用在農業作物健康狀態、漁業與沿岸健康狀態、森林砍伐速率與健康狀態、水資源（河川、湖泊與海洋）的轉變、火災與洪水等天然災難的復原速率，以及全球尺度的氣候變遷（山脈雪峰、冰川與冰冠）。

　　由於進一步了解了地球受到的環境衝擊，接下來由美國太空總署發射並由美國國家海洋暨大氣總署管理的大地衛星二號至八號，每一架裝載的感測器都逐漸提升。美國同時也額外發射了許多地球科學衛星，主要針對海洋、大氣層與重力場及磁場的研究，監測各式各樣我們星球的特質，例如海浪高度、風速、降雨量與雲層，以及地表溼度等等。

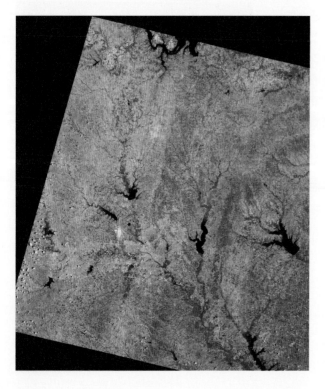

　　其他國家與太空研究單位也十分投入太空領域的地球科學。自 1972 年，發射了地球科學與氣象監測衛星的國家就包括阿根廷、巴西、中國、歐洲太空總署、法國、印度、日本、摩洛哥、奈及利亞、巴基斯坦、菲律賓、俄羅斯、南韓、瑞典、泰國、土耳其與委內瑞拉等等。許多國家也陸陸續續地投入，而最近眾多私人公司也加入地球科學衛星數據的收集、處理與分配。

1972 年 7 月 25 日由大地衛星一號拍攝的假色合成影像（False color composite image），地點為德州的達拉斯／沃斯堡（Dallas/Fort Worth）都會區。此顏色能反映出植物覆蓋率（紅色）與植物健康狀態。

參照條目　空中遙測（西元1858年）；大氣層的組成（西元1896年）；臭氧層（西元1913年）；地球同步衛星（西元1945年）；氣象衛星（西元1960年）；地球的自拍（西元1966年）；太空的海洋學（西元1993年）。

月球的地質

哈里遜·哈根·施密特（**Harrison H. Schmitt**，生於西元 **1935** 年）

　　地質學的原理在十七世紀就已打下根基，自此更一步步累積了可觀的修正與擴展。但是，這些原理是否也能應用到其他世界的地質研究？地球能否成為我們認識其他行星的實驗室？而其他行星的研究又能否提供我們地球有用且創新的資訊？

　　人類首度擁有回答這些問題的機會，就直接出現在 1969 與 1972 年的一系列阿波羅登月任務。在六次獨立任務中，12 名美國太空總署的太空人探索了月球亮面（永遠面對地球的月面）一系列不同區域的登陸點及周圍區域。阿波羅任務的太空人從月球帶回了超過 363 公斤的岩石與土壤，其中許多標本都在月球形成的主要假說中扮演重要角色；此假說認為大約在四十五億年前年輕的地球與火星般尺寸的原行星歷經巨大撞擊之後，由剩下的碎礫組成月球。

　　雖然所有阿波羅任務的太空人都曾接受過基本的地質科學與採集標本的訓練，但絕大多數的時間都須進行測試駕駛，以及其他軍事航空領域的訓練。然而，在 1972 年末最後一次的阿波羅任務中，其中一名太空人成為首度探索月球的科學家（至今仍是唯一一名）。哈里遜·「傑克」·施密特在 1965 年加入太空團隊之前，曾有在加州理工學院、哈佛大學與美國地質調查局鑽研地質學的經驗。身為一位科學家兼太空人，施密特與美國地質調查所的同事尤金·舒梅克一同訓練準備前往月球的太空人關於地質學的知識與野外調查的方法。

　　施密特深厚的地質背景在阿波羅任務期間有了極大幫助，例如，他根據在地球地質領域的經驗與辨識能力，知道月球上一層層的有色玻璃珠源自月球早期的古老火山爆發熔岩噴流。施密特與其他行星科學家也因此了解，地球的基礎地質過程（如火山作用、構造作用、侵蝕與甚至是撞擊坑），其實都是改變太陽系全境所有行星表面的過程。最後一次登月旅程的深度探索，得益於我們對於家鄉地球深層的了解與專業技術。

第一名登上月球的科學家，地質學家傑克·施密特，在 1972 年 12 月的阿波羅 17 號任務期間研究並帶回岩石露頭與土壤標本。照片由阿波羅 17 號的指揮官尤金·塞南（Gene Cernan）拍攝。

參照條目 月球的誕生（約西元前四十五億年）；地質學的基礎（西元1669年）；探索海洋（西元1943年）；認識撞擊坑（西元1960年）；人類抵達太空（西元1961年）；逃脫地球的重力（西元1968年）；地球科學衛星（西元1972年）；太空的海洋學（西元1993年）。

海底擴張

譚雅・艾華特（**Tanya Atwater**，生於西元 1942 年）

當二十世紀期間我們擁有越來越多資訊、地圖與地形數據以及化石證據，阿爾弗雷德・韋格納曾經遭到嘲笑的大陸漂移假說的支持證據持續增加。大陸漂移曾經面臨的最大問題，就是缺少了大陸地塊拖移穿過海洋板塊的明顯解釋或物理機制。但是，隨著 1960 年代海床上記錄磁極反轉磁帶的發現，以及理解到中洋脊正是新海洋地殼生成的中心，這項問題便煙消雲散。地球最上部的地殼就像是一個不斷運作的全球尺度輸送帶，新的地殼從中洋脊生成，而古老的地殼則在海溝與板塊碰撞邊緣隱沒或摧毀。

但是，一切是如何串聯的？其中的數字計算合理嗎？也就是新地殼生成與古老地殼摧毀的速率相等嗎？背後推動一切運作的營力是什麼？在眾多尋找這些解答的傑出地質學家中，美國海洋學家譚雅・艾華特發表的一篇關鍵研究論文以及出版於 1973 年書籍中的數章，開始將世界一針針縫合連結，她將資料進行計算與綜合分析後，顯示海床沿著世界各地的中洋脊向外擴張（一般的速率為每年五至九公分），海床會進一步在板塊邊緣隱沒，板塊們也可能會沿著斷層彼此交錯滑動，如同美國著名的加州聖安德魯斯斷層。

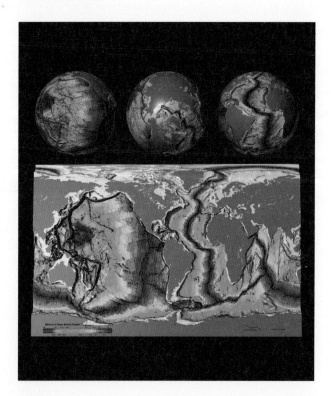

艾華特將自己與同事們對於海床地質與地形的觀察進行全盤審視，發現地球表面十幾塊構造板塊彼此如何交互運動，類似北美洲板塊的大陸如何在古老且如今已然消失的構造板塊碰撞之下逐漸隆起，而地質與火山活動活躍的海床如何創造了可能讓生命繁盛成長的有趣環境（例如深海熱泉）。艾華特發現了地球上的板塊們都彼此牽動與連結，而它們過去相互連接與交互運動的豐厚歷史，依舊蘊藏在今日的地質紀錄中。

全球海底地殼的年齡地圖。紅色代表最年輕（包括今日最新產生的新地殼），藍色為至今還在地表的最古老海洋地殼，大約在一億五千萬至一億八千萬年前生成。

參照條目　板塊構造運動（約西元前四十至前三十億年？）；大陸漂移（西元1912年）；島弧（西元1949年）；描繪海底地圖（西元1957年）；地磁反轉（西元1963年）；全球衛星定位系統（西元1973年）；太空的海洋學（西元1993年）。

熱帶雨林

地球大約有十個不同的生態群系，這些群系並非隨機分布於地表，而是與其他因素強烈相關，這些因素包括海拔高度、是否鄰近海洋、是否鄰近主要山脈，以及也許最重要的是緯度。在靠近赤道的低緯度地區，日照與降雨量都最為密集；而靠近兩極地區的高緯度地帶，則最為寒冷且乾燥。

熱帶雨林（Tropical rainforests）只位在最炎熱且高雨量的赤道地區，因此會擁有地球密度最高的植物生長，同時也擁有最多元物種的生態群系。根據定義，熱帶雨林是一種全年雨量穩定且大量的地方；那兒沒有其他生態群系會出現的「乾季」。另一個十分相近的生態區則稱為雲霧林帶（cloud forest），這是一種延伸至亞熱帶緯度的生態群系，這種地區的氣溫炎熱但稍微涼爽一些，而雨量依舊大量且持續穩定。而稍低的氣溫與經常出現的稍高海拔，就會產生近乎全年不散的地表霧氣，而這也是雲霧林帶一名的由來。

由於大量的珍貴資源（木材、礦物與野生動物），再加上類似亞馬遜雨林幅員遼闊的荒野地區實在難以監視與管理，熱帶雨林與雲霧林帶都持續受到非永續人為開發的威脅。1973 年，終於有了重視這類地區重要性的關鍵里程碑，那就是位於赤道向北約十度的哥斯大黎加提拉蘭山脈（Cordillera de Tilarán mountains）西部，成立了蒙特維多雲霧森林保護區。蒙特維多雲霧森林保護區占地約 26,000 英畝，大約保存了超過 2,500 個植物物種、100 個哺乳類物種、400 個鳥類物種、120 個爬蟲類與兩棲類物種，以及數以千計的昆蟲物種；這一切都囊括在一個面積僅僅相當於美國佛羅里達迪士尼樂園的地區。

蒙特維多保護區的成功（每年都有超過七萬人造訪），證明了保護雨林或雲霧林帶等獨特地區的廣泛重視。如今，數十個公開與私人的保護區與國家公園都將目標放在盡可能地保存所有遍布世界各地的炎熱、潮溼之野性地帶。

位於哥斯大黎加境內蒙特維多雲霧森林保護區深處的蒼翠叢林。照片攝於 2013 年。

參照條目　撒哈拉沙漠（約西元前七百萬年）；亞馬遜河（西元1541年）；砍伐森林（約西元1855至1870年）；安赫爾瀑布（西元1933年）；溫帶雨林（西元1976年）；苔原（西元1992年）；寒帶針葉林（西元1992年）；草原與常綠灌木林（西元2004年）；溫帶落葉林（西元2011年）；莽原（西元2013年）。

全球定位系統

　　自 1950 年代晚期開始，衛星就成為研究地球的重要工具，我們不只因為衛星而發現地球輻射帶，還應用在氣象預報，同時也因此能在地質學、地球物理與海洋學領域有了新的發現。大約在此時期，一個全球規模的巨大產業也從衛星的溝通與娛樂應用領域崛起。另外，此時也建立出一個早期的軍事衛星網絡，將超精確原子鐘的訊號傳至地表，因此只要擁有恰當的地表接收器，就可以完成準確的地點定位。1973 年起，這些種類的衛星應用混合成一種重要的三用方式，同時伴隨著最終將成為全球定位系統網絡的概念發展。

　　全球定位系統（GPS）最早稱為「時距導航系統」（Navigation System Using Timing and Ranging ／ Navstar）。此系統包含了十顆由美國國防部（US Department of Defense）發射的衛星，結合了各個從前的衛星與美國陸軍、海軍與空軍計畫發展出的技術與概念。第一套時距導航系統（稱為 Block I）在 1985 年正式啟用，賦予美國軍方在世界各地都能定位或追蹤特定資產，其精度大約可以達到 10 至 20 公尺。

　　1983 年，在俄羅斯軍方擊落一架偏航民航機（大韓航空〔Korean Air Lines〕的 007 號班機）的悲劇發生之後，美國政府決定解除全球定位系統網絡的機密狀態，讓全球大眾都能免費使用。最初，民用訊號經過了降階，但從 2000 年開始，所有使用者都升級為能夠取得完整定位能力的使用許可。在新版時距導航系統隨時間持續進步之下，讓現代全球定位系統接收器得以取得大約十幾顆的 Block IIIA 衛星訊號，一般而言使用者的定位精度已經在大約 3 公尺之內。計畫在 2020 年代初期，就能達到 30 公分的精準定位。

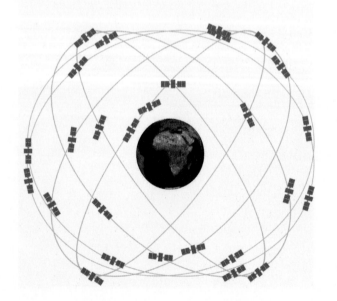

　　今日，已有大約數十個國家會分享或運作自己的全球定位系統網。除了汽車、船、飛機與人民的導航應用之外，全球定位系統的訊號也提供我們手機與電腦的時間資訊、大氣層與電離層的氣象數據，以及板塊移動與地震位移的地質數據。

從此示意圖可見超過 20 架全球定位系統之衛星，這些衛星都繞著距離地表約兩萬公里高空的軌道，軌道傾角約為 55 度。此系統的設計目標為確保不論在世上任何一處，在高於水平面至少 15 度仰角的範圍內，都至少會同時可見四顆衛星。

參照條目　空中遙測（西元1858年）；地球同步衛星（西元1945年）；國際地球物理年（西元1957至1958年）；氣象衛星（西元1960年）；地球科學衛星（西元1972年）；太空的海洋學（西元1993年）。

西元 1975 年

昆蟲遷徙

弗雷德・厄爾克哈特（**Fred Urquhart**，西元 1911—2002 年）

　　許多物種（包括早期人類）都會因為天氣、食物量與掠食者侵襲等等因素，持續進行相對可以重複的遷徙（從一個環境遷移到另一個）。像是昆蟲等體型比較小的動物也有出現路徑漫長得驚人的遷徙習性。

　　最著名且神祕的昆蟲遷徙之一，就是生長地區遍及世界各地的亞種帝王蝶（Monarch butterfly）。例如每年的 9 月或 10 月，帝王蝶都會從美國東部與加拿大的南部，跨越 3,200 公里以上的距離，跋涉來到冬季棲居地（推估位於墨西哥境內）。加拿大動物學家弗雷德・厄爾克哈特為研究帝王蝶的頂尖科學家之一，他從 1930 年代就開始尋找帝王蝶的過冬地點，最後終於在 1975 年如同中樂透般地收到幾位墨西哥中部居民的聯絡，這些居民之所以會通知弗雷德是因為他甚至在報紙上刊登了協助搜尋帝王蝶的廣告。當地人帶著弗雷德登上米卻肯州（Michoacán）的山頂，這個首度為世人廣泛得知的帝王蝶過冬地點，此時正飛舞著上億隻帝王蝶。接著附近也發現更多冬季棲居地，而墨西哥政府也因此希望將此區劃分為獨特的生態保護區，也就是如今的帝王蝶生態保留區（Monarch Butterfly Biosphere Reserve）。

　　帝王蝶每年一度的遠征旅程是一種多代遷徙（multi-generational migration）。帝王蝶的親代會在南下旅程途中死去，但牠們在路途中誕生的子代卻知道如何抵達傳統的過冬地點。這些子代也無法活過從 3 月開始的北返旅程，但是牠們的孩子（或孫子）卻也都能接續完成整趟遷徙旅途。

　　許多蛾、蜻蜓、蝗蟲與甲蟲的物種也都有季節遷徙的習性，某些物種也類似帝王蝶會進行大型長距離遷徙。另外，許多具備遷徙習性的物種也是多代遷徙，某些物種還有以六代的跨度完成一個遷徙循環的例子。遷徙確切目的地的資訊究竟是如何代代相傳，目前仍不得而知。也許這是一種簡單的遺傳本能，也許牠們僅僅只是跟著太陽、沿著地球的磁力線，又或是隨著路途間的某些地理特徵。這個地球上最吸引人的遷徙行為之謎，也是今日昆蟲學家等人密集研究與爭辯的主題之一。

壯觀的大批帝王蝶，一同在「過冬」時期分享著幾處不變的小範圍地點，此處正是位於墨西哥安甘格爾（Angangueo）的帝王蝶生態保留區。

參照條目 磁導航（西元1975年）；寒帶針葉林（西元1992年）；大型動物遷徙（西元1997年）。

磁導航

薩瓦托‧貝里尼（**Salvatore Bellini**，西元 1925─2011 年）
理查‧布雷克莫爾（**Richard Blakemore**，生於西元 1942 年）

　　透過長時間的自然天擇過程，動物會演化出與感官知覺（視覺、聽覺、嗅覺、觸覺與味覺）相關的有利能力，例如更好的夜間視力，或是擁有比獵捕自己的掠食者更強的聽力或嗅覺。某些物種會利用主要棲居地的某些特殊環境條件而因此發展繁茂，其實絲毫不會令人感到奇怪。某些動物甚至還會發展出其他物種缺乏的特化感官，也因此擁有一些獨特的能力，例如蝙蝠與海豚的回聲定位（echolocation）。

　　除此之外，1963 年義大利醫學博士薩瓦托‧貝里尼發現了一個更驚人的特化新感官，這項並未發表的觀察是貝里尼發現某些細菌會沿著磁場移動而產生反應，如同一種導航過程，如今稱之為趨磁性（magnetotaxis）。到了 1975 年，透過一篇經過同儕審視的論文，我們對這些細菌如何感知磁場終於有了更完整的了解，此篇論文由美國微生物學家理查‧布雷克莫爾撰寫，他發現這些細菌體內含有微小的磁性礦物（例如擁有強烈磁性的鐵氧化物磁鐵礦）結晶磁鏈，包在膜與蛋白質之間。布雷克莫爾將這些磁鐵礦磁鏈暱稱為磁小體（magnetosomes），並推論它們代表的可能是一個全新的獨特感官類型（至少在當時是），而他稱之為趨磁細菌（magnetotactic bacteria）。

　　自此，又逐漸發現了更多擁有類似能力的更複雜物種，包括屬於節肢動物、軟體動物與特定脊椎動物的物種，這些物種都擁有感覺地球磁場強度與方向的能力，並且會根據這些感覺（稱為磁覺〔magnetoreception〕）移動或做出其他決定。例如，信鴿的導航系統的一部分，就利用了自身朝向與地球磁場方向的相對關係。信鴿鳥喙的部分區塊就有發現了顆粒微小的磁鐵礦，不過這些磁鐵礦在牠們導航系統中所扮演的角色尚不明朗。甚至還有哺乳類動物似乎也擁有磁覺的能力，例如某些小鼠與蝙蝠物種（但人類沒有）。不過，由於這些動物都並未發現針對磁覺的明顯感知接受「器官」（像是鼻子或舌頭）。這些動物如何將牠們的「感覺」與地球磁場產生關聯，至今依舊成謎。

單細胞磁性菌（*Magnetospirillum magnetotacticum*，MS-1）的高解析照片，其體內擁有一條成分為磁鐵礦的線型磁小體。此細胞長度約為 2 微米（microns）。

參照條目　磁鐵礦（約西元前2000年）；地磁反轉（西元1963年）；磁層振盪（西元1984年）。

西元 1976 年

溫帶雨林

比起地球上任何一個生態區，熱帶雨林（大多位於赤道的 25 度之內）不僅囊括了密度最高的生物，同時擁有差異範圍最廣的物種多元性。不過，後面緊追不捨的就是位於北回歸線與北極圈之間（23.5°N—66.5°N）以及南回歸線與南極圈之間（23.5°S—66.5°S）的各式類型溫帶雨林。

溫帶雨林是密度很高的森林地區，每年都會降下巨大雨量（超過 140 公分），這類地區常常生長了針葉樹與闊葉樹，以及各式各樣的苔類與蕨類植物。這類樹木會形成一片高度距離林地表面達 100 公尺以上的林冠層（canopy，接收最多雨量與日照的頂層棲居地），而夏季林地表面也能因此得到約 95% 遮蔭。光照少且氣溫低，也讓林地表面終年潮溼，更因此吸引了苔類、蕨類、地衣、蛞蝓與各式各樣耐蔭灌木。

溫帶雨林僅出現在全球少數幾處地區，而且通常都與從鄰近海洋傳來的可觀溼度有關；其中占地最廣闊的溫帶雨林位於北美洲太平洋西北部沿岸、南美洲的西南部海岸、中國南部與北韓北部。許多位於太平洋西北部的溫帶雨林，包括美國規模最大的霍爾雨林（Hoh rainforest），都在 1909 年合併成為國家保護區，接著更在 1938 年成為奧林匹克國家公園（Olympic National Park）。由於此地也是全世界少數擁有罕見且逐漸消失的特殊生態系統之地，聯合國教科文組織在 1976 年將奧林匹克國家公園列為生物圈保護區（Biosphere Preservation District）。

美國華盛頓州奧林匹克半島（Olympic Peninsula）的蒼鬱霍爾雨林，每年大約都會接收超過 323 公分的雨量，是一座經典的「原始」溫帶雨林。霍爾雨林的林冠層生長著大量的雲杉與鐵杉（hemlock），還有洋松（Douglas fir）、雪松、楓樹與白楊（cottonwoods），其中許多樹木都擁有 150 至 300 年的歲數。

位於美國華盛頓州奧林匹克國家公園的霍爾雨林，這片生意盎然的繁茂溫帶植物就沿著蘚苔廳小徑（Hall of Mosses Trail）生長。照片攝於 2007 年。

參照條目 花（約西元前一億三千萬年）；最古老的活樹（約西元前3000年）；砍伐森林（約西元1855至1870年）；國家公園（西元1872年）；熱帶雨林（西元1973年）；寒帶針葉林（西元1992年）；溫帶落葉林（西元2011年）。

航海家金唱片

　　大約每隔 176 年，各顆巨大的外太陽系行星木星、土星、天王星（Uranus）與海王星（Neptune）就會連成一條滑順的天文曲線，此時，我們就可能利用每一顆行星的重力拋甩至下一顆行星，很有效率地以一趟太空旅行造訪所有外行星。科學家在 1960 年代就深知下一次「偉大行星之旅」（Grand Tour）的機會將在 1970 年代來臨。這些巨大行星的大氣層運作過程與地球相似嗎？為什麼相似？它們的衛星適合居住嗎？這些衛星過去或現在有地質活動嗎？而一趟「偉大行星之旅」的任務也許就能以相對快速的方式得到這些疑問的解答。

　　此任務在 1960 年代開始規劃，並在 1977 年啟程。美國太空總署的航海家 1 號與 2 號飛掠探測器在發射之後的 12 年間，完成了巨大外行星的首度詳細偵查，自 1989 年起便緩慢地向外飄移，準備探索太陽磁場所及的最遠處。如今，由於它們已經脫離了太陽重力，因此正進行星際探索旅行。

　　兩架太空探測器都裝載了一個時光膠囊的「瓶中信」，這些訊息嵌在鍍金的銅製唱片（還附有唱針），其中包括了譯成密碼的問候語，來自全球由孩童到國家元首等所錄製的 55 種語言、21 種不同聲音（例如風、雨、蟋蟀、狗、拖拉機、火車與一個吻等等）、來自世界各地的 27 首歌曲（總長 90 分鐘的音樂，其中收錄了查克·貝瑞〔Chuck Berry〕的〈Johnny B. Goode〉）與 115 張圖片（包括數學符號、人、食物、建築與自然奇景等等）。航海家金唱片是太空人卡爾·薩根與一小支科學家、藝術家與夢想家團隊的創作，由美國太空總署執行，簡潔地為未來任何可能找到這張唱片的人或物介紹了 1970 年代的地球。

　　由於這些訊息裝進了鍍金的鋁盒中，也因為我們預估這兩架探測器在穿越銀河系的旅途中，都只可能遇到偶然出現的一顆氫分子或一粒宇宙塵埃，所以預計航海家金唱片能留存數十億年以上，也許甚至能比地球與太陽留存得更長久。這些投進宇宙大海的「瓶中信」，會不會終有一日成為我們「暗淡藍點」的唯一遺產？

大圖　航海家金唱片的樣本，為銅製的鍍金唱片，直徑為 30.5 公分，其中兩張航海家金唱片帶著地球的歌曲、問候語與圖片，踏上了跨越銀河的旅行。
小圖　航海家太空探測器的示意圖。

參照條目　行星運動定律（西元1619年）；史波尼克衛星（西元1957年）；地球輻射帶（西元1958年）；地球的自拍（西元1966年）；長途太空旅行（西元2016年）。

深海熱泉

地球釋放其內部熱能的方式之一就是火山作用。說到火山，我們腦中浮現的通常都是有熔融岩漿或火山灰在地表噴發的地方，但其實火山口或裂隙也會像大氣層或海洋，釋放極大量的水與其他揮發性氣體。這些經過火山作用在地表釋放超炎熱水、蒸汽與其他氣體的地區，就稱為熱泉（hot springs ／ hydrothermal vents）。

在發現海底擴張，以及了解中洋脊與熱點都是活躍火山噴發出新海洋地殼的來源，許多科學家都覺得深海熱泉很可能與中洋脊的板塊擴張中心有關。到了 1970 年代早期至中期，來自斯克里普斯海洋研究所（Scripps Institution of Oceanography）、伍茲霍爾海洋研究所（Woods Hole Oceanographic Institution）與其他頂尖海洋研究單位的研究團隊，開始在加拉巴哥群島周遭海床尋找深海熱泉，並真的發現了人類首度接觸的證據。

1977 年 2 月，一支由三名海洋地質學家組成的團隊搭乘阿爾文號（Alvin）深潛器，第一次下潛並直接採集了加拉巴哥裂谷深海熱泉的樣本。他們在這些熱泉發現了順著地殼裂隙向下滲透的冰冷海水會與近地表的岩漿接觸，接著會以大約攝氏 5 至 15 度的水溫噴向地表，其水溫會高於周遭平均海水溫度大約攝氏 2 度。驚人的是，他們也發現深海熱泉周邊如此高壓的環境中，竟然生活了極多元的嗜極生物，包括簡單細菌與古菌，還有更複雜的生物，例如蠕蟲、蛤類與蝦類。

隨後的探險旅程進一步發現中洋脊身處於一座充滿極高溫熱泉與黑煙的世界；熱泉噴出的海水溫度高達攝氏 370 度，接著迅速冷卻，同時析出深色的硫化物等礦物，漸漸地沉積成一根根形如石筍的高聳沉積圓柱。沉積了淺色矽酸鹽礦物的區域，則有溫度較低的白煙。海洋地質學家自此發現了這片生氣盎然深海生態系的基本食物鏈：細菌會利用極熱海水中的硫化物進行化學合成作用（chemosynthesis），而非光合作用，以製造所需能量。

濃密黑煙與管蠕蟲（tube worm）群集。此處位於溫哥華島（Vancouver Island）西南方水深約 2,250 公尺的海底，這裡是東北太平洋奮進號深海熱泉區（Endeavour Hydrothermal Vent Field）的「草莓園」（Strawberry Fields）。

參照條目　板塊構造運動（約西元前四十至前三十億年？）；光合作用（約西元前三十四億年）；喀斯開火山（約西元前三千萬至前一千萬年）；夏威夷群島（約西元前兩千八百萬年）；加拉巴哥群島（約西元前五百萬年）；描繪海底地圖（西元1957年）；嗜極生物（西元1967年）；海底擴張（西元1973年）；水下考古（西元1985年）。

風力

　　就像是陽光，若是能夠成功駕馭風，它似乎也是永久供應的潛在能源。自史前時代，人類就知道利用風力推動帆船，而在歷史紀錄中，第一個實驗型風力磨坊的紀錄可以追溯至數千年前的羅馬帝國。七世紀的波斯工程師發展出第一批廣泛使用的磨坊，擁有汲取水或碾磨穀物等實際用途。

　　磨坊的汲取與碾磨用途在接下來的數世紀中持續成長，到了十九世紀晚期，第一間用於發電的風力磨坊開始出現。這些首批風力推動渦輪只能產生小量的電力（大約 5 至 25 千瓦，足以提供個人農場或小型社區使用）。不過，在某些風力持續不墜的地區，大量、永續又「低碳」的風力能源可謂強大的誘因，讓政府、公司，甚至是社區紛紛開始發展大型的高容量風力渦輪發電機。風力渦輪技術發展的分水嶺發生於 1978 年，當時一臺穩定的百萬瓦等級（200 萬瓦）風力渦輪在丹麥長年強風吹拂的北海（North Sea）海岸的特文（Tvind）社區正式啟動。

　　今日，升級後的特文風力渦輪依舊持續為該區域供電。然而，自從 1970 年代，石化燃料的成本不斷攀升（以及終將耗盡的預估）、關於核能使用的安全顧慮，以及高電容量太陽能發電廠發展的不如預期，在在都誘使發電廠試著建造更大型、更有效率，甚至具備更高電容量的風力發電系統。例如，今日最大型的風力發電機已經可達 180 公尺高，並且能產生高達 800 萬瓦的電力，已經從一間磨坊成長為擁有供應數千戶家庭電力的潛力。

　　根據英國政府的研究，風力現今已是大規模且低碳電力成本最低的選項，尤其是來自百萬瓦等級的大型離岸風場（部分錨定在淺水地區，部分漂浮在深水區）的風力。今日的全球風力供電量已經占世界總量的 8%，但在石化燃料發電成本（經濟與環境兩層面皆然）持續攀升之下，可望於 2040 年達到 15%。

美國加州靠近棕櫚泉（Palm Spring）位於聖哈辛托山（San Jacinto）與聖貝納迪諾山（San Bernardino）之間的風力發電場。此處擁有超過四千座風力發電機，足以供應棕櫚泉與鄰近科切拉谷地（Coachella Valley）所需電力。照片攝於 2006 年。

參照條目　工業革命（約西元1830年）；尼羅河的整治（西元1902年）；核能（西元1954年）；太陽能（西元1982年）；水力（西元1994年）；石化燃料枯竭？（約西元2100年）。

全球資訊網 |

　　1950 年代第一臺電腦的發明，不僅讓地球科學與其他領域的科學工程應用計算更為快速，也有機會讓學生之間以及研究團隊之間擁有範圍更廣闊的交流。最早的電腦是所謂的主機系統（mainframe system），擁有由終端機進入的龐大笨重核心處理器。最初，終端機與主機會架置於同一個場所，但是兩者的所在位置距離開始增加（從不同樓層的工作室，再變成分立於同一校區的不同大樓），電腦科學家也開始必須為了多個終端機設計協定與標準，以利在核心中樞進行溝通，當然，電腦科學家們也因此必須彼此交流。

　　到了 1960 年代，建立一個互相連結的網絡系統或網際網路（internet）的最初概念與方式已經成形。這些概念包括了以所有人都同意的固定格式傳遞小型數據封包，以及將傳送這些封包到目標位置的工作，交由一種稱為路由器的特殊電腦處理。到了 1970 年代，小型網際網路已經在許多頂尖電腦科學的大學裡建立完成，另外像是美國國防部先進研究計畫署（Defense Advanced Research Projects Agency，DARPA）等美國政府組織也有設立。接著在 1979 年，電腦科學家發展出一套在網際網路上使用者之間傳遞以文字為基礎的訊息時，必須遵守的特定標準。同年，CompuServe 公司向網路使用者推出了一項服務，不論是主機或當時剛開始出現的個人電腦，此公司都可以協助使用者以這套標準收發電子信件。而我們今日熟知的全球資訊網以及資訊時代，就在此時誕生。

　　接下來的數十年之間，在速度、頻寬與路由方面都有了重大的進展。另一個重要的發展里程碑則是在 1989 年出現，那便是軟體工具與協定開始讓網際網路上不斷擴張的資料，能夠在被稱為全球資訊網（World Wide Web）的點或頁面儲存或瀏覽。今日，這張「網絡」已經遍及全球，而網際網路能從世界任何一個角落進入（雖然某些國家會進行審查），只要使用者能夠擁有「終端機」，也就是手機、筆電、平板電腦或個人電腦。科學、教育、政治與我們的文明，其實都已經因為有了進入擁有全世界知識的廣大網路世界之能力，而產生了極為巨大的改變。

就像是一張蜘蛛網，此刻全世界的電子連結程度已經進入從未有過的密集。

參照條目　人口成長（西元1798年）；工業革命（約西元1830年）；人類世（約西元1870年）；地球同步衛星（西元1945年）；全球定位系統（西元1973年）。

聖海倫火山爆發

　　火山島弧與高聳的一連串山脈，都是地球表面板塊邊緣的常見特徵，而這類板塊邊緣會是一個板塊隱沒至另一板塊之下，其中知名的例子之一就是位於西半球且橫跨美國西北部至加拿大西南部的喀斯開火山。喀斯開火山的本質與在中洋脊或板塊內部熱點形成的火山類型（例如夏威夷群島或冰島）不同。在中洋脊或熱點的火山作用過程中，岩漿會直接從上部地函噴發至地表，但噴發過程相對和緩，較為液態的岩漿流會緩慢地累積中洋脊或島嶼的高度。然而，隱沒帶的火山作用是下沉部分海洋地殼板塊的熔融，將進一步使上覆的大陸地殼熔融，因此產生低鐵質且高矽質的高塑性（更濃稠）岩漿。這些稠密的岩漿會填塞了近地表的裂隙且導致氣體不斷累積，直到最後在地表形成爆炸性的噴發，釋放巨量粉碎的火山灰與煙塵。

　　這類火山在美國歷史中最劇烈的事件之一，發生在 1980 年 5 月 18 日的早晨，位於華盛頓州南部的聖海倫火山開始猛烈爆發。短短數分鐘之內，聖海倫火山占總體積 15%的山頂便完全炸飛，而一部分範圍約擴張至方圓 64 公里的厚實混攪火山灰，噴向 24 公里高的平流層。在火山周遭 30 公里內的爆發區中，樹木、其他植物、動物與超過 50 名人民盡數消失。而華盛頓州、奧勒岡州與愛達荷州的部分區域都有降下了達 13 公分厚的火山灰。放眼望向因為這次爆發形成的新火山口與周遭景色，其實更有身在月球的感覺。

　　幸運的是，在這次爆發之前的數週之間密集出現了強烈的群震，地質學家也因此預測聖海倫火山即將噴發，絕大多數的居民也儘速撤離。不過，聖海倫火山此後再度出現一次週期性的噴發，最近期的一次規模較小的噴發在 2008 年。聖海倫火山或喀斯開火山的下一次爆發究竟是何時？我們依舊無從得知，不過活躍板塊邊界沿線未來一定還會發生更多的噴發事件。

1980 年 5 月 18 日，位於美國華盛頓州西南部的層狀火山聖海倫火山猛烈爆發，釋放出大量的火山灰與蒸汽。

參照條目：板塊構造運動（約西元前四十至前三十億年？）；內華達山脈（約西元前一億五千五百萬年）；喀斯開火山（約西元前三千萬至前一千萬年）；夏威夷群島（約西元前兩千八百萬年）；安地斯山脈（約西元前一千萬年）；龐貝（西元79年）；于埃納普蒂納火山爆發（西元1600年）；喀拉喀托火山爆發（西元1883年）；島弧（西元1949年）；火山爆發指數（西元1982年）；皮納圖博火山爆發（西元1991年）；艾雅法拉火山爆發（西元2010年）。

滅絕撞擊假說

路易斯・阿爾瓦雷茲（**Luis Alvarez**，西元 1911－1988 年）
瓦爾特・阿爾瓦雷茲（**Walter Alvarez**，生於西元 1940 年）

從奧陶紀（大約四億五千萬年前）之後的化石紀錄中，出現至少五次生物大規模滅絕，大規模滅絕的起因假說之一就是大型小行星或彗星的撞擊，但是，在二十世紀中期之前，地質學家始終無法接受此假說，因為撞擊坑在改變行星表面與環境中所扮演角色的研究，在此之前尚未開始發展。

然而，美國地質學家與考古學家瓦爾特・阿爾瓦雷茲對此想法相當熱衷，他在 1970 年代利用各種人造物進行的地球化學分析，研究羅馬時期的居住地分布模式，地點位於義大利靠近古比奧（Gubbio）的山區。他在此區域各處發現了許多不尋常的的深色薄層黏土，此地層的年代剛好與白堊紀及古第三紀的交界相同，時間大約是六千五百萬年前，也就是所有無飛行能力的恐龍盡數消失的大規模生物滅絕時期。

瓦爾特在分析這些樣本的過程擁有一項優勢：他的父親——諾貝爾獎得主美國核子物理學家路易斯・阿爾瓦雷茲——擁有進入特殊實驗室的管道，這些實驗室能夠針對這些樣本的微量元素進行精密計算。這對父子搭檔發現此地層富含高質量金屬鉑族元素的銥，濃度超過「正常」的地球岩石。由於地球絕大多數的沉重金屬，在地球形成之初都已沉入地核，因此，他們與同事在一篇 1980 年發表的研究論文中提出一項假說，這個富含銥元素的地層來自地外小行星或彗星的撞擊，而此撞擊造成了白堊紀－古第三紀的恐龍滅絕。

由於缺乏適當的證據，滅絕撞擊假說隨即遭遇大量的質疑。然而，1990 年科學家在墨西哥猶加敦半島（Yucatán peninsula）靠近希克蘇魯伯（Chicxulub）的一處，發現了一座受到嚴重侵蝕的大型隕石撞擊坑，形成年代大約就是六千五百萬年前。這就是科學界所需的確鑿證據，今日科學界一致認同希克蘇魯伯隕石坑至少是白堊紀－古第三紀大規模滅絕事件的部分原因，也許當時還伴隨了其他地質事件，例如幾乎同時期發生的德干暗色岩火山噴發。

路易斯（圖左）與瓦爾特・阿爾瓦雷茲正在義大利古比奧的沉積岩層採樣，此岩層位於白堊紀（下方）與古第三紀（上方，舊名為第三紀）的交界，時間大約落在六千五百萬年前。照片攝於 1981 年。

參照條目　大規模滅絕（約西元前四億五千萬年）；大滅絕（約西元前兩億五千兩百萬年）；三疊紀滅絕（約西元前兩億年）；德干暗色岩（約西元前六千六百萬年）；恐龍滅絕撞擊事件（約西元前六千五百萬年）；亞利桑那撞擊事件（約西元前五萬年）；鉑族金屬（西元 1802 至 1805 年）；美國地質調查局（西元 1879 年）；隕石狩獵（西元 1906 年）；通古斯加大爆炸（西元 1908 年）；認識撞擊坑（西元 1960 年）。

大堡礁

　　生態學家依賴某些特定物種，將其視為展現不同環境特徵的生物指標（bioindicators），而這些環境可以是現今世界，也可以來自邈遠的過去。例如，珊瑚在淺海打造的珊瑚礁聚落，就對於生長環境中海水的溫度、鹽度與酸度極為敏感。古生物學家因此能利用這樣的環境敏感度，重建古代淺海環境的細節，甚至能一路追溯至大約五億五千萬年前寒武紀大爆發時，珊瑚的首度現身。雖然大約在兩億五千萬年前二疊紀尾聲的「大滅絕」事件中，極大量的主要珊瑚物種步入滅絕命運（同時伴隨 96% 的物種也盡數消失），但仍有一小部分的珊瑚物種成功生存，並且至今依舊持續扮演海洋的生物指標。

　　地球現存的最大型珊瑚礁位於大堡礁，此地位於澳洲東北部海岸的淺海區。大堡礁的珊瑚礁系統約有 2,300 公里長，由數千座獨立珊瑚礁與數百座小型島嶼共同組成，涵蓋面積相當於一個德國。這是全世界生物建造的最大型單一建築物。1975 年，澳洲政府為彰顯此區的獨特天然環境，建立了大堡礁海洋公園（Great Barrier Reef Marine Park）。也許更重要的是，大堡礁在 1981 年晉升為聯合國世界遺產，確立此地獨特生態系統所具備的全球地位，並需要持續的保護。

　　珊瑚同時也是完美的共生範例，牠們除了仰賴藻類與其他生物透過光合作用提供能量，其他生物也能幫助珊瑚鈣化，以此讓珊瑚礁不斷擴張。然而，因為海水溫度、過度漁獵、海洋酸度與污染等方面的不斷提升，全球各地的珊瑚都正面臨危機，因為牠們無法為藻類提供適當的二氧化碳與其他養分，共生關係也因此逐步瓦解。此時，就會因為藻類的數量減少而有珊瑚「白化」的現象，而珊瑚將緩慢地越漸飢餓而終將死亡。正在白化的珊瑚其實還有復原的機會，但也許不能沒有身在全世界的我們之幫助。

澳洲昆士蘭（Queensland）海岸大堡礁海洋公園內位於弗林珊瑚礁（Flynn Reef）的前海熱帶珊瑚礁與魚類。照片攝於 2004 年。

參照條目　地球的海洋（約西元前四十億年）；寒武紀大爆發（約西元前五億五千萬年）；大滅絕（約西元前兩億五千兩百萬年）；珊瑚的地質學（西元1934年）；探索海洋（西元1943年）；內共生（西元1966年）；太空的海洋學（西元1993年）；海洋保育（西元1998年）。

作物基因工程

　　人類自史前時代就已開始操縱其他生物的基因，例如人類利用選擇育種的方式增加了許多動物的馴化程度，還有透過類似的方式增強農耕作物的耐受度與產量。這類基因工程方法利用了動物行為或植物尺寸（健康狀態）中的天生差異能夠被強化與開拓，因此就像是一種經過人類導引的自然天擇。

　　人類數量從工業革命開始攀升（人口上升的部分原因也來自工業革命），而且人口數字預計將在本世紀中期達到超過一百億人，在這樣的情況之下，傳統的「自然」基因工程可能已經不足以跟上今日全球的食物所需。這樣的認知，再加上二十世紀早期開始我們對於微生物的了解有了驚人進展，都推動了現代生物科技（利用生物製造或調整產品與製程）的發展。

　　生物科技的國際重要應用之一，就是農耕作物的人造基因工程，目的在於增加作物對於害蟲、殺蟲劑、疾病與／或乾旱等極端環境的耐受度，同樣還有增加採收之後的上架壽命，以及／或食物產品的營養價值。第一個農業用途的基因改良生物（genetically modified organism，GMO）就是一種抗生素抗藥性（antibiotic-resistant）菸草植物，由孟山都（Monsanto）化學公司實驗室的研究人員於 1982 年發展出來。1980 年代，進一步的實驗室與實地農地測試了其他菸草改良版本，製造出能夠抵抗昆蟲與除草劑的作物。在此技術能應用到許多類型的作物身上時，世界各地的農人很快地接受了，因為作物的平均產量增加了超過 20%，而殺蟲劑的使用下降了超過 35%，農場收益開始急遽上升。

　　基因工程確實有助於餵飽全世界不斷增加的人口。不過，雖然科學界一致認同基因改良食物的食用安全，但許多大眾依舊持懷疑態度。某些國家對於基因改良作物的種植與進口，訂下了相當沉重的規範，某些國家甚至全然禁止或有所限制。即使是提倡以科學證據說話之人，也認為還有許多工作未完成，例如證明基因改良作物與食物長期以來對於環境無害。

來自拉丁美洲的玉米，擁有許多不常見的顏色與形狀，照片中玉米的基因已結合了美國當地的玉米作物，目的是增加它們的基因多元性。

參照條目 動物的馴化（約西元前三萬年）；農耕的發明（約西元前一萬年）；啤酒與葡萄酒的發酵（約西元前7000年）；人口成長（西元1798年）；工業革命（約西元1830年）；自然天擇（西元1858至1859年）；人類世（約西元1870年）；土壤學（西元1870年）；地球化（西元1961年）；植物遺傳學（西元1983年）。

盆嶺地形

約翰・麥克菲（**John McPhee**，生於西元 1931 年）

任何曾經飛越、駕車穿越美洲西南部沙漠上空，或看過此處的衛星照片的人，都一定會注意到這兒幾乎如波浪般均勻起伏的天然地景。橫跨新墨西哥南部、亞利桑那州與加州，北至內華達且南至墨西哥，這片遼闊的大型沙漠低地整齊交替著綿長狹窄的平行山脊，以及同樣瘦窄漫長的平行山谷（其中最知名的地點就是死亡谷）。由於這些特徵鮮明的山谷與山丘，地質學家將此地稱為盆嶺區。

地質學家雖然一致同意將此地稱為盆嶺地形，但對於其背後成因一直難以達成共識，因為此地的地質歷史過程相當複雜。其中最主要的假說為大約在一億五千五百萬年前，曾經的法拉榮板塊隱沒至北美洲板塊之下，自此開啟了一段漫長的板塊隆升與擠壓造山的過程，如內華達山脈與洛磯山脈。殘餘的板塊碎片如今已全數隱沒至大陸板塊之下，並沉入地函，進一步使得上方的地殼開始出現拉張應力，而非聚合。地殼受到向外拉張的力道，使得地表出現與拉張方向垂直的平行斷層，而斷層之間（稱為地塹〔graben〕）一塊塊地殼因此陷落，並形成長長的山谷或盆地；向下陷落的地塊之間（稱為地壘〔horst〕），則成為長長的山丘或山脊。

盆嶺區如此戲劇化的地質歷史，又因為西南沙漠區稀疏的植被顯得更為鮮明。此處最為人盛讚的地質歷史故事則是由美國作家與普林斯頓教授約翰・麥克菲寫下。盆嶺區正是他 1982 年出版的一套四冊《前世年鑑》（*Annals of the Former World*）的第一冊，而本系列更拿下了普立茲獎（Pulitzer-prize），他在本書以地質家看待大自然的雙眼與優美的文字，記錄了北美洲的地質歷史，以及挖掘於投入這段歷史的許多人物。麥克菲的文字不僅拉近了地質與一般大眾的距離，也讓地球科學界不休的爭辯有了一致的共識。科學，這項人類不斷付出心血的領域，需要的不僅是觀察家與理論家，有時也需要一位才華絕倫的說書人。

上圖　約翰・麥克菲，撰寫無數地球科學科普書籍的作者。
下圖　位於美國內華達盆嶺國家保護區（Basin and Range National Monument）的風景。

參照條目　大陸地殼（約西元前四十五億年）；板塊構造運動（約西元前四十至前三十億年？）；綠岩帶（約西元前三十五億年）；阿帕拉契山脈（約西元前四億八千萬年）；內華達山脈（約西元前一億五千五百萬年）；洛磯山脈（約西元前八千萬年）；喀斯開火山（約西元前三千萬至前一千萬年）；大峽谷（約西元前六百萬至前五百萬年）；死亡谷（約西元前兩百萬年）。

太陽能 |

十九世紀晚期，物理學家發現某些物質的光線會產生穿梭其中的電流，到了二十世紀初期，愛因斯坦便因為解釋了此光電效應（photoelectric effect）背後的物理原理而獲得諾貝爾獎。接著在 1940 與 1950 年代，第一顆能夠由太陽光創造電流的太陽能電池誕生，而 1950 年代晚期直到現在，太陽能電池就一直裝載應用於電信、氣象、地球與行星科學的衛星。

太陽能電池在陸地供電開始較廣泛的發展與裝設大約是在 1970 年代，剛好正處於石油禁運與能源危機時期。1982 年，太陽能發電有了主要發展里程碑，當時在美國加州希斯皮里亞（Hesperia）外的莫哈維沙漠，建設了第一座試驗性的百萬瓦等級太陽能電廠。當時的發電廠是由美國大西洋富田石油公司（Atlantic Richfield Company，ARCO）建造，這間石化燃料的主要供應商預測全球油價將在數十年之間急遽飆升，因此決定投入此領域。繼第一間試驗發電廠之後，大西洋富田石油公司更在鄰近打造了規模更大的太陽能發電廠（520 萬瓦），由獨立的十萬列太陽能電池組成。然而，全球油價並未如預期竄天狂漲，因此種種工業級的早期太陽能發電嘗試在 1990 年代逐漸遭到淘汰。

不過，太陽能電池此後便持續加強效率以及電力網絡的分布，再加上石化燃料成本的緩慢提升，與非永續能源可能造成的環境考量，都再度燃起太陽能發電的火花。房屋與商業建築屋頂的太陽能板已漸漸變得更常見且更平價，世界各地也不斷增加太陽能電廠，每一座發電廠都擁有創造數百萬瓦電力的能力，甚至有超過 850 萬瓦的例子。在過去五年之間，全球以太陽光照產生電力的能力已經增加為四倍，今日，約有 1.7% 的全球電力源自太陽日照。相較於風力、水力或核能，這樣的比例似乎十分微小，不過太陽能發電是發展速度最快的再生能源，許多分析師認為一旦太陽能電池的效率提升且成本逐步下降，太陽能將在本世紀下半葉成為全世界的主要能源。

位於西班牙安達魯西亞（Andalusia）的大型太陽能收集發電廠。照片攝於 2017 年。

參照條目　工業革命（約西元1830年）；尼羅河的整治（西元1902年）；核能（西元1954年）；氣象衛星（西元1960年）；地球科學衛星（西元1972年）；風力（西元1978年）；水力（西元1994年）；石化燃料枯竭？（約西元2100年）。

火山爆發指數

　　自史前時代起，火山爆發就總是會對人類生活造成衝擊。即使到了相當近期的歷史中，許多重大的火山爆發事件依舊造成當地、區域性或甚至全球規模的龐大影響，例如西元 79 年的維蘇威火山爆發、1883 年的喀拉喀托火山爆發、1980 年的聖海倫火山爆發、1991 年的皮納圖博火山爆發，還有 2010 年的艾雅法拉火山（Eyjafjallajökull）爆發，它們形成的影響包括了因巨大噴發造成的短期氣候急遽改變。即使是相對「溫和」的火山噴發事件，也會導致當地社區非常驚人的破壞。

　　就像是地質學家隨著時間逐漸認為我們需要為地球時常發生的眾多地震，建立一套能量規模的計算與分類機制，火山學家也認為對火山噴發建立一套系統，能夠幫助我們深入了解不同火山事件的特質，例如更了解每一座火山對性命與財產可能形成危害的潛力。因此，一套估算各座獨立火山能量的標準系統於 1982 年推出，此系統的計算主要根據火山體積，以及從火山岩脈與火山口噴發出的物質類型。這套火山爆發指數的範圍由 0—8，指數為 0 的火山相對較溫和、噴發較持續且體積較小，噴發時的煙流為小型，就像是夏威夷的基勞厄亞火山與茂納羅亞火山；指數為 8 的火山是極為罕見的異常巨大爆發，火山煙流能向上噴發至距離地表 20 公里高，向平流層釋放極大量的火山灰與煙塵，進而使得全球氣候產生大幅改變。

　　火山爆發指數 0—3 的事件其實經常在地球發生，此範圍中最大型的爆發事件大約每三個月會發生一次，最嚴重只會對當地天氣與氣候造成影響。指數為 4—5 的爆發事件大約每年至每十年發生一次，會對大氣層釋放出數量可觀的火山灰與煙塵（火山灰與煙塵也有可能會落至當地城市與城鎮，例如在西元 79 年摧毀了龐貝城的維蘇威火山爆發，其火山爆發指數為 5），同時對區域性的天氣產生嚴重影響。最龐大的爆發事件指數落在 6—8，大約每一百年至每十萬年之間才可能發生一到兩次，這類事件不僅會對當地與區域造成極為重大的破壞，也會對全球氣候產生重要變遷。

自毛納烏魯（Mauna Ulu）火山通道噴發出的岩漿，高度達十公尺，此地位於夏威夷大島基勞厄亞火山。照片攝於 1970 年。

參照條目　龐貝（西元79年）；于埃納普蒂納火山爆發（西元1600年）；坦博拉火山爆發（西元1815年）；喀拉喀托火山爆發（西元1883年）；探索卡特邁火山（西元1915年）；島弧（西元1949年）；智利大地震（西元1960年）；聖海倫火山爆發（西元1980年）；皮納圖博火山爆發（西元1991年）；蘇門答臘地震與海嘯（西元2004年）；艾雅法拉火山爆發（西元2010年）；黃石超級火山（約十萬年後）。

迷霧森林十八年

黛安・弗西（**Dian Fossey**，西元 1932—1985 年）

　　靈長類起源與演化的研究十分依賴化石、工具與其他人造物品的考古發現。然而，由於許多靈長類物種尚存至今，現存物種的基因、動物學與社會研究也都對靈長類物種之間的演化與關係提供了十分重要的資訊。靈長類學（primatology）就是一個特別劃分出的子研究領域，針對靈長類所有現存與滅絕的物種進行研究。靈長類學家專精於人類學、生命科學、基因學、動物學、獸醫學、解剖學、心理學與社會學，他們會在博物館、動物園、動物研究與救援中心以及野外等地方工作。

　　二十世紀頂尖靈長類權威學者之一，就是美國動物學家與靈長類學家黛安・弗西，她尤其專精於大猩猩。弗西原為心理治療師，但在 1963 年一趟前往非洲中心的旅行過程有了轉變，她在此處遇見了考古學家瑪麗與路易斯・李奇，也第一次看見了野生的山地大猩猩（mountain gorillas）。三年之後，在李奇夫婦的邀請與國家地理學會的主要資助之下，弗西遷居至非洲剛果（Congo），並在往後將近 20 年間投入瀕臨絕種的山地大猩猩之研究。這些年間弗西發表在《國家地理雜誌》以及於 1983 年出版的著名書籍《迷霧森林十八年》（*Gorillas in the Mist*，暫譯），讓我們得以近距離一窺世上最神祕「類人

猿」物種的社會生活、行為與習性細節。由於山地大猩猩一直以來受到人類獵捕且棲居地遭到侵襲，其數量不斷降低，如今僅剩大約八百隻；弗西以她的研究工作與寫作大聲疾呼保育與維護，目標希望讓剩下的山地大猩猩族群能受到永久的保護。然而，弗西必須面對當地盜獵者，以及其他以獵捕與宰殺大猩猩維生的人，更遺憾的是，很可能就是因為她的強烈反盜獵提倡，使得她在 1985 年在野外營地遭到謀殺。

　　弗西保護山地大猩猩的精神依舊留存，盧安達、烏干達與剛果共和國的政府與私人資助紛紛投入保育工作，並在當地成立數座國家公園。雖然在國際保育組織的努力之下，山地大猩猩的數量僅緩慢成長且仍面臨絕種的危機，牠們依舊需要我們持續投入保育工作方得以生存。

動物學家與保育家黛安・弗西，正在她位於非洲中部盧安達的家中，一旁與之相伴的就是山地大猩猩。

參照條目　靈長類（約西元前六千萬年）；最初的人類（約西元前一千萬年）；智人現身（約西元前二十萬年）；追尋人類起源（西元 1948 年）；熱帶雨林（西元 1973 年）；黑猩猩（西元 1988 年）。

植物遺傳學

格雷格・孟德爾（**Gregor Mendel**，西元 1822—1884 年）
芭芭拉・麥克林托克（**Barbara McClintock**，西元 1902—1992 年）

　　地球所有生命形態的遺傳基本單位——基因，於十九世紀晚期由奧地利植物學家格雷格・孟德爾發現。雖然孟德爾當時還沒有能夠直接以視覺看見基因的科技工具，但他在 1856 至 1863 年之間，用一系列設計巧妙的豌豆實驗推論出基因的運作機制。他仔細地記錄種子與花朵的顏色，以及植物的高度等各式特徵表現，發現遺傳特徵可以分為顯性與隱性，而且親代會依循一系列遺傳規則將特徵傳遞至子代。雖然此項發現在當時並未得到賞識，但孟德爾在今日已被世界各地視為現代基因學之父。

　　二十世紀最重要的早期遺傳學研究之一，就是終於能夠視覺親眼見到細胞內負責承載 DNA 的染色體（chromosomes）。此研究領域早期最重要的發現之一，由美國植物學家芭芭拉・麥克林托克創下，她從 1920 年代早期至 1950 年代晚期持續研究玉米的染色體。麥克林托克發展出創新的顯微觀察方式，

能夠直接觀測染色體在細胞分裂過程的變化，並描繪出不同區段的染色體在向後代傳遞基因資訊時扮演什麼角色。她也是第一批發現這部分基因構造負責控制或管理特定基因或基因特徵表現的科學家。然而，這樣的構想卻不被當代了解或接受。許多由她提出的概念到了 1960 與 1970 年代，才終於被更先進的科技技術在分子等級找到證據，而她的假說才終於獲得證實。

　　就像是奧古斯丁修道院修士孟德爾，麥克林托克勤勉仔細的研究觀察絕大多數也是在獨身隱居完成，兩位在當代也都沒能獲得賞識與重視。然而，不像孟德爾，麥克林托克得以於在世期間，因早期基因學研究獲得 1983 年的諾貝爾醫學獎。同年，由伊芙琳・福克斯・凱勒（E. F. Keller）所著的麥克林托克傳記《玉米田裡的先知》（*A Feeling for the Organism*）出版，也讓大眾更能見到麥克林托克對於基因遺傳領域的重大貢獻。

上圖　一對對形態各異的植物染色體。圖片由英國倫敦南肯辛頓（South Kensington）的科學博物館於 2008 年製作。
下圖　植物遺傳學家芭芭拉・麥克林托克正在她的實驗室。麥克林托克的研究生涯有許多重大發現，包括生物生理特徵展現與否的開關就是由基因掌控。照片攝於 1947 年。

参照
條目　性的起源（約西元前十二億年）；陸地植物首度現身（約西元前四億七千萬年）；花（約西元前一億三千萬年）；作物基因工程（西元1982年）。

磁層振盪

瑪格麗特・紀芙遜（**Margaret Kivelson**，生於西元 **1928** 年）

地球外圍其實由一個如同「泡泡」的磁場保護，這層保護稱為磁圈。而我們星球的磁場就是由地底深處部分熔融的金屬鐵地核繞著地軸旋轉時產生。如同磁鐵棒在周遭產生的隱形磁力線，地球磁場的磁力線也橫越距離地表遙遠的高處，因此，當太陽「吹出」的高能量粒子流（太陽風）向我們的磁圈洶湧而至時，地球磁場就會像是乘風破浪的船隻在船首形成的波浪。大約從十七世紀開始，人們就開始研究地球磁圈的基本輪廓與特性，不僅透過實驗室中的各式磁鐵實驗，還有長期的極區極光觀察，極光也正是我們能實際看到磁圈與太陽風交互作用的現象。然而，直到 1950 年代晚期我們能以衛星實際探測磁圈時，才終於開始了解這個地球系統相當關鍵的部分。

頂尖磁圈研究學者之一美國太空物理學家瑪格麗特・紀芙遜，就在大約 1950 年代晚期進入地球磁場的研究領域，而且很快就被多次邀請加入探測磁圈的太空衛星任務。紀芙遜在 1984 年發表了一篇關鍵研究論文，提到她在磁圈發現了許多大型超低頻波。這些超低頻波似乎是太陽風脈衝撞擊磁圈最稀薄微弱的最外層時所產生。這些巨大的磁波就像是拍打到沙灘上的波浪，有助於太陽風與外層磁圈的粒子加速傳遞至內層磁圈的「岸上」，而此處正是我們人類能進行詳細研究之處。

紀芙遜的研究成果贏得了無數人的敬重於眾多獎項，不僅如此，她同時將其對於地球磁場的專業知識應用於巨大外行星與其衛星的磁場研究。她的團隊也因此發現太陽系最大的衛星木衛三自身便擁有磁場（同時也是太陽系唯一擁有磁場的衛星），而木星的磁場狀態也強烈顯示木衛二地底可能擁有液態水。

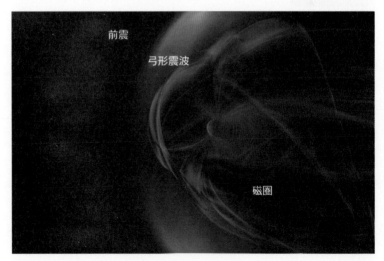

前震

弓形震波

磁圈

左圖　瑪格麗特・紀芙遜。照片攝於 2017 年。
右圖　地球磁圈（藍線）的示意圖，能抵抗洶湧而至的太陽風（圖左橘色），保護了我們星球生命免於受到高強的的輻射危險。

參照條目　地球地核的形成（大約西元前四十五億四千萬年）；地球地函與岩漿海洋（約西元前四十五億年）；地球科學界的女性（西元1896年）；內部地核（西元1936年）；地球輻射帶（西元1958年）；嗜極生物（西元1967年）；地球科學衛星（西元1972年）；地球地核固化（約二十至三十億年後）。

水下考古

羅伯特·巴拉德（Robert Ballard，生於西元 1942 年）

　　一般而言，考古學家都會深入叢林、沉積層或火山沉積等地，挖掘隨時間逐漸深埋在歷史中或史前古代時期的人造物品。然而，世界古代歷史（或甚至是現代歷史）的某一部分其實深藏於水底。

　　海洋考古學這個特別的研究領域分支便因此誕生，主要研究過往人類與地球海洋、湖泊與河川互動過程留下的實體遺跡（沉船、沉沒水底的居住地與其他人造物）。經過數世紀的實際應用，我們在潛水鐘、潛水頭盔、自攜式水中呼吸裝置與深海潛水艇等方面有了巨大的進展，而人類因此能在水下停留越來越長的時間。

　　現代水下考古最成功也最知名的人物，就是美國海洋學家與探險家羅伯特·巴拉德。巴拉德在1977 年以阿爾文號深潛器進行的探勘，發現了第一道深海熱泉的黑煙，接著很快就將目標朝向搜尋與探勘沉船或其他人造物，試著從中找到過往研究缺少的重要歷史缺口。其中最知名的發現是 1985 年，巴拉德以水下無人機械艇亞果（Argo）成功找到鐵達尼號（RMS Titanic）的失事殘骸，此船於 1912 年在紐芬蘭（Newfoundland）海外沉沒，靜置於北大西洋海床 3,800 公尺深。雖然巴拉德曾向大眾勸說「它未曾受到任何尋寶者的侵擾」，但自此依舊吸引了無數探險家到此拍攝，以及從這艘知名船隻取出物品。

　　巴拉德與其他海洋考古學家探索了水底其他許許多多的沉船、水下古代沿海地區、飛機與遍及世界各地的人造物，這些文物的定年從青銅器時代、古希臘、斯堪地那維亞、羅馬與現代工業時代都有。其中尤其重要的水下考古文物的發現位於地中海、黑海，以及甚至是第二次世界大戰的太平洋海上戰役區域。許多人造文物在深海缺氧環境都有極為良好的保存狀態，因此如同一個個「時間膠囊」，讓我們得以仔細研究文物沉沒之時人們、當地與事件的狀態。

上圖　海洋學家與探險家羅伯特·巴拉德。
下圖　鐵達尼號的船首。照片由海克力斯遙控潛艇（ROV Hercules）於 2004 年的重返沉船現場探索途中拍攝。

參照條目　探索海洋（西元1943年）；描繪海底地圖（西元1957年）；馬里亞納海溝（西元1960年）；深海熱泉（西元1977年）；太空的海洋學（西元1993年）；海洋保育（西元1998年）。

車諾比事件 ▎

　　二十世紀下半葉開始有了由核能替代石化燃料發電的進展，至今，全球各地已經約有 450 座核能發電廠正在運作，負責供應全世界總電量的 10％。雖然這個逐漸成長的產業的平均安全狀態十分傑出，但是，由於核能發電系統經常會有高壓、高溫與高放射性（根據定義），因此意外總是會發生。

　　最嚴重的核能發電廠意外發生於 1986 年 4 月，地點就在當時仍隸屬於蘇聯的烏克蘭人民共和國（Ukrainian Republic）靠近普里皮亞特（Pripyat）的車諾比核能發電廠（Chernobyl nuclear power plant）。當時，發電廠正在進行一項安全測試，廠內一座反應槽出現過熱反應，並進一步導致一連串失控的核子反應或重大意外，最終形成災難性的蒸汽爆炸與猛烈燃燒，向大氣層釋放了大量的放射性物質，放射性物質也直接落於當地環境。發電廠四周區域一共緊急撤離了超過五萬人，包括普里皮亞特與車諾比城鎮中所有居民。發電廠的員工與第一批緊急處理人員等超過 50 人當場或在事件過後不久便喪命，預估居住於發電廠附近約有四千人隨後因癌症過世。在意外發生與撤離不久之後，車諾比四周方圓 2,600 平方公里的地區便劃分為「禁區」。至今，禁區內的景象依舊是一片廣大且無人居住的半城市，同時也是核能發電廠可能造成巨大災難的沉重提醒。

　　1990 年，國際原子能總署（International Atomic Energy Agency，IAEA）頒布了國際核事件分級（International Nuclear Event Scale），將核能事件分成等級 0（無安全疑慮）至等級 7（伴隨範圍廣泛的健康與環境影響的重大意外事件）。車諾比一直都是唯一的等級 7 事件，直到 2011 年一場大型地震與海嘯的襲擊，使得位於日本東京外福島第一核能發電廠的部分反應槽產生了過熱現象。而美國最嚴重的核能意外事件發生在 1979 年，位於賓州三哩島核能發電廠的一座反應槽出現了部分熔融，此事件的國際核事件分級為 5。

車諾比事件遇害紀念碑（Chernobyl Victims Memorial），設立於核能發電廠四號反應槽前方，原反應槽的部分如今已由大理石密封。照片攝於 2017 年。

參照條目 工業革命（約西元1830年）；放射性（西元1896年）；核能（西元1954年）；風力（西元1978年）；太陽能（西元1982年）；水力（西元1994年）；石化燃料枯竭？（約西元2100年）。

加州兀鷲

　　就像是大堡礁的珊瑚等海洋指標物種，許多陸地物種也能提供重要的環境資訊，例如大陸或島嶼生態系統的健康狀態，以及人類對於生態系統可能產生災難性影響的了解。陸地指標物種最好的例子之一就是加州兀鷲（California condor），這個鳥類物種曾經在人類尚未抵達北美洲時廣布於整座大陸，到了 1987 年，加州兀鷲的數量已經削減至進入滅絕狀態。

　　加州兀鷲屬於禿鷲（vulture），同時也是北美洲最大型的陸地鳥類，其展翅長度平均達三公尺。如同其他禿鷲，加州兀鷲也是食腐動物（scavengers），也就是食物來源為動物死亡或正在腐爛的遺骸。根據化石紀錄，加州兀鷲的數量從上次冰期最高峰結束之際（約為一萬兩千年前）就開始下降，此時間正好與許多大型動物群物種（猛獁象、貘〔tapirs〕、野牛與馬等等）滅絕的時間點吻合。不過，許多研究者認為石器時代人類的過度獵捕在冰期後的滅絕現象中，扮演了主要角色。不論如何，數量原已有物種續存壓力的加州兀鷲在歐洲人開始定居於北美洲之後，不斷面臨盜獵、鉛中毒、殺蟲劑中毒與棲居地遭到破壞等險境，並迅速進入瀕臨滅絕的危險。

　　到了 1987 年，世上僅存 22 隻加州兀鷲，而且盡數圈養。由聖地牙哥野生動物公園（San Diego Wild Animal Park）與洛杉磯動物園（Los Angeles Zoo）等組織聯合進行的一項美國政府圈養繁殖計畫，開始嘗試向大眾宣導這類物種面臨的困境，並試著在加州兀鷲位於美國西南部的原棲居地進行復育。此計畫目前進行速度緩慢，部分因為此物種的壽命較長（可高達 60 歲），並且在相對較晚期才開始進行繁殖；部分由於加州兀鷲一生僅選擇一位伴侶；另外，雌性加州兀鷲通常每年只會產出一顆蛋。

　　儘管重重難關，加州兀鷲復育計畫（California Condor Recovery）持續看見希望。自 1990 年代起，圈養繁殖的加州兀鷲開始重返加州與亞利桑那原棲居地，如今，加州兀鷲的總數量約估已有 500 隻，其中約有 300 隻生活在野外地區。

一隻加州兀鷲棲息於美國亞利桑那大峽谷的岩石上，此地為這面臨嚴重滅絕命運物種的原棲居地之一。加州兀鷲為世上展翅長度最長的現存鳥類物種之一，長度可達三公尺。照片攝於 2013 年。

參照條目　鳥類首度現身（約西元前一億六千萬年）；「冰河時期」的尾聲（約西元前一萬年）；人口成長（西元1798年）；砍伐森林（約西元1855至1870年）；地球日（西元1970年）；大堡礁（西元1981年）；莽原（西元2013年）。

猶卡山 |

雖然核能擁有成為替代能源的極佳潛力，但依舊有許多挑戰使其遲遲無法突破全球總供電 10% 的占比。挑戰之一就是安全性，1986 年的重大核能意外車諾比事件便證實了核能發電廠擁有將人類與環境陷入巨大災難的潛力。另一項一樣難以克服的主要挑戰是：我們該拿核廢料怎麼辦？

自從 1950 年代第一座核子反應槽開始運作，就已經有許多核廢料處理的想法。某些想法是將其再度處理成為能夠製成核子武器的新放射性物質，不過此做法一樣會產生必須安全處理的高輻射性廢料。有的想法則是將核廢料暫時放置於地底深處的天然洞穴，或是位於淺層地底的儲存設施中。然而，大多數日漸增加的核廢料都由鋼或水泥密封後放置於各座發電廠中。由於這些放射性物質必須經過超過一萬年的時間，方能衰減至安全等級，而且現今的核廢料儲存地點正一點一滴地接近全滿，因此這樣的存放方式並非永續。

美國能源署在 1970 年代晚期開始尋找更為永久、大型且長時間的核廢料地質儲存空間，而他們在1987 年找到了一個主要地點：猶卡山，此地靠近內華達核子試驗場，位於拉斯維加斯西北方約 160 公里。選擇猶卡山的原因包括此區是位於地震活動度低的偏遠地帶；遠高於水位；再加上此處岩石組成為火成岩，有助於阻隔向地表溢散的放射線。

原本預計在 1998 年，美國全境的核廢料將開始放置於猶卡山內的大型暫時儲存地點，但由於大眾的抗議、法律挑戰與政治鬥爭等等，儲存設施直到 2002 年才開始進行建造與隧道挖掘。雖然最初數公里的隧道已經正進行挖掘，但大眾與政治對於此設施的抗爭使得啟用日期不斷延後，今日，猶卡山核廢料儲存設施的未來依舊必須面對法律與政治的不確定性，此地存放核廢料的許可執照也依舊處於審核狀態。

上圖　位於內華達南部的猶卡山頂峰。照片攝於 2006 年。
下圖　猶卡山內最初隧道挖掘探勘一景，此處為核廢料長期儲存可能地點的最初評估研究之一。

參照條目　工業革命（約西元1830年）；放射性（西元1896年）；尼羅河的整治（西元1902年）；核能（西元1954年）；風力（西元1978年）；太陽能（西元1982年）；車諾比事件（西元1986年）；水力（西元1994年）；石化燃料枯竭？（約西元2100年）。

光害

　　對於我們的古代祖先而言，夜空是崇敬、靈感與想像的泉源。在晴朗無月的夜晚，某些古代城市抬頭就能只用雙眼望見上千顆星星，包括壯觀絕美如掃過天際的彎拱銀河系。不過，隨著現代文明的進展，尤其是主要城市與都會中心的擴張成長，以及廣泛遍布其中的人造電力照明，人類與夜空的關係產生了極大的轉變。工業化的國家中，城市或城鎮裡的人們抬頭望見的已經不是數千顆星星，即使在晴朗的夜空通常也只能看見數百顆星星，而居住於主要城市的人們幸運的話，可以看見十到二十顆星星，以及許多飛機。對於絕大多數的人們而言，夜空失去了魔力，變成平乏無趣且毫無特色的一塊背景。

　　迫使夜晚宇宙變得如此乏味的凶手，就是光害，天然戶外光亮變成了人造光源。光害會使得生活在城市與郊區的人們眼中的星星轉為暗淡，也會干擾目標為微弱光源的天文觀察，甚至對夜晚生態系統造成負面影響。在經濟層面，光害也無效且浪費；我們在家中或大樓中花錢或花費電力點起的光源，目的並非為了點亮夜空。

　　在逐漸意識到全球不斷增長的光害問題之後，1988 年一群城市中的居民成立了國際暗空協會（International Dark-Sky Association，IDA），目標是「為了夜間環境與我們的後代，保存與維護暗空具品質的戶外光源」。如今，國際暗空協會在全球各地擁有大約五千名會員，他們與城市及當地政府、企業及天文學家合作，試著讓人們發覺暗空的價值，以助於解決光害問題，以及讓能源使用更有效且經濟。

　　雖然部分降低光害的法令與建築規章已經成功實施，不過對於接近大城市的主要天文臺而言，光害影響的降低有限；例如鳥瞰洛杉磯的威爾遜山天文臺（Mount Wilson Observatory）。如今，新建造的望遠鏡通常都位於偏遠的沙漠或幽暗的孤立山峰，才能逃離在夜空不斷越變越亮的光源。

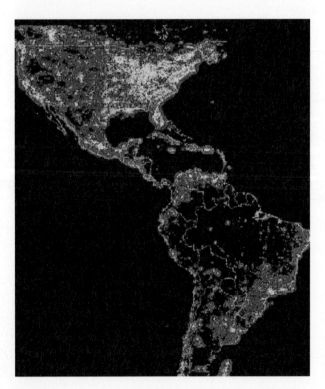

西半球部分地區夜空人造光亮度地圖，由美國國防氣象衛星計畫（Defense Meteorological Satellite Program）製作。其中最紅的區域主要位於美國西部與東部，光害使得此處夜空的亮度為自然夜空的十倍。

參照條目　人口成長（西元1798年）；工業革命（約西元1830年）；環境主義的誕生（西元1845年）；人類世（約西元1870年）；地球的自拍（西元1966年）；地球日（西元1970年）。

黑猩猩

珍‧古德（**Jane Goodall**，生於西元 1934 年）

在靈長類之中，尤其是人科動物亞種，黑猩猩是與現代人類最接近的現存基因親屬，我們大約分享了 99% 相同的 DNA，兩物種大約在五百萬至一千萬年前分支為黑猩猩與一般人族祖先。因此，我們對於黑猩猩的醫學、遺傳學、社會學與動物社群研究有強烈興趣。

黑猩猩居住於非洲中部與西部的野外，而與牠們最接近的物種倭黑猩猩則生活在剛果叢林。研究者估計在野外生存的黑猩猩與倭黑猩猩數量大約在二十萬至三十萬之間。直到 1940 與 1950 年代之間，瑪麗與路易斯‧李奇等人類學家開始討論人類與其他人族物種的起源，我們對於黑猩猩與倭黑猩猩的生活一直不太了解。到了 1957 年，他們招聘了一位年輕的英國人珍‧古德，負責擔任坦尚尼亞研究工作的祕書。古德很快地就發展出野外研究的強烈興趣，並在 1960 年開始花了兩年的時間在貢貝國家公園（Gombe National Park）學習黑猩猩的生活。

自從古德在劍橋大學接受正式教育（她在 1966 年完成的博士論文名稱為「野外黑猩猩的行為」〔Behavior of free-living chimpanzees〕）之後，她就成為全球頂尖的黑猩猩研究者，並花了數十年的時間研究並撰寫黑猩猩，同時生活於其中。1988 年，古德出版了一本相當知名的書籍《與牠為伴：非洲叢林三十年》（*My Life with the Chimpanzees*），書中提到她發現黑猩猩個體擁有各自特任（在當時頗具爭議），也會有開心與悲傷等情緒，還具備與我們相似的習慣，例如親吻、擁抱，甚至是互相搔癢。黑猩猩擁有複雜的社會階級制度與複雜的性生活。也許最驚人的是，古德發現牠們會打造與使用工具，而且牠們並非素食者。古德觀察到黑猩猩的狩獵習性，讓我們發現牠們與人類一樣，都擁有較黑暗且更殘忍的一面。

今日，約有一千隻黑猩猩與倭黑猩猩生活在研究實驗室中，主要位於美國。雖然從前實驗室中的黑猩猩對於人類醫學治療發展具有相當大的幫助，但古德等人不斷地討論醫學研究領域是否還需要黑猩猩？以及牠們是否應該被釋放回禁獵保護區。

英國人類學家珍‧古德與她的黑猩猩朋友。

參照條目 靈長類（約西元前六千萬年）；最初的人類（約西元前一千萬年）；智人現身（約西元前二十萬年）；追尋人類起源（西元 1948 年）；熱帶雨林（西元 1973 年）；迷霧森林十八年（西元 1983 年）。

生物圈二號

　　地球生物圈是一個星球所有生物能自我獨立且自我調整的區域，生物圈中生物與各自生態棲居地（生態群系）的互動，以及與這座星球大氣圈、水圈與岩石圈的相互作用，都形成了各式各樣的特色。了解生物圈各式組成要素的交互關係與相互依存，正是了解地球生命起源、演化與永續的關鍵。當我們甚至希望讓生命拓展至地球之外，認識我們生物圈錯綜複雜的細節，也是在其他世界建立人造新生物圈至關重要的一點。

　　這就是私人資助建立的技術與社會實驗計畫背後的概念，此計畫名稱便是生物圈二號（Biosphere 2）。生物圈二號於 1991 年開始執行，這座經過特別設計的設施建立於美國亞利桑那靠近土桑的地區。這座建築室內占地超過三英畝，擁有七個不同生態群系區域，經過四年的建造與測試之後，稱為「生物圈人」（Biospherians）的一支六人團隊正式進入，展開為期兩年與外界資源全然隔絕（除了陽光）的生存實驗。其中的生物群系包括海洋、雨林、珊瑚礁、溼地、莽原與沙漠，之所以選擇這幾種生態群系是為了提供團隊成員生存所需的平衡生態系統，但隊員依舊必須持續謹慎地監測與回收食物與氧氣。

　　生物圈二號的成員在過程中面臨了許多意料之外的挑戰。例如，逸氣與建築物水泥的吸收作用，

對二氧化碳濃度造成了相當可觀的影響；再者，水蒸氣濃度也出乎意料的高，大大影響了土壤溼度，尤其是「沙漠區」的環境。某些植物初期茂盛地成長，造成陽光的遮蔽進而使得破壞了能源平衡。氧氣濃度則是緩慢地下滑（也許是因為土壤的微生物），數度必須由外界注入氧氣，同時也引起媒體與懷疑者對此實驗的批評。

　　我們能夠因為生物圈二號實驗過程（1991 至 1993 年）遇到的種種問題，就認為此實驗失敗嗎？並不盡然。在這個空前且富想像與遠見的實驗中，團隊成員與本實驗的科學團隊，因此獲得了關於大型封閉生態系統（包括「生物圈一號」——地球）複雜性的巨量資訊。

生物圈二號的內部照片，可見湖泊與熱帶雨林生態群系的部分區域。照片攝於 2003 年。

參照條目　撒哈拉沙漠（約西元前七百萬年）；熱帶雨林（西元1973年）；溫帶雨林（西元1976年）；苔原（西元1992年）；寒帶針葉林（西元1992年）；草原與常綠灌木林（西元2004年）；溫帶落葉林（西元2011年）；莽原（西元2013年）。

皮納圖博火山爆發

　　我們星球上絕大多數的地震與火山密集活動地區，都沿著板塊隱沒邊界分布，這些地區通常都是海洋板塊隱沒至大陸板塊之下。這些地區大多散布於全球的人口稀少地帶，部分也是因為頻繁地震與火山活動帶來的生存高風險。然而，某些複雜的板塊碰撞地區之上，卻是人口密度最高的區域，例如菲律賓海板塊隱沒至歐亞大陸板塊之下的菲律賓群島。

　　因此，在這片板塊隱沒帶之上的眾多層狀火山之一，皮納圖博火山在 1991 年的劇烈爆發，就對在此火山帶生活的六百萬人造成極巨大的潛在生命危險。皮納圖博火山在此之前已經沉睡了超過五百年，在這五百年間於這座火山的山腳與側坡孕育了高密度的赤道帶雨林，人們也在此處建立了密集的居住地。幸運的是，菲律賓政府在與類似美國地質調查局的單位合作之下，持續地監測火山相關的地震活動，並且推測此火山即將在 1991 年春季猛烈噴發。在該年 4 月到 6 月初期之間，火山峰頂方圓 32 公里範圍內超過六萬人口進行了撤離。

　　接著到了 6 月 15 日，皮納圖博火山爆發，釋放出龐大的火山灰煙流、煙塵與有毒氣體，並直達平流層。幾乎在同一時間，一個強烈颱風向此地撲襲，降下了巨大雨量，並造成了山崩、土石流與火山泥流，進而使得範圍更大的區域內眾多道路、村莊與建築物毀損。而噴入平流層中的粒子開始向全球循環，使得全球平均氣溫大約下降了攝氏 0.7 度。自太空時代設有探測器之後，這是第一個災難性的巨大火山噴發事件，皮納圖博火山也證明火山活動確實能夠改變地球氣候。

　　這次事件是二十世紀都會區歷經的最強烈火山爆發，火山爆發指數高達 6。雖然這次事件依舊造成將近一千人不幸喪生，但當地與國際地質學家對於火山的監測與預測，也確實拯救了上萬條性命。

1991 年 6 月 12 日早晨，皮納圖博火山爆發釋放出的巨量火山煙流。自 1883 年喀拉喀托火山爆發之後，便沒有任何火山爆發事件將如此大量的火山灰與煙塵噴發至平流層。

參照條目　板塊構造運動（約西元前四十至前三十億年？）；喀斯開火山（約西元前三千萬至前一千萬年）；安地斯山脈（約西元前一千萬年）；龐貝（西元79年）；于埃納普蒂納火山爆發（西元1600年）；坦博拉火山爆發（西元1815年）；美國地質調查局（西元1879年）；喀拉喀托火山爆發（西元1883年）；探索卡特邁火山（西元1915年）；聖海倫火山爆發（西元1980年）；火山爆發指數（西元1982年）；艾雅法拉火山爆發（西元2010年）；黃石超級火山（約十萬年後）。

苔原

　　根據生物學家和生態學家不同組織的分類方式，可以將世界劃分為十到二十個不同的生態區或生物群系。在所有分類組織中，有一種生態群系因為遍及世界各地所以最常出現，那就是苔原，苔原區的氣溫相對較低，生長期也較短，樹木的生長會受到限制，而植被則主要由灌木、草、苔蘚與地衣組成。苔原區主要坐落在地球主要三個地區：北極、南極與高海拔的高山區。在山地區域，苔原便是樹線以上的生態區。

　　在苔原區，主要的生物多樣性集中於植物，僅有少數陸地哺乳動物與魚類物種會永久定居於苔原（這類動物包括北極馴鹿〔Arctic reindeer〕、兔子、狐狸與北極熊），但每年總是會有數百萬隻鳥類遷徙。另外，北極與南極的苔原區（以及部分高山苔原區）的淺層地表常出現永凍層或是永凍土。這些土壤鎖住了大量淡水，因此永凍層的凍結等同於鎖住了大量的二氧化碳與甲烷（源自植物與動物的衰變分解）；甲烷也是強烈的溫室氣體。因此，苔原也是影響地球氣候相當重要的潛在角色之一，一旦永凍層融化將會大幅增加全球暖化的程度。

　　由於苔原坐落位置極為偏遠且幅員遼闊，科學家始終並不完全確定全球苔原土壤究竟包含了多少水、二氧化碳或甲烷，也尚未全然了解苔原區的生物多樣性之全貌。了解苔原等各式生態群系的詳細列表與本質，正是聯合國發展全球生物多樣性行動計畫（Biodiversity Action Plan，BAP）的重要動力；此計畫為 1992 年《生物多樣性公約》（Convention on Biological Diversity）的一部分。而此國際公約的主要目的就是引導出生物多樣性的保存與永續應用的國際策略。例如，加拿大與俄羅斯境內的高比例面積苔原，就受到生物多樣性行動計畫的條文保護。所有聯合國會員國都簽下了這份公約，而唯一尚未核准簽署的國家只剩下美國。

位於科羅拉多落磯山脈的高海拔苔原環境，照片中可見美麗的小徑。

 參照條目　撒哈拉沙漠（約西元前七百萬年）；熱帶雨林（西元1973年）；溫帶雨林（西元1976年）；寒帶針葉林（西元1992年）；草原與常綠灌木林（西元2004年）；溫帶落葉林（西元2011年）；莽原（西元2013年）。

寒帶針葉林

　　至今，地球陸地占地面積最廣闊的最大型生態區就是寒帶針葉林（boreal forest），也稱為泰加林（taiga）。寒帶針葉林的特色之一就是年均溫很低，一般而言就是攝氏負 5 度至 5 度；適中的降雨量，通常為降雪的形式；以及淺薄且營養含量相對較貧乏的土壤。寒帶針葉林的夏季短暫、潮溼且適切地溫暖，而冬季則是漫長、寒冷且乾燥。絕大多數的寒帶針葉林位於北半球，於北緯 50 至 60 度。全球大約有三分之二的寒帶針葉林位於西伯利亞，剩下的則位於加拿大、阿拉斯加與斯堪地那維亞。

　　寒帶針葉林的主要植物為耐寒的常綠樹木，例如松樹、冷杉與雲杉。由於這些樹木厚厚的樹冠吸收了相當高比例的高緯度微弱日光，林下植物因此通常僅限於苔蘚、地衣與蘑菇。能在寒帶針葉林繁衍生長的動物物種也不多，其中包括熊、麋鹿、狼、狐狸、鹿以及一些小型哺乳動物。生活在寒帶針葉林的鳥類稀少，包括啄木鳥與雀鷹，但在夏季月分約有數百種鳥類會遷徙至此生態區築巢。

　　由於寒帶針葉林占據地表陸地面積相當高的比例，因此也是人類活動的重要自然資源之一。例如，全球使用的許多木材都是砍伐自寒帶針葉林。無數的礦石開採與石油及天然氣開發計畫也都發生在寒帶針葉林。寒帶針葉林不當管理的潛在危險，也進一步促成了泰加林行動網絡（Taiga Action Network）等組織或團體成立，泰加林行動網絡於 1992 年成立，由超過兩百個非政府組織、當地人民與個人組成，為全球寒帶針葉林出聲保衛。政府關於寒帶針葉林資源擷取的管理，也在 1992 年透過聯合國生物多樣性行動計畫正式成立，其中規定了森林管理；尊重當地原住民；遵從環境法律；森林工作者安全、教育與訓練；以及其他環境、企業與社會需求。全世界寒帶針葉林的健康管理與監測相當重要，因為它們是影響全球氣候的關鍵角色之一：溼地與泥炭沼澤（peat bogs）的寒帶針葉林儲存了極大量的碳（比溫帶與熱帶森林的總和都多）。

布滿苔類的雲杉寒帶針葉林，此地位於瑞典。照片攝於 2017 年。

參照條目 撒哈拉沙漠（約西元前七百萬年）；熱帶雨林（西元1973年）；溫帶雨林（西元1976年）；苔原（西元1992年）；草原與常綠灌木林（西元2004年）；溫帶落葉林（西元2011年）；莽原（西元2013年）。

太空的海洋學

凱薩琳・德威爾・蘇利文（**Kathryn D. Sullivan**，生於西元 1951 年）

　　駕駛飛機或利用衛星越過大陸地塊或島嶼，進行當地地質、氣象、行星健康狀態、土地使用型態等研究與監測，都是現代探測與地球科學技術能力所及相當直覺且合理的應用方式。不過，如果是遙測海洋呢？我們能在遙測中看到海洋中的資訊嗎？

　　結果能看到的資訊非常多。世上第一架將目標放在遙測海洋的衛星為美國太空總署於 1978 年的海洋衛星（Seasat）任務，這項試驗性的任務是為了證明太空中也能找得到許多關於海洋的實用資訊。海洋衛星僅運作了 106 天，但它已成功展現衛星擁有計算海面風速、溫度、波高、內波（internal waves）與海冰的特徵等等。

　　海洋衛星成功的短暫試驗任務，有助於證實美國太空總署太空梭計畫（NASA Space Shuttle）的太空進行的海洋研究可行，此計畫便在 1980 年代啟動。其中一位相當重要的計畫成員就是海洋學家與太空人凱薩琳・德威爾・蘇利文，她分別在 1984、1990 與 1992 年進行了三次太空梭任務，也投入並帶

領一系列關於從太空研究地球的實驗。蘇利文在撰寫博士論文期間便參與過多次海洋研究旅程，研究範圍包括大西洋中洋脊、紐芬蘭盆地（Newfoundland Basin）以及南加州離岸的斷層帶。蘇利文離開美國太空總署之後，在 2013 至 2017 年擔任美國國家海洋暨大氣總署署長，讓從太空進行海洋研究有了更進一步的可觀發展。

　　不過，太空的海洋研究最重要的進展應是發生在 1993 年，該年美國太空總署與法國太空總署的聯合任務發射的大規模海洋研究衛星 TOPEX/Poseidon 正式運作。此任務執行至 2006 年，讓世界首度看到全球連續海洋表面形態（ocean surface topography），同時第一次發現洋流循環模式也是影響我們星球的重要營力；因為海洋吸收了絕大多數太陽傳至地球的能量。接續進行的海洋衛星任務（例如 Jason 系列衛星任務），以及從太空梭計畫與國際太空站的種種太空觀測研究，都將持續大大扭轉我們對於海洋的認知。

上圖　太空人凱薩琳・德威爾・蘇利文正透過太空梭計畫挑戰者號的窗口望向地球。照片攝於 1984 年。
下圖　美國太空總署索米海洋科學衛星（Suomi ocean science satellite）所製作的加利福尼亞海流（California Current）浮游植物（phytoplankton）分布圖。圖片製作於 2016 年。

參照條目　地球的海洋（約西元前四十億年）；空中遙測（西元1858年）；探索海洋（西元1943年）；人類抵達太空（西元1961年）；地球科學衛星（西元1972年）；月球的地質（西元1972年）；海洋保育（西元1998年）。

水力 |

　　水力指的就是河川與溪流形成力學能的能量轉換，在史前時代人類就有使用水力的紀錄，例如碾磨麵粉與向上汲水。從十九世紀晚期開始，人們開始將水力應用於發電，例如讓水流推動發電機的渦輪葉片。因此，為了在乾季確保水流的穩定，許多河川與溪流上游都會築起大型的儲水水壩，讓一整年的水流都能保持穩定。而工業革命過後，無數的工業城市則開始以水力發電廠為中心逐漸擴建成長。

　　水力發電發展的里程碑之一，就是 1928 年位於科羅拉多河上興建的胡佛水壩（Hoover Dam），能提供 1,345 萬瓦的電力。到了 1942 年，哥倫比亞河的大古力水壩（Grand Coulee Dam）已經能夠提供超過 6,800 百萬瓦的電力。1984 年，位於南美洲巴拉那河（Paraná River）的伊泰普水壩（Itaipu Dam）以提供 14,000 百萬瓦的電力奪下最大型水力發電設施的頭銜。然而，以上所有水壩的供電能力在中國長江的三峽大壩面前都相形失色，三峽大壩於 1994 年開始興建，擁有 22,500 百萬瓦的供電能力，不僅成為世上最大型水力發電設施，同時也是地球任何發電種類供電規模最大的設施。

　　目前，水力發電的全球總供電占比大約是 16%（並持續成長），同時大約是全球永續能源（非石化燃料）總產量的一半。然而，將水力做為再生能源須面對社會與環境代價，其中包括人造蓄水水庫的建造勢必會失去土地，也可能損失當地獨特的生態系統；當地居民與野生動物須搬遷；水壩下游水域生態系統的破壞；下游農業的水量將減少，也會失去上游帶來的新養分與沉積物；蓄水水庫將提升甲烷的生成；最後，也有水壩毀壞造成生命與財產重大損失的風險（包括已棄置不用的水壩）。

　　水力發電的風險與優勢都必須根據特定地點與特定應用方式持續進行評估。目前，政府認為環境的管理必須由水力發電設施負責，而民間也有市民團體的關注與投入。

中國湖北省靠近三斗坪，建設於長江之上的三峽大壩水閘。照片攝於 2013 年。

參照條目　大峽谷（約西元前六百萬至前五百萬年）、金字塔（約西元前2500年）、水道橋（約西元前800年）、萬里長城（約西元1370至1640年）、土木工程（約西元1500年）、尼羅河的整治（西元1902年）、核能（西元1954年）、風力（西元1978年）、太陽能（西元1982年）、石化燃料枯竭？（約西元2100年）

太陽系外的類地行星

1992 年，科學家驚訝地首度發現一批繞行著非太陽恆星的行星（也就是系外行星），它們繞行的竟然是一顆脈衝星（pulsar，快速旋轉的中子星〔neutron star〕）。這批處於如此奇特又不友善環境且很可能並不適合居住的行星，讓天文學家燃起強烈興趣，尋找更多繞行類似太陽恆星的「正常」系外行星。

數十年來，科學家已經知道雙星（兩顆繞行彼此的恆星）會在空中的緩慢繞行中「擺動」，因為這兩顆恆星繞行的是系統的質量中心。理論上而言，這類擺動（目前假設較小型）應該也可以在（較大型）類似木星等行星繞行單一恆星時產生。此領域的研究後來有了突破，也就是當天文學家發現他們其實不需要計算恆星過往時間中的精確位置，而是利用都卜勒頻移（Doppler shift，當恆星朝向或遠離我們時，光譜的變化）推演擺動的運行。透過徑向速度法（radial velocity method）進行行星搜尋。

1995 年，科學家利用逕向速度法發現了第一顆繞行類似太陽恆星的行星，也就是靠近恆星飛馬座 51（51 Pegasus）的行星飛馬座 51b（51 Pegasus b）。這顆推斷為木星好幾倍大的巨大氣態行星，其繞行軌道十分接近其恆星（只有地球到太陽距離的 5%）。自從使用逕向速度法之後，我們已在附近許多恆星系統發現了其他超過 750 顆行星，其中絕大多數都被認為是「炙熱木星」，除了因為它們都十分巨大，其軌道也都極為接近自身的恆星。

其他尋找系外行星的方式，則包括觀察行星掠過其恆星（也就是美國太空總署的都卜勒任務〔Kepler mission〕目標）、利用重力透鏡效應（Gravitational Lensing）偵測，或是直接從其他恆星如鏡面般的影像中看到行星。目前，科學家利用這些方式已經在我們周遭發現了超過三千顆系外行星，許

多都是地球般大小的世界，包括在 2007 年於恆星「Gliese 581」周圍發現的三顆行星，以及在 2017 年發現繞行距離地球僅 40 光年的「TRAPPIST-1」恆星的七顆行星。這座銀河系，或甚至是整座宇宙，似乎充滿了類似地球的行星！

繞行紅矮星「Gliese 581」的行星系統示意圖。天文學家已經在繞行此恆星的系統中，發現了三顆「類地」的行星，體積分別為地球的 3、8 與 15 倍。然而，不像我們的家鄉地球，它們的軌道距離恆星極為接近。

參照條目　行星運動定律（西元1619年）；嗜極生物（西元1967年）。

大型動物遷徙

　　在農耕發明與城市建造之前，人類為依循季節逐水與食物而居的遊牧物種。動物界的許多成員也都有類似的季節遷徙模式（從一個棲居地移至另一個），許多物種的遷徙習性持續至今。最為人所熟知且遷徙個體數量最大（昆蟲除外）的動物可能就是鳥類，但是，其他魚類與水生哺乳類（例如鮭魚、沙丁魚、鯨魚與海豚）、陸地哺乳類（例如斑馬、牛羚、跳羚與大羚羊），以及甚至是爬蟲類與甲殼類，都有大規模數量隨季節跋涉遙遠距離遷徙的習性。

　　促使動物遷徙的原因眾多，包括環境與本能或遺傳。環境方面，氣象的季節變化，以及進而產生的食物或水的取得轉變，當然能立即促使動物在不同季節追尋不同的地區居住。然而，某些遷徙物種似乎擁有不同的遺傳模式，也許關鍵是在某些特定的方向性，例如太陽劃過天際的路徑、地球磁場或特定的洋流，這樣的特徵似乎會再度透過自然天擇強化。然而，人類侵入與棲息地的破壞，將對許多遷徙物種的本能直覺產生浩劫般的毀壞。此問題就是聯合國在 1997 年建立《野生動物遷徙物種保育公約》（Convention on the Conservation of Migratory Species of Wild Animals）的主要目標，此公約設計為協助保護遷徙動物的跨國棲息路徑。

　　某些生物學家試著為大型動物遷徙定義典型特徵，以利更了解遷徙的原因，並且幫助保育學家更容易保護這些瀕臨滅絕動物。這些特徵包括前往新棲居地的移動路徑為綿長的線型；類似過食（overfeeding）的特殊啟程準備或抵達行為；能量的特殊分配或儲存；以及避免分心的能力，並將目標聚焦於前往新棲息地。遷徙路徑與目的地的資訊是如何代代傳遞（有時甚至在遷徙過程便須傳給下一代）？生物學家目前尚未完全了解。生物學家同樣也不清楚群體究竟如何一致同意是時候出發了。

斑馬便是季節遷徙的大型動物物種之一。

參照條目　農耕的發明（約西元前一萬年）；昆蟲遷徙（西元1975年）；磁導航（西元1975年）；寒帶針葉林（西元1992年）；草原與常綠灌木林（西元2004年）；溫帶落葉林（西元2011年）；莽原（西元2013年）。

海洋保育

席薇亞・厄爾（Sylvia Earle，生於西元 1935 年）

　　海洋不僅是地球最主要的表面（陸地面積僅大約 30%），而且太陽傳遞至海洋的能量（產生洋流循環）是主要帶動全球氣候與氣象的驅動力。海洋對我們星球早期生命的起源與演化有非常緊密的關係，而今日的海洋孕育或直接幫助支持無數物種的生存，包括我們人類。

　　因此，當傑出的海洋生物學家與海洋探險家，如美國保育家席薇亞・厄爾說「如果海洋出了麻煩，我們也有大麻煩了」，人們會聽。而且，海洋碰到麻煩的證據出現了。這項證據源自大規模相繼死亡的珊瑚礁，例如澳洲東北部的大堡礁；由於過度漁獵或棲息地遭入侵，海洋物種的大規模減少或消失；因吸收大氣層二氧化碳的含量不斷升高所造成的海洋酸化；因污染（石油洩漏、污水排放、塑料累積）造成的棲息地破壞與物種大量滅絕等等。

　　自 1960 年代中期，厄爾便開始投入海洋保育推廣。厄爾的自攜式水中呼吸裝置使用經驗豐富，也曾創下許多潛水艇駕駛的紀錄，她在世界各大洋旅行，記錄不同海洋的生物多樣性與其中種種生物面臨的生存威脅。她與她的同事曾經建立許多重要的深海探測創新工程與技術，並且在 1972 年協助美國國家海洋保護區系統的成立，此系統至今已經提供面積超過 2,030,000 平方公里海洋與海岸線的環境保護。她也是一位評估環境受到衝擊的知名專家，例如 1989 年在阿拉斯加的艾克森瓦拉茲號（Exxon Valdez）漏油事件，以及 2010 年發生在墨西哥灣的深水地平線鑽油平臺（Deepwater Horizon）災難性爆炸事件。在 1990 年代期間，厄爾更成為美國國家海洋暨大氣總署第一位女性科學首席。

　　1998 年，《時代》（*Time*）雜誌因厄爾對於海洋保育幾乎從未停歇的付出，將其譽為此雜誌的第一位「星球英雄」。厄爾等人至今依舊持續致力於將海洋保育成為全人類的首要任務。

海洋生物學家與探索家席薇亞・厄爾（裝備著自攜式水中呼吸裝置），正在檢視一個瀕臨生存危機的珊瑚礁。

參照條目　地球科學界的女性（西元1896年）；珊瑚的地質學（西元1934年）；探索海洋（西元1943年）；描繪海底地圖（西元1957年）；馬里亞納海溝（西元1960年）；深海熱泉（西元1977年）；大堡礁（西元1981年）；太空的海洋學（西元1993年）。

地球自轉漸慢

我們的家鄉星球每天都會繞著地軸旋轉一圈。在絕大部分天文學發展的歷史中，我們已經充分知道地球與遙遠「不動」恆星的相對旋轉週期，大約是 23 小時又 56 分鐘。事實上，地球每一趟繞著太陽旋轉的速率是 365 又 4 分之 1 天，也因此發展出各式各樣在日曆加入閏年的方法，現代閏年計算方式的發展高峰則是 1582 年格里曆（Gregorian Calendar）的改良。

在我們擁有數位電腦、全球定位系統與行星間太空探測的現代，計算時間變得遠遠更為重要，而地球自轉速率的計算也進入更高的準確度。1950 年代至 1960 年代之間，我們開始使用原子鐘以精確計算時間的流逝，也就是利用銫（cesium）等元素的穩定原子能階轉換。國際公認的時間計算系統，世界協調時間（Coordinated Universal Time，UTC time）的發展就是根據原子鐘。利用現代科技，我們現在已經能夠讓一天時間的計算精確至一百億分之一。

然而，對於天文學、導航與時間計算領域，地球的自轉其實並不一致。月球與太陽產生的潮汐摩擦每一年都會使我們的星球旋轉速率慢一些。再者，地球表面地塊分布的些微改變（例如冰川融化）與內部轉變，都會對這座星球的自轉速率形成微小的變化。因此，從 1972 年開始，世界協調時間便依據太陽在天空移動的時間，微調我們實際度過的時間，這個偶爾會為世界協調時間加入閏秒的組織就是國際地球自轉組織（International Earth Rotation and Reference Systems Service）。

1972 至 1998 年的 26 年之間，為了與地球變慢的自轉速率同步，已經在世界協調時間中加入 22 個閏秒。然而，在 1999 年之後的 20 年間，地球自轉漸慢的狀態減緩，因此僅加入了 5 個閏秒。

位於捷克共和國布拉格（Prague）時代廣場的天文鐘。這類時鐘為追蹤太陽與月球移動的小時與分鐘，類似的時鐘在許多科學研究機構都已經換成了更精確的數位時鐘，並以國際標準時間系統計算。

參照條目 金字塔（約西元前2500年）；地球是圓的！（約西元前500年）；潮汐（西元1686年）；地球自轉的證明（西元1851年）。

杜林災難指數

　　雖然地球上僅僅數百個的隕石撞擊坑，已經被我們星球活躍的地質與水文侵蝕抹除，我們依舊可以在一旁表面充滿遠古密集撞擊而傷痕累累的鄰居月球，看到地球也曾經歷無數小行星與隕石的撞擊。這些高速撞擊事件會釋放極巨大的能量，我們在地質證據與化石紀錄中，也能夠發現這些事件偶爾造成了地球氣候與生物圈十分可觀的變化。

　　在地球歷史中，撞擊率隨著時間指數般地減少，但即使到了現代，撞擊率仍舊並非為零；例如，1908 年一顆隕石或小行星撞擊西伯利亞上空的大氣層（通古斯加大爆炸事件），以及每年都有數次大型大氣層火球爆炸的軍方與民間行星衛星觀察，其中包括了 2013 年俄羅斯車里雅賓斯克的巨大火球。

　　大眾與政治對於宇宙撞擊事件的風險關注，以及小型小行星與隕石的發現率在過去數十年之間不斷增加，尤其是討論度頗高的近地天體（Near-Earth Objects，NEOs）。望遠鏡的密集觀測已經辨識出超過 50 萬顆小行星主帶小行星，以及超過 1,000 顆近地天體。其中數百顆可能對地球生命產生威脅的近地天體，因此有了潛在威脅天體（Potentially Hazardous Asteroids，PHAs）之稱。

　　當潛在威脅天體發現的速率增加時，我們也漸漸發現潛在威脅天體撞擊風險的了解與討論，其實沒有任何具備系統或簡單的方式。因此，1999 年，一支行星天文學家的團隊發展出了一項指數，稱為杜林災難指數（Torino Impact Hazard Scale），以此量化威脅風險。此指數將所有潛在威脅天體分為等級 0（沒有撞擊機會）到等級 10（一定會撞擊，並很有機會形成災難性後果）。

　　近期所有發現的潛在威脅天體的杜林災難指數均為 0。其中約有 50 個指數雖然不為 0，但絕大多數進行進一步的觀測之後降至等級 0，目前已觀測到一個原為等級 4（約有 1% 或高一點的機率會撞擊地球）的小行星「99942 Apophis」，將在 2029 年 4 月 13 日以相當近的距離掠過地球。雖然這顆小行星的風險已經降級為 0，但天文學家依舊謹慎地密切觀察它。

一顆黑暗且充滿坑洞的近地小行星正在靠近地球（也許如同小行星「99942 Apophis」）。由行星科學家與藝術家威廉·肯尼斯·哈特曼繪製。

參照
條目　恐龍滅絕撞擊事件（約西元前六千五百萬年）；亞利桑那撞擊事件（約西元前五萬年）；通古斯加大爆炸（西元1908年）；毀滅之星與地球擦肩（西元2029年）。

西元 1999 年

巴爾加斯土崩

　　一般而言，我們都會覺得侵蝕的地質作用是一種緩慢的過程，例如山脈慢慢地被冰川磨蝕，或是海浪逐漸拍打磨蝕海邊的懸崖。但是，有時侵蝕作用會來得猛烈、瞬間且致命。最好的例子就是歷史中的山崩與土石流事件，此時，地表會出現突然產生的崩坍。當然，重力在山崩過程中扮演相當重要的角色，而地形會賦予地表物質向下滑落的潛力。其他可能引發山崩的因素還包括坡面的穩定度（例如山坡上是否有抓住表土的植被）、該區域土壤或基盤的組成與厚度，以及當地氣象與地震條件。

　　山崩會以各式各樣的方式發生。有可能是一層淺薄的土壤滑落山腳；或是巨量土壤與基岩的深層位移，這類山崩經常會沿著現存的弱面移動，例如斷層或沉積層面。土石流也是一種山崩，發生在含水量飽和的土壤；土石流的型態可能會是速度很快且流動性強（泥流），或是移動速度緩慢且塑性高（土流）。最後，挾帶最多岩石的山崩包括岩屑滑動，由下坡岩石、土壤與岩屑混合了水或冰等物質組成；以及岩崩，也就如同此名稱，這類山崩會是大型岩石或礫石快速地向山下掉落。

　　地球上最容易發生大型山崩的地區，通常是擁有高雨量與崎嶇地形的熱帶山區。例如，1999 年 12 月 15 日在委內瑞拉加拉加斯（Caracas）北方，那片擁有崎嶇山脈的巴爾加斯省（Vargas），就在連日猛烈大雨之下引發了巨大的泥流與岩屑滑動。一夜之間，在毫無預警之下，這場山崩奪走了大約一萬五千至三萬人的性命，並摧毀或損壞了將近十萬戶房屋。好幾座小鎮遭到盡數摧毀，還有其他城鎮被掩埋在三公尺厚的泥土、岩石與岩屑之下。其他類似死傷人數更為嚴重的山崩事件也發生在中國、哥倫比亞、祕魯等地，其中許多事件都由地震或火山活動產生的震動引發。而我們須依靠更良好的地質圖繪製，以及增強山崩風險的教育與認知，才能在未來拯救更多生命。

1999 年 12 月 15 日，委內瑞拉巴爾加斯省卡拉巴勒達（Caraballeda）歷經災難性山崩蹂躪後的一景。

參照條目　土壤學（西元1870年）；加爾維斯敦颶風（西元1900年）；舊金山大地震（西元1906年）；三州龍捲風（西元1925年）；智利大地震（西元1960年）；蘇門答臘地震與海嘯（西元2004年）。

蘇門答臘地震與海嘯

海嘯是一種由海床或海岸強烈的擾動引發的巨大長浪。海嘯絕大多數都是由板塊沿著海底斷層錯動的地震產生，此時的巨大錯動就會掀起巨量的海水。海嘯也會因為火山噴發、山崩與大型小行星或隕石撞擊事件引發。直覺而言，的確就是巨大規模地震很有引起巨大海嘯的可能，而發生在 1960 年史上紀錄最大規模的智利大地震確實形成了強烈海嘯，這場震央位於南美洲的地震，其海嘯跨越了太平洋並摧毀了部分沿海城鎮，造成數百人喪生。然而，海嘯的破壞潛力還受到特定地質、地理與海底地形等關鍵因素影響。

這樣的毀滅性巨大海嘯災難，就發生在 2004 年 12 月 26 日印尼島嶼蘇門答臘（Sumatra）西部外海的海底地震，在規模 9.1 的強烈地震發生之後，隨即掀起了鋪天蓋地的海嘯。此區域上一次發生規模相當的強烈地震在史前時代，位於太平洋火環帶的此區域，當時因印度與澳洲板塊迅速隱沒至歐亞大陸板塊之下，同時形成了異他海溝（Sunda trench）與火山島弧。2004 年的蘇門答臘地震發生在海床下約 30 公里深之處，造成紀錄史上長度最長的地殼錯動，錯動區域長約四百公里、寬約一百公里。海床抬升了大約兩公尺，使得上方大約三十平方公里的水量瞬間位移，因而引發海嘯。

當時位於蘇門答臘與泰國海岸的人們僅收到時間很短的警示，因為海嘯引發位置太接近海岸。當海浪靠近較淺的沿岸水域時，水位在短時間退卻之後隨即拔升。例如，部分印尼地區沿岸村落便遭到高度約 24 至 30 公尺高的巨浪拍擊。沿岸社區受到的毀滅性衝擊，再加上印度洋沿線各國沿岸受到的重大傷亡（許多地區尚未建置恰當的海嘯警告系統或撤離計畫），總計約有 28 萬人不幸喪生，而這也是史上傷亡最為沉重的海嘯災難。

在 2004 年 12 月海嘯襲擊海岸之後不久，泰國沿岸房屋便立即遭受大水襲擊。

參照條目 板塊構造運動（約西元前四十至前三十億年？）；坦博拉火山爆發（西元1815年）；喀拉喀托火山爆發（西元1883年）；加爾維斯敦颶風（西元1900年）；舊金山大地震（西元1906年）；三州龍捲風（西元1925年）；島弧（西元1949年）；智利大地震（西元1960年）。

草原與常綠灌木林

　　地球各地草類的物種大約超過一萬兩千個，雖然這些物種遍布全球，但它們主要集中出現在稱為草原的特殊生態區。草原區通常都會出現在雨量適中（年雨量 600 至 1,500 毫米以下），以及年均溫平均約為攝氏負 5 至 20 度的區域。也許最重要的是，草地能在某些區域稱霸的原因，就是某些環境條件阻擾了大量木本植物物種的入侵。這些環境條件包括容易產生野火（樹木與灌木難以發展良好），以及土壤或基岩的組成未達到多數樹木所需的營養標準。

　　在這些環境因素之下，某些特殊的生態區便演化成為草類與部分耐旱灌木共存的情形，而偶爾發生的野火則成為當地植物群系生命週期相當重要的一部分。類似的灌木叢群系全球各地皆有，其中包括一種稱為常綠硬葉灌木群系（chaparral，西班牙文，意為小型如灌木的矮橡樹）的特殊子類，這種獨特的生態群系會出現在所謂的地中海氣候環境，例如美國南加州沿岸。智利、南非、西澳與部分地中海地區都有常綠硬葉灌木群系的蹤跡；這類地區的氣候特徵為冬季降雨、夏季乾旱，而且偶爾會出現野火，並擁有富含鈣與多石灰岩的土壤。

　　從史前時代一路到現代，人類便經常煞費苦心地將常綠硬葉灌木群系等灌木叢群系，轉換成比較「有用」的環境，例如可以當作狩獵區的草原，或是畜養馴化動物的牧場。另外，許多常綠硬葉灌木群系也會在較長時間與較頻繁發生的乾旱期過程中，逐漸自然地轉變為草地，因為雖然絕大多數的灌木都能忍受偶爾出現的野火，但無法過於頻繁。當常綠硬葉灌木群系逐漸消失時，生物多樣性也將跟著降低；植物、昆蟲與動物等接著會取代為演化成能適應這類環境的物種，進一步使該區域變得更容易產生範圍廣泛的野火、土壤侵蝕與山崩。因此，在 2004 年，非營利組織加州常綠硬葉灌木協會（California Chaparral Institute）開始嘗試教育政府與大眾灌木叢群系對於全球生態系統的重要性以及所扮演的角色。全球各地類似的組織持續盡力監控與推廣草原與灌木叢群系的健康與維護。

位於美國亞利桑那靠近土桑的聖卡塔利娜山脈（Santa Catalina Mountains）中，一片草原與常綠硬葉灌木環境。照片攝於 2016 年。

參照條目　陸地植物首度現身（約西元前四億七千萬年）；撒哈拉沙漠（約西元前七百萬年）；野火燎原（西元1910年）；熱帶雨林（西元1973年）；溫帶雨林（西元1976年）；苔原（西元1992年）；寒帶針葉林（西元1992年）；溫帶落葉林（西元2011年）；莽原（西元2013年）。

碳足跡

依照字面解釋，足跡就是一種留在某些東西上的印痕，但足跡也經常用於代表一種物體、個體、事件、組織或社會對於某目標造成的衝擊。例如，當我們想到印跡時，可能就會聯想到出現在辦公室裡的電腦或影印機。更廣義地，自從 1990 年代早期，生態學家與經濟學家等人也在思考人類社會留在這座星球的生態足跡。也就是人類對於自然資源的需求，大約占據自然生態總容量的百分之多少？很明顯地，這項數字很難精確計算，部分原因也是當時並不確定到底該計算什麼。

為了找到或創造一個推估環境或生態受到影響的可計算特殊量值，生態足跡的概念在 2007 年逐漸限縮到了僅僅計算碳足跡，當時是為了美國華盛頓州林伍德（Lynnwood）的政府能源計畫發展。之所以挑中碳，是因為人類各式各樣的活動都會釋放出碳，例如運輸的燃料、製造電力、加熱與冷卻、食物製作等等，而且釋放出的碳數量可被計算或至少可合理估算，而大氣層、水圈、岩石圈與生物圈中的碳總含量（例如二氧化碳、甲烷與有機分子）也可以被計算。直接或間接排放的碳含量計算都經過了仔細設想，其中直接排放的碳源自個人的運輸方式、加熱與冷卻等等，而間接的碳排放則源自我們使用或消費（例如食物與衣飾）的產品製造過程等等。間接來源很容易被我們忽略，因為我們使用的產品與服務，其源頭製作的地點與時間都可能距離我們相當遙遠，但很可能占據產品或活動碳足跡總量相當高的比例。

雖然碳足跡依舊是一種很難精確計算的量值，但是碳足跡的概念至少具教育意義，它能讓人們、公司與政府更了解自己在對環境排放或擷取多少碳，以及此行為對更大範圍的全球暖化與氣候變遷會有什麼潛在影響。碳足跡的概念對監控或約束全球人類活動向大氣層排放二氧化碳，已有相當大的成果。

「綠色能源」公司 RENERGY 的一張海報，其中描繪了許多人類在地球大氣層烙印下「碳足跡」的活動。

參照條目

動物的馴化（約西元前三萬年）；農耕的發明（約西元前一萬年）；人口成長（西元1798年）；工業革命（約西元1830年）；環境主義的誕生（西元1845年）；砍伐森林（約西元1855至1870年）；人類世（約西元1870年）；溫室效應（西元1896年）；核能（西元1954年）；地球日（西元1970年）；風力（西元1978年）；太陽能（西元1982年）；水力（西元1994年）；二氧化碳攀升（西元2013年）；石化燃料枯竭？（約西元2100年）。

全球種子庫

　　早在史前時代，農人就已經擁有「糧種」（seed corn）的概念。「糧種」就是作物收成後留下的一小部分種子，這些種子就是為了下一季的作物種植，或是為了可能出現的多年乾旱或疾病襲擊，而將「糧種」留存更長的時間。

　　今日世界各地也因此概念建立了許多種子銀行，目的就是保存世界野生與農耕植物的基因多樣性，以對抗自然或人為因素造成的滅絕危機。世界最大型的種子庫為千禧年種子銀行計畫（Millennium Seed Bank Project），由皇家植物園（Royal Botanical Gardens）成立。自 1996 年開始，將種子們存放於英格蘭南部西薩塞克斯郡（West Sussex County）一間龐大的地下冷凍設施，目前，此處已經儲存了將近 20 億顆種子，約占全世界野生植物物種不到 15%。千禧年計畫的目標是在 2020 年達到已知植物的保存至 25%。

　　但是種子庫也需要一個能夠在意外或大災難發生時確保安全的存放地點，也因此建立了一座偏遠、安全且穩固的種子存放地點，這個地點就是位於北緯 78 度且僅距離北極 1,300 公里遠的挪威斯匹茨卑爾根島（Spitsbergen），名為斯瓦爾巴全球種子庫（Svalbard Global Seed Vault）。此種子庫建立於山內，以能夠抵抗核戰、嚴寒與乾燥等侵襲的防爆門，並於 2008 年啟用，而 1984 年在斯匹茨卑爾根島成立且安全防護較低的北歐種原庫（Nordic Gene Bank）的儲藏便移至於此。在實際運作與國際收集或捐贈的十年之後，這座人稱「末日種子庫」已儲存了大約一百萬個植物標本（包括數億顆種子），約為六千個植物物種。雖然這樣的數量依舊僅占植物基因多樣性很小的比例，但至少已經包含了全球一萬三千年來主要的農耕作物。

　　其他主要的種子庫在澳洲、俄羅斯、印度與美國等地皆有。我們也的確沒有將全球種子都放在一個籃子裡。

位於挪威斯匹茨卑爾根島的斯瓦爾巴全球種子庫入口。照片攝於 2015 年。

參照條目 農耕的發明（約西元前一萬年）；自然天擇（西元1858至1859年）；人類世（約西元1870年）；土壤學（西元1870年）；地球化（西元1961年）；作物基因工程（西元1982年）；植物遺傳學（西元1983年）。

艾雅法拉火山爆發

　　每一至兩年地球某處就可能會發生火山爆發指數等級 4（等級最高為 8）的事件；此等級火山爆發事件相對而言僅釋放少量的火山灰、蒸氣與／或岩漿，一般來說後果的影響僅地區性而非全球性。然而，2010 年 4 月火山爆發指數僅 4 的冰島艾雅法拉火山爆發，竟然會成為影響全球數百萬人的歷史事件。

　　艾雅法拉火山是一座累積了數百萬年的層狀火山，此火山為冰島的一部分，源自大西洋中洋脊噴發出的岩漿。由於冰島位於緯度相當高之處，因此艾雅法拉火山等高海拔的山峰通常會覆蓋了冰雪與／或冰層。因此，當火山爆發發生時，炙熱的岩漿與氣體和冰雪一起形成了強烈的蒸氣爆炸，瞬間讓微小尖銳冷卻的火山碎屑噴射至極高的空中。

　　2010 年 4 月中的艾雅法拉火山爆發的過程就是如此。充滿火山灰與煙塵的猛烈火山煙流衝向高達八千公尺的平流層。巧合的是，向東吹拂的極地噴射氣流（Polar Jet Stream）剛好在此時位於冰島上空，因此艾雅法拉火山爆發的火山灰迅速揮掃至大氣層上部，火山灰接著快速地擴散至英國、斯堪地那維亞與幾乎歐洲全境。由於火山煙塵與火山灰會大大降低能見度，也因為這些玻璃質且高硬度的煙塵會對飛機引擎嚴重損傷，因而在八天之間，原定飛越此區上空往返歐洲與北美洲超過十萬架客機班次盡數取消，必須等到空中一切火山灰塵埃落定。

　　艾雅法拉火山爆發在歷史中的規模相對小型，但大大影響了人們在這座星球的移動。約有一千萬名乘客必須更改班機行程，而航空產業一天便損失了兩億美元。也許在這場混亂與不便之間唯一幸運的是，這此天然災難並未造成任何人員傷亡。

2019 年 4 月 17 日，冰島艾雅法拉火山爆發產生的蒸氣與火山灰雲層。

參照條目　板塊構造運動（約西元前四十至前三十億年？）；大西洋（約西元前一億四千萬年）；龐貝（西元79年）；于埃納普蒂納火山爆發（西元1600年）；坦博拉火山爆發（西元1815年）；喀拉喀托火山爆發（西元1883年）；探索卡特邁火山（西元1915年）；聖海倫火山爆發（西元1980年）；火山爆發指數（西元1982年）；黃石超級火山（約十萬年後）。

建造橋樑

　　以木材、繩索、磚塊與岩石建造的橋樑，在希臘、羅馬、印度、中國、印加等等社會的歷史都可以追溯至數千年前；史前時代第一座橋樑究竟於何時興建並不確定。然而，人類因為必須解決越過障礙而建造長久使用的建築，這樣的需求十分明確。當科技與科學不斷進展，以及使用更堅固物質的創新方式也變得越來越普遍，橋樑整體的長度、單一蹲踞的支撐長度與承載量都不斷地提升。

　　史上第一座橋樑似乎是兩端支撐平面跨距的簡單桁橋（beam bridges），而且通常以木材建造。木材強度的實際極限大約是九公尺的距離，雖然多段木造橋面能以許多橋墩支撐組合，並且建造出跨度更長的高架橋（viaducts）。現代桁橋則是以鋼建造，跨度因此可達 15 至 75 公尺，而且還能以繩索強化建造出相當綿長的建築，例如位於美國路易斯安那的龐恰特雷恩湖橋（Lake Pontchartrain Causeway），跨越長達 38 公里的水面；還有長達 54 公里的泰國邦納快速道路（Bang Na Expressway）。目前全球最長的橋樑是位於中國的高速鐵路丹陽—崑山特大橋（Danyang-Kunshan Grand Bridge），於 2011 年開啟，其長度超過 160 公里。

　　利用石材與磚塊建造的拱橋（arch bridges）是另一種能以容易取得材料增長橋樑跨度的方式。古代希臘與羅馬經常可以見到拱橋，例如羅馬的水道橋；較現代的石造拱橋長度可達 90 公尺，例如 1905 年在德國錫拉巴赫河（Syrabach River）上建造的和平橋（Friedensbrücke Bridge）。

　　現代橋樑使用鐵與鋼建造，因此能有更長的跨度與更新的設計，例如以纜線懸吊、以橋墩支撐或桁橋，有的橋樑設計還是在橋端以高聳的橋墩支撐，例如知名的美國舊金山的金門大橋（Golden Gate Bridge）。目前世上最長的吊橋為位於日本的明石海峽大橋，跨度為驚人的 1,990 公尺。

長達 54 公里的泰國邦納快速道路，這是世上最長的車用橋樑，並且為全球所有橋樑長度排名第六。

參照條目　巨石陣（約西元前3000年）；香料貿易（約西元前3000年）；金字塔（約西元前2500年）；水道橋（約西元前800年）；萬里長城（約西元1370至1640年）；土木工程（約西元1500年）；水力（西元1994年）。

溫帶落葉林

全球陸地面積約有 30% 都是森林，其中主要為寒帶與熱帶／溫帶雨林，但仍有很大一部分為溫帶落葉林，由闊葉樹組成，這類樹木的葉子會在冬季掉落。溫帶落葉林主要分布於北美洲、歐洲、南斯堪地那維亞與東亞，溫帶落葉林通常主要為橡樹、榆樹（elm）、山毛櫸（beech）與楓樹，再加上一些灌木與林地植物，尤其是能適應生長期長時間受到樹冠遮蔽的植物。就如同此生態區的名稱，這些森林分布於溫帶氣候條件：適中的雨量（75 至 150 毫米）、溫暖潮溼的夏季與冷涼的冬季。

此處樹冠層會在春季開展與成長，並在秋季開始落葉（秋季英文「fall」的部分來源），這就是這類森林的定義特色。許多樹葉之所以會從原本的綠色轉變為美麗的黃色、紅色與橙色色調，是因為當冬季來臨之際光合作用的葉綠體色素崩解，溫帶落葉林也因此成為熱門的觀光景點，尤其是在「盛秋」期間。

溫帶落葉林孕育了繁茂的生態系統，其中包含了植物、昆蟲與動物。例如所謂的春季短生植物（spring ephemeral plants），花朵必須在樹冠開展並在遮蔽林下土地之前完成開花。松鼠與鳥類（例如啄木鳥、貓頭鷹與北美紅雀〔cardinals〕）都會在樹冠層生長，而浣熊、狐狸、鹿與熊等大型哺乳動物則適應了季節的劇烈轉變（例如熊的冬眠）。原本主宰這些環境的掠食者（例如狼與美洲獅）則在都市化之後被驅離。

剛剛提到了 30% 的森林覆蓋率，目前正隨著時間在全球範圍逐漸下降，最主要因為人類侵入或森林棲息地的開採等活動。由於森林對生物圈的健康與永續扮演了關鍵角色，再加上森林持續面對的威脅，聯合國在 2011 年頒布了國際森林年（International Year of Forests），宗旨為「提升各類森林的永續管理、保存與永續發展」。

位於美國賓州威廉・潘恩州立森林（William Penn State Forest）中，絕美的秋季山毛櫸落葉樹風景。照片攝於 2013 年。

參照條目 光合作用（約西元前三十四億年）；陸地植物首度現身（約西元前四億七千萬年）；熱帶雨林（西元1973年）；溫帶雨林（西元1976年）；苔原（西元1992年）；寒帶針葉林（西元1992年）；草原與常綠灌木林（西元2004年）；莽原（西元2013年）。

沃斯托克湖

南極洲是一塊幾乎完全被冰雪覆蓋的大陸。然而，冰雪之下掩埋著能夠反映古代地殼陸塊豐富地質歷史的山脈、峽谷、河谷、盆地、沉積物與化石。南極洲形成之後位移了相當可觀的距離，例如，根據證據顯示，南極陸塊在盤古超級大陸時期曾位於溫帶至熱帶氣候區。

因此，地質學家在深層冰川冰雪之下尋找到古代淡水湖的證據，便不令人意外。最早發現這類冰下湖（subglacial lakes）的是蘇聯地質學家，其參與了 1950 年代晚期至 1960 年代早期國際地球物理年，向冰層傳送震波以計算從下方大陸地表反射回來的訊號。以此首度由蘇聯南極研究站發現的就是沃斯托克湖（Lake Vostok）。自此，南極冰層下發現了超過四百座冰下湖。

幾乎在沃斯托克湖發現的同時，某些科學家開始希望能以鑽探方式採取此湖的水樣樣本。根據某些推測，沃斯托克湖已經與全世界隔離約有一千五百萬至兩千五百萬年，因此是絕佳且獨特的機會，研究現存或此處尚未遭冰雪掩埋之前繁茂生長的已滅絕生物。然而，因為此環境的獨特，許多科學家與環境主義者則希望能保持此湖湖水不受侵擾，唯有在國際科學協會同意鑽探過程的嚴格污染控制之後，方可進行。

由於各方疑慮與污染的高風險壓力之下，1990 年代，俄羅斯科學家開始進行史上最深的冰芯鑽探，並在 2012 年 2 月短暫地刺穿沃斯托克湖，此時的深度已達冰層下方 3,768 公尺。經過生物學家的檢測之後，能辨識出與地表現存物種相似的微生物，但由於污染的考量而不確定這些樣本是否真的來自此湖。在未來鑽井再度開啟且採取更乾淨的樣本之後，我們將能知道更多有關此處原生生物何以在寒冷、黑暗、高壓且低養分的環境生存。若是真有這樣的生物存在，木星的海洋衛星木衛二等極端環境擁有生物的可能性將大大提升。

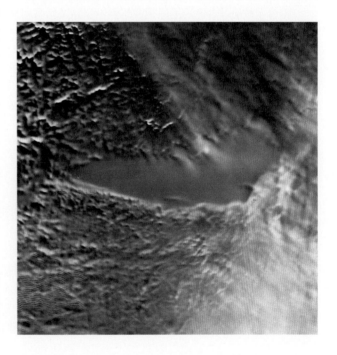

美國太空總署的雷達衛星「RADARSAT」製作的南極洲沃斯托克湖之影像（中間平滑處）。此衛星的雷達訊號得以輕易穿越上方厚達 3,650 公尺的冰雪，讓我們能夠一窺其下的湖泊。

參照條目　南極洲（約西元前三千五百萬年）；裏海與黑海（約西元前五百五十萬年）；死海（約西元前三百萬年）；維多利亞湖（約西元前四十萬年）；「冰河時期」的尾聲（約西元前一萬年）；北美五大湖（約西元前8000年）；國際地球物理年（西元1957至1958年）；嗜極生物（西元1967年）。

莽原

深藏於開放草原與生物數量密集的灌木叢群系（例如常綠硬葉灌木群系），就是地球的重要生態區之一——莽原。根據定義，莽原是一種混合了草地與林地的區域，但其林地的灌木或樹木的分布或樹冠層都不會過於密集，以至於遮蔽了地面的日照。充足的日照讓木生植物下方依舊能夠形成廣闊的草地與其他非木本植物。

莽原在全球特殊的生態與地理區域出現，包括熱帶、亞熱帶、溫帶、地中海與山地。所有莽原環境的典型環境要素為相對多變的年雨量（季風氣候，包括偶爾出現的乾旱），以及乾旱期通常會出現的野火。許多人類學家與文化歷史學家也的確發現，遍布全球各地許多原住民都會將火焰當作工具，以擴大莽原環境範圍，歷史以來這樣的環境比起擁有濃密樹冠的森林，的確更容易狩獵、採集、種植與／或放牧。不論自然生成或人為創造，莽原野火都抑制了新樹木的成長，以維護整體生態系統的架構。

在生物多樣性方面，雖然坦尚尼亞塞倫蓋提平原等典型莽原區生活的大型食草動物與食肉動物（例如斑馬、長頸鹿、大象與獅子等）都最為耳熟能詳，但就像是全球其他生態區，莽原區其實也孕育了各式各樣的物種，包括植物、哺乳動物、鳥類、兩棲類與昆蟲，因此也一樣需要密切的監測與生態健康的管理，以維持生態區的永續。再者，莽原區自史前時代就經常被人類當作馴化動物的牧場，例如牛、綿羊與山羊，因此也是當地或區域經濟相當重要的一環。

結合了政府與非政府國際規模的莽原生態系保育組織之一，在 2013 年澳洲北部成立，其中包含了全球範圍最廣大的未開發熱帶莽原。「金伯利到開普敦倡議」（Kimberly to Cape Initiative）的任務目標為「建立一個協調、政治與溝通的空間以支持當地人民，且辨認與推廣與莽原健康交流的優勢」。

西非甘比亞（Gambia）西康國家公園（Kiang West National Park）的熱帶莽原。照片攝於 2008 年。

參照條目　陸地植物首度現身（約西元前四億七千萬年）；動物的馴化（約西元前三萬年）；農耕的發明（約西元前一萬年）；熱帶雨林（西元1973年）；溫帶雨林（西元1976年）；苔原（西元1992年）；寒帶針葉林（西元1992年）；草原與常綠灌木林（西元2004年）；溫帶落葉林（西元2011年）。

二氧化碳攀升

地球是由岩石與高活性的揮發性物質（隨後從內部溢散，並形成大氣層）組成。這些揮發性化合物包括二氧化碳，二氧化碳最初成為大氣層主要氣體，但在光合作用出現之後很快地就因為吸收二氧化碳的生物而大幅降低。雖然二氧化碳在我們的大氣層目前僅是相對微量的氣體，但因為二氧化碳是能夠吸收熱能且幫助使大氣層溫暖的強烈溫室氣體。事實上，如果大氣層沒有任何溫室氣體，地球表面溫度會相當寒冷且海洋會成為冰凍的固體。所以，一點點的溫室效應有其優點。

了解大氣層有多少二氧化碳相當重要，因為來自古代沉積岩、格陵蘭與南極冰芯研究、樹輪研究與現代氣溫探測的地球地表平均溫度，其實直接與大氣層二氧化碳含量相關。當二氧化碳濃度上升時，地球的平均表面溫度就會增加，反之亦然。例如，在大約兩百萬年前上次冰期最高峰，地球大氣層的濃度約為百萬分之一百八十（180 ppm）。大約一萬兩千年前，當氣候逐漸轉暖且冰層慢慢退卻時，此數值也緩慢上升落在平均百萬分之兩百八十（280 ppm），直到大約 1830 年的工業革命誕生。

然而，大氣層的二氧化碳濃度自此急速攀升，根據過往的數據顯示，上升的速度前所未見。到了 2013 年，二氧化碳濃度進入新的里程碑，超越百萬分之四百（400 ppm），達到至少過去八十萬年來從未有過的頂峰。大約在同一時期，地球的表面均溫上升了攝氏 0.5 至 1 度。工業革命之後的二氧化碳攀升背後的原因，很可能就是石化燃料的燃燒與森林砍伐。人類造成氣候暖化的現象，也促使人們開始關注替代能源（風力、水力、太陽能與核能）的尋找，同時，海平面上升、暴風事件強度增加與更頻繁乾旱等等嚴重現象也成為重要考量。

1942 年，美國在二戰時工廠冒出的濃煙。

參照條目　地球誕生（大約西元前四十五億四千萬年）；地球的海洋（約西元前四十億年）；光合作用（約西元前三十四億年）；大氧化事件（約西元前二十五億年）；雪球地球？（約西元前七億兩千萬至前六億三千五百萬年）；寒武紀大爆發（約西元前五億五千萬年）；工業革命（約西元1830年）；砍伐森林（約西元1855至1870年）；人類世（約西元1870年）；溫室效應（西元1896年）；核能（西元1954年）；風力（西元1978年）；太陽能（西元1982年）；水力（西元1994年）；石化燃料枯竭？（約西元2100年）。

長途太空旅行

史考特・喬瑟夫・凱利（**Scott J. Kelly**，生於西元 **1964** 年）
馬克・艾德華・凱利（**Mark E. Kelly**，生於西元 **1964** 年）

　　自 1960 年代起，太空總署的醫生便開始追蹤太空人在失重等環境改變的狀態之下會有什麼影響。這些研究絕大部分是為了維護太空任務團隊的健康與安全，但同樣也能了解人類在太空環境長時間旅行的狀態，例如前往火星長達數年的旅程。這類研究在一趟趟任務中已有眾多進展，其中包括 1973 至 1974 年，美國太空總署三名執行為期 84 天的太空實驗室四號計畫（Skylab-4）的太空人；1987 至 1988 年，俄羅斯兩名太空人在和平號太空站（Mir space station）長達一年的任務；以及 1994 至 1995 年，俄羅斯太空人瓦列里・波利亞科夫（Valery Polyakov）在和平號太空站度過了 437 天（至今仍是人類在太空停留的最長時間紀錄）。醫生仔細監測了長途太空旅行者出現不同程度的轉變，包括骨質與肌肉退化、體液分布的轉變、視覺與味覺的破壞與其他生理反應。

　　然而，其中最令人印象深刻的研究是美國太空總署的「雙胞胎試驗」（Twins Study），由兩位雙胞胎太空人史考特・凱利與馬克・凱利執行。史考特是曾經執行五次太空任務的資深太空人（曾多次駕駛太空梭計畫與聯合號〔Soyuz〕至國際太空站），而馬克一樣曾四次參與太空梭計畫與進入國際太空站。雖然兩兄弟並非一起登上太空，但他們在史考特於 2015 至 2016 年在國際太空站進行為期 11 個月的任務時，彼此遠端密切工作。在此任務過程中，史考特在太空進行了飲食、運動與其他活動等特殊規範，而身在地球的馬克則如同「對照組」進行規範相似的生活，並在最後計算這對雙胞胎兄弟的生理變化。

　　2016 年，史考特回到地球，兩兄弟同時接受了詳細的醫學檢測。如同絕大多數在太空旅行的人類，史考特在沒有重力擠壓脊椎之下，暫時比馬克長高了數英吋。另外，史考特也經歷也某些早期長時間進行太空旅行的太空人都有的症狀：相較於馬克，約有 7% 的 DNA 有了永久改變。基因改變背後的原因目前仍不明朗，這也是醫生與未來計畫長途太空旅行參與者將持續專注的重點之一。

美國太空總署的太空人兼雙胞胎兄弟馬克（圖左）與史考特（圖右），兩人在 2016 年參與了長時間太空旅行對人體影響的醫學實驗。

參照條目　探索海洋（西元1943年）；史波尼克衛星（西元1957年）；人類抵達太空（西元1961年）；月球的地質（西元1972年）；定居火星？（約西元2050年）。

北美日蝕 |

當我們從特定地點觀察到一個天體從另一個天體前越過時，此現象稱為蝕。人們最熟悉的就是日蝕或月蝕，因為這兩者最常發生且經常有戲劇化的表現，也因此成為令人印象深刻（或帶有預兆感）的事件。

月蝕發生在滿月時分，此時的太陽、地球與月球依照此順序排成一列，當月球從太陽橫越至地球後方時，就會穿過地球的陰影。然而，因為相對於地球繞行太陽的軌道而言，月球軌道稍稍傾斜，因此月球偶爾才會準確地穿越地球陰影。絕大多數的月分中，滿月月球的軌跡會高出或略低地球的陰影一點點，很可惜的，月蝕就不會在此時發生。

日蝕則發生在新月時分，此時的太陽、月球與地球依照此順序排列，而月球剛好越過地球與太陽之間。同樣地，當三者的幾何排列剛好如此（很罕見）時，月球的陰影將落在地球上。這是令人驚嘆的天體運行巧合，也就是天空中月球的視角值幾乎等同於太陽的視角值（太陽的直徑大約比月球大了四百倍，但月球大約與地球的距離近了四百倍）。這樣相當罕見的結果就是天空中的月面能完全遮擋陽面，也就是全日蝕。

全日蝕的機會十分稀少，地球任何一處能看到全日蝕的機會大約平均每 350 到 400 年。某些人（包括許多天文學家）都是「追日蝕者」，他們跟著月球陰影的預測路徑旅行，在這樣的罕見事件中，試著觀察或進行科學數據收集。例如，1868 年就在全日蝕期間發現了氦元素，因為此時太陽廣大的大氣層（或日冕）主要部分都被月球遮住，較容易進行視覺的天文觀測。

在 2017 年 8 月 21 日的全日蝕期間，月球的陰影掃過美國，從奧勒岡至南卡羅來納（South Carolina）。天文學家趁此機會在地面與特殊的遙測天文臺，用更新且更敏銳的儀器研究日冕與磁場。然而，「北美日蝕」真正創造的里程碑也許應該是讓數以百萬計的人們同時對於天文有了更多認識，而這短短的數分鐘之間如此龐大的人口，同時因令人望之敬畏的日冕景象而深深啟發。

上圖　日冕之景（也就是太陽的外層大氣層）。2017 年 8 月 21 日於美國奧勒岡馬德拉斯（Madras）的觀測。
下圖　全日蝕期間月球越過美國的路徑。

參照
條目　地球是圓的！（約西元前500年）；最後一次全日蝕（約六億年後）。

毀滅之星與地球擦肩

　　自 1990 年代之後，在密集的望遠鏡觀測發展之下，已經發現了數以幾十萬計的新小行星在太陽系周圍呼嘯而過。其中絕大部分的天體都在火星與木星之間的小行星主帶，還有在其他許多星族（populations），包括三個不同的近地小行星（near-earth asteroids，NEAs）星族：軌道比地球更接近太陽的阿托恩（Atens）、軌道離地球更遠的阿莫爾（Amors），以及軌道穿過地球軌道的阿波羅（Apollos）。三個近地小行星星族都有撞擊地球的潛在危險。

　　其中最受到密切觀察的近地小行星星族成員之一，就是小型小行星「99942 Apophi」。此顆小行星於 2004 年發現，接續的望遠鏡觀測也計算出了它的軌道參數，觀測方式包括以位於波多黎各（Puerto Rico）的阿雷西波行星雷達探測設備（Arecibo Planetary Radar Facility）完成的超精確計算。接著，這顆

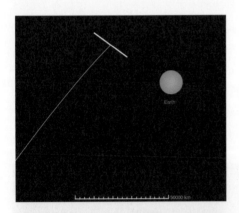

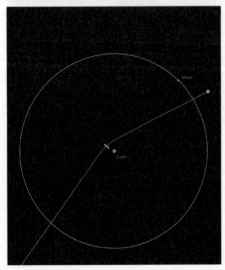

小行星連同其他數百顆近地小行星的參數，都放進了由天文學家開發的自動電腦程式運算，試著預估它們的未來軌道以及撞擊地球的機率。「99942 Apophi」很快就被移除了部分警報，因為計算結果顯示僅有 37 分之 1 的機率會在 2029 年 4 月 13 日撞擊地球。以目前辨識而言，此顆小行星的撞擊風險最高，杜林災難指數為 4（最高 10）。

　　天文學家很快便組織了進一步的密切觀測，試著讓此小行星的預測軌道更精確。新數據顯示此小行星會十分靠近地球，大約只有兩到三個地球直徑的距離（就在地球同步軌道之內），但其實並不會實際撞擊我們的星球。「99942 Apophi」會在 2036 年再度靠近地球，但這次撞擊地球的機率降低至僅僅十億分之一，因此杜林災難指數只有 0。

　　不過，審慎起見，雖然直徑三百公尺岩質小行星的撞擊不會造成全球性的毀滅，但依舊會形成災難性的後果（例如巨大撞擊引發的海嘯）。「Apophi」一名源自埃及的毀滅之神，讓我們一起祈禱這顆小行星的名稱不會真的應驗。

上圖　局部放大圖，顯示此小行星的預測軌道與我們的星球多麼靠近（白色條帶代表不確定的軌道範圍）。
下圖　地球、月球與「99942 Apophis」近地小行星的軌道、尺寸與位置預測，時間為 2029 年 4 月 13 日，此小行星將在此時十分靠近地球。

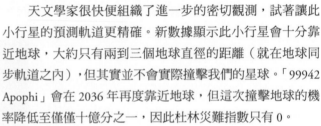

參照條目　恐龍滅絕撞擊事件（約西元前六千五百萬年）；亞利桑那撞擊事件（約西元前五萬年）；美國地質調查局（西元 1879 年）；隕石狩獵（西元 1906 年）；通古斯加大爆炸（西元 1908 年）；地球同步衛星（西元 1945 年）；認識撞擊坑（西元 1960 年）；杜林災難指數（西元 1999 年）。

定居火星？

地球對於人類而言，擁有特別能夠適應的環境，而我們同時也被束縛在這兒，不過某些人類遙想著離開、向外探索、將我們物種的能力推向極限。也許，這也是一種演化牽引著我們適應的方向。不論背後的動力為何，我們已經開始在太空之間旅行，也曾經用身處生物圈之外的獨特視角回望著我們的星球，少數幾位特別幸運的人們，甚至已經脫離了地球的重力，將腳步踏上月球並進一步研究觀察。

對於許多開拓或熱愛太空探索領域之人，火星就是人類向外冒險的下一大步。

在過去 50 年以上，我們利用數十架遙控探測器、軌道飛行器、登陸器與探測車等等，發現火星是太陽系中與地球最相像的行星，而且就在我們星球一旁。火星擁有稀薄且寒冷的二氧化碳大氣層，這裡一天的時間長度與地球差不多，兩極極冠為二氧化碳與水組成的冰雪，並且會隨著季節消長，還擁有能與我們世界相互匹敵的豐富驚人地質歷史。也許最令人注目的是，火星甚至曾經一度與地球更相像，當時的火星擁有更厚實的大氣層且氣候較溫暖，液態水會在地表流動並形成湖泊與海洋，同時也有能夠保護地表不受太陽輻射影響的磁場。早期歷史中的火星其實是一座適居世界。火星發生什麼事了？上面曾經有或現在仍有居民嗎？我們能在探索火星的過程中，更了解地球生命的起源嗎？

想要找出這些答案，我們勢必要踏上那片土地。地質學家、太空生物學家、化學家與氣象學家們都正準備前往火星一探究竟，而這樣的旅程同樣需要工程師、程式設計師、駕駛員、醫師等等的支持。最初是僅有數名組員的火星往返短程任務（三年多），也許在 2030 年代啟程；但接著就是開拓者踏上旅程，並在火星建造的第一座基地，最快也許將在 2050 年代出發。開拓者可能來自美國太空總署、其他太空機構，或是「新太空」（NewSpace）私人公司們等希望踏上冒險之旅的人們。我們的演化方向帶著我們物種探索、學習與向外拓展，而我們也將因此登上火星，以及未來更遙遠的星際。

一種加裝了氣閘艙的可攜式居住艙，一旁還有經過加壓的探測車（想像示意圖），這些可能都是人類在 2030、2040 或 2050 年代探索紅色火星任務可能使用的裝備。

 參照條目 地質科幻小說（西元1864年）；人類抵達太空（西元1961年）；地球的自拍（西元1966年）；逃脫地球的重力（西元1968年）；月球的地質（西元1972年）；長途太空旅行（西元2016年）。

石化燃料枯竭？

目前全世界超過 80% 的能量（用於生產食物、加熱／冷卻、運輸與製造產品等等），都來自煤、石油與天然氣的燃燒，而這些物質都是數億年前的遠古植物與其他生物經過掩埋、分解與化學作用轉變之後漸漸形成。這些石化燃料的位置先經過地質學家利用繪圖與遙測等方式確定，然後利用鑽探或挖掘的方式從近地表的沉積層之間汲取，接著在世界各地密集分布的製造網絡中，精煉且製作為種類極為多元的石油基底產品。但是，石化燃料的核心本質就是一種有限資源，終有一天它將變得開採成本十分昂貴，或單純就是完全耗盡。

經濟學家與能源專家等人對於世界將在何時登上「油峰」（peak oil，石化燃料會在經過油峰之後產量緩慢下滑，最終逐步淘汰）依舊眾說紛紜。但是，新探測與新汲取技術（例如從頁岩沉積層抽取石油與天然氣的水力壓裂〔hydraulic fracturing〕技術）的發現，補償了資源逐步下滑的早期判斷，因此，我們將在進入二十一世紀之際抵達油峰的預測宣布向後延遲。儘管科技勢必隨著時間繼續進步，但已有共識地球也許在本世紀中期（而且幾乎確定在下一世紀開始之際），符合經濟成本的石化燃料將耗盡。

許多提倡應該以使用更多永續資源作為解方的人們，則認為石化燃料耗盡的終點會更快到來。就像科技進展能幫助石化燃料開採依舊符合經濟成本，同樣地，太陽能、風力、水力與核能等更環境友善的再生能源，也一樣因此在經濟與社會能見度之間都有所提升。尤其是在過去短短數十年之間，太陽能與風力發電都有了長足的進展，這類乾淨再生能源的版圖也許將在接下來的數十年之間急遽擴張，某些預測甚至認為太陽能本身就可能在本世紀中期，滿足全球 50% 的供電需求。也許，世界不再依賴石化燃料的原因並非其耗盡，而僅僅只是因為在其他替代能源相比之下，使用它們變得成本過於高昂（不論是費用或環境影響）。

有一天，也許是 50 至 100 百年（或更短）之內，人類文明將用光了所有容易汲取的石化燃料，如煤（此圖）、石油與天然氣。那麼，接下來該怎麼辦？

參照條目　陸地植物首度現身（約西元前四億七千萬年）；人口成長（西元1798年）；工業革命（約西元1830年）；人類世（約西元1870年）；溫室效應（西元1896年）；核能（西元1954年）；風力（西元1978年）；太陽能（西元1982年）；水力（西元1994年）。

約五萬年後

下一次冰河時期？

根據地質與化石紀錄，我們的星球已經歷了至少五次長時期的大規模嚴寒氣候條件——冰河時期，每一次的冰河時期中，都包含了數十個或甚至數百個時間較短的冰川範圍最高峰（冰期）與最低（間冰期）。例如，在過去大約一萬兩千年之間，我們身處一個稱為全新世的間冰期期間，全新世只是目前冰河時期中許多間冰期之一，而目前的冰河時期則稱為第四季冰河時期（Quaternary Glaciation），從大約兩百六十萬年前進入。那麼，在眼下的冰河時期中，我們會在什麼時候進入下一次冰期？而現今的冰河時期會在什麼時候結束？

從事氣候模擬的科學家發現，小型的長時間地球軌道參數轉變（例如地軸的傾斜或軌道異常），會影響傳遞至我們星球的太陽能量值，因此大大影響了冰期與間冰期的週期時間。我們也的確能預測接下來至少數百萬年近未來的軌道效應。結果，接下來的十萬年之間，軌道變化量相對很小，因此其他像是二氧化碳於大氣層累積等影響，就會成為控制地球溫度與氣候的主要變因。因此，在人為活動釋放的二氧化碳數量逐漸升高，並終將達到過去數百萬年未有的高峰時，我們的氣候很有可能會繼續變暖，而現今的間冰期也將持續不變。在某些預測分析之中，在軌道參數與假設二氧化碳濃度在未來可能降低的情形結合之下，下一次冰期可能在未來五萬年之間或甚至以上都不會到來。

如果此預測為真，我們現在身處的可能就不只是間冰期了，也許可能甚至是第四季冰河時期的終點，而格陵蘭與南極洲的極冠也將徹底消失。我們會在多久進入此情況？而下一次冰河時期又將何時到來？這些都是受到密集討論與爭辯的科學研究重要議題。

大約在兩百萬年前，當時的地球處於現今冰河時期中的冰期最高峰（此為想像示意圖）。我們的地球是否會在也許五萬年之後，再度變成此模樣？

參照條目 雪球地球？（約西元前七億兩千萬至前六億三千五百萬年）；「冰河時期」的尾聲（約西元前一萬年）；小冰期（約西元1500年）；發現冰河時期（西元1837年）；溫室效應（西元1896年）；二氧化碳攀升（西元2013年）。

黃石超級火山

　　現代歷史中規模最龐大的火山爆發事件，就是 1815 年印尼的坦博拉火山爆發。雖然此次火山爆發造成超過十萬人的喪生，並對於接下來數年之間的地球氣候產生可觀的影響，但坦博拉火山爆發的火山爆發指數只有等級 7（最高為 8）。能夠被列為等級 8 的火山，必須是怪獸般的存在，而地質學家稱之為超級火山。

　　根據定義，超級火山的爆發必須向地表或大氣層釋放超過約一千立方公里（大約能裝滿四分之一的大峽谷）的火山灰、煙塵與天然氣。超級火山的火山煙流會將大量的火山煙塵與其他能遮蔽日照的懸浮物質噴至平流層，因此會對地球氣候造成極為可觀且長期的影響。由於超級火山爆發的強度如此猛烈，因此也極端罕見，大約每十萬年會出現一至兩次。在我們的歷史中，沒有任何超級火山爆發的紀錄；地質紀錄方面則顯示大約在兩萬五千年前（紐西蘭陶波〔Taupo〕）與七萬四千年前（印尼托巴〔Toba〕），至少出現過少數幾次爆發。

　　然而，目前地球其實就有幾座超級火山正沉睡著。其中最知名的超級火山之一，就位於美國懷俄明州的黃石國家公園，其火山口的範圍為長約 55 公里，寬約 72 公里。雖然黃石火山距離活躍的構造板塊邊緣遙遠，但因為其位於一個地函熱點之上，所以此地在過去數百萬年之間，一直擁有顯著的地熱活動與史前火山作用。然而，與太平洋板塊中間位於夏威夷群到之下的熱點不同，黃石火山的熱點位於厚厚的大陸地殼之下，在它終於爆發之前，其熱能必須滲透上方遠遠更大量的岩石。

　　黃石超級火山上次爆發大約在六十三萬年前，當時的深厚火山灰幾乎覆蓋了整片北美洲，同時似乎使地球氣候冷卻了好幾年。幸運的是，我們目前尚未發現黃石火山在近未來之間有即將爆發的現象。不過，因為這類爆發會產生相當極端的後果，此區域依舊持續謹慎地監測地震等顯示未來會有潛在活動的現象。

岩漿從地底上升，穿越地殼，並在北美洲中心的「黃石超級火山」爆發的剖面示意圖。

參照條目　板塊構造運動（約西元前四十至前三十億年？）；大西洋（約西元前一億四千萬年）；夏威夷群島（約西元前兩千八百萬年）；龐貝（西元79年）；于埃納普蒂納火山爆發（西元1600年）；坦博拉火山爆發（西元1815年）；喀拉喀托火山爆發（西元1883年）；探索卡特邁火山（西元1915年）；聖海倫火山爆發（西元1980年）；火山爆發指數（西元1982年）。

洛西島

在太平洋中央以夏威夷大島為一端點形成的一系列由西北向東南的綿長島嶼與海底山，就是太平洋板塊是一個在地函熱點上方穩定移動的海洋地殼之主要證據。目前認為這些熱點就是地球地函中持續攪動的炙熱且熔融岩漿形成的巨量對流柱，這樣的熱點能幫助地球內部釋放熱能。地質學家相信全球大陸與海洋地殼之下分布著強度與尺寸各異約 50 至 60 個地函熱點。其他知名熱點包括黃石火山，以及形成南美洲外海加拉巴哥群島與印度德干暗色岩的熱點。

夏威夷熱點已經活躍了至少兩千八百萬年（也就是島鏈中最古老海底山的年紀），而茂納羅亞火山與基勞厄亞火山則是此熱點至今依舊活動的證據。同時，太平洋板塊持續向西北方以每年五至十公分的速度移動。因此，我們可以預計夏威夷群島的東南端很快（以地質時間而言）就會出現一座新的島嶼。

海底地圖也的確有一座位於距離夏威夷東南海岸約 35 公里處的海底山，名為洛西（Loihi，夏威夷語，意為「長」，因其拉長的形狀）。目前為海底山的洛西高度約為距海床三千公尺，比許多層狀火山都高聳，例如聖海倫火山。此海底火山的偏坡擁有無數個深海熱泉，以及多元得驚人的微生物與其他海生生物。

洛西的地震活動可觀，而且自從 1950 年代有了第一筆現代紀錄之後，其水下火山運動就不曾停歇。我們從這座不斷成長的海底山腳所採集的岩漿樣本中，已知它大約在四十萬年前誕生。依照它未來的噴發強度與頻率，洛西很有可能在大約十萬至二十萬年之後浮出海面，成為夏威夷群島的新成員。

位於日本西之島外海的全新島嶼，這座島嶼就是由海底火山不斷噴發而成。以地質時間而言，夏威夷的洛西島也將在不久的未來如同此座島嶼。照片攝於 2013 年。

參照條目　地球地函與岩漿海洋（約西元前四十五億年）；板塊構造運動（約西元前四十至前三十億年？）；德干暗色岩（約西元前六千六百萬年）；夏威夷群島（約西元前兩千八百萬年）；加拉巴哥群島（約西元前五百萬年）；描繪海底地圖（西元1957年）；深海熱泉（西元1977年）；聖海倫火山爆發（西元1980年）。

下一次大型小行星撞擊？

　　地質學家花費了大約數世紀的時間，才終於了解天體撞擊是地質轉變的主要營力之一，不只是月球與其他受到強烈撞擊的行星、衛星與小行星，我們的地球也是如此。地球早期就經歷過一次火星般尺寸原行星的巨大撞擊，而且很有可能隨後形成現在的月球。大約六千五百萬年前的白堊紀末期，無飛行能力的恐龍與其他許許多多物種滅絕的事件，天體撞擊就扮演了至關重要的角色，天體撞擊也有可能是其他地球歷史過程中大滅絕的導因之一。其他保存良好的年輕隕石坑，例如美國亞利桑那的巴林傑隕石坑；以及小型撞擊事件，例如1908年的通古斯加大爆炸與2013年的車里雅賓斯克大爆炸，在在提醒我們太空中依舊有許多潛在的撞擊威脅，可能在未來的某天到來。

　　那麼，下一次巨大到足以產生嚴重氣候與／或生物災難的撞擊事件何時會發生？而我們有任何阻止的方法嗎？天文學家、行星科學家、工程師與行星防禦專家等人都正試著找出這些疑問的解答。其中極為重要的第一步，就是完成偶爾會與地球擦肩而過的潛在威脅天體名單，科學家以這些天體的尺寸、組成成分與內部強度（它們是固態巨礫？或是一堆礫石與砂石？）評估它們潛在的威脅指數。到了2011年，調查顯示這些小行星約有90%擁有足以造成全球規模災難的大小；接下來大約十年間，將進一步試著將調查擴大到會導致地區或區域災變的更小型的小行星。

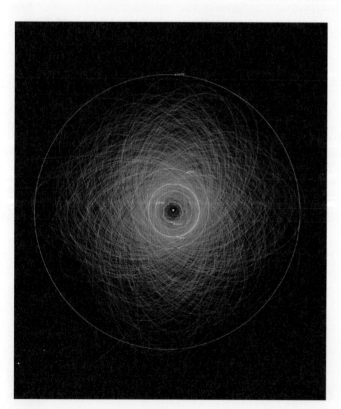

　　以統計而言，擁有導致「恐龍滅絕」般大小的小行星（直徑大約十公里），大約每一億年會再訪一次地球，所以也許我們在接下來大約三千五百萬年以上都相對安全。不過，直徑約為一公里的天體撞擊地球就大約是每五十萬年一次，這般的撞擊能量將超過第二次世界大戰原子彈的三千倍，因此將造成地區性極為重大的災難與氣候破壞。這樣的巨大撞擊災禍還要再等五十萬年才會降臨嗎？還是有可能更快發生？而我們準備好了嗎？

目前已知近地小行星星族成員的軌道（藍線），它們沿著水星、金星、地球（白色）與火星相對環形的軌道繞行。此圖為從太陽系北極向下觀看的視角。

參照條目　月球的誕生（約西元前四十五億年）；恐龍滅絕撞擊事件（約西元前六千五百萬年）；亞利桑那撞擊事件（約西元前五萬年）；美國地質調查局（西元1879年）；隕石狩獵（西元1906年）；通古斯加大爆炸（西元1908年）；地球同步衛星（西元1945年）；認識撞擊坑（西元1960年）；杜林災難指數（西元1999年）；毀滅之星與地球擦肩（西元2029年）。

終極盤古大陸 |

　　盤古超級大陸大約在兩億年前開始分裂，而地塊漸漸轉變為我們今日熟知的地理位置分布。不過，地球數十塊大型構造板塊至今依舊不斷交互運動，因此，今日的世界地圖其實僅僅是這座不斷改變且活力十足的星球一瞬間的即景。

　　那麼地球未來會變成什麼模樣呢？地質學家可以將現今地球構造板塊所測量的相對速度，以電腦模型模擬，並預測在遙遠未來中，這些構造板塊的可能位置。例如，非洲與歐亞大陸板塊現今正以緩慢的速度相向碰撞，不僅持續抬升了阿爾卑斯山，也不斷地讓地中海盆地縮小。終有一日，地中海將完全閉合，而如同喜馬拉雅山脈的系列嶄新山脊，將在曾經是人類文明的搖籃中拔地建起。

　　某些未來板塊模型預測了非洲與歐亞大陸板塊的碰撞；活力充沛的太平洋海底擴張將持續，而大西洋的海洋地殼最終也會隱沒至北美洲與南美洲的東海岸之下；南極洲、澳洲與東南亞也將再度聚合，大約在兩億五千萬年之後，所有主要大陸板塊將重新結合成宏偉的盤古大陸，並稱為終極盤古大陸（Pangea Ultima，或「下一個盤古大陸」〔Pangea Proxima〕）。然而這項預測為推估，這些大陸板塊仍然具有其他可能的未來路徑，因為地函巨大對流的強度與分布轉變其實無法預測。

　　無論如何，地球表面似乎不斷地重複形成超級大陸的週期，超級大陸的漂離崩解將會促成未來新的超級大陸，而新的超級大陸終將分離，並再度組成另一個新超級大陸，以此類推。假說認為地球曾擁有大約十幾個比盤古大陸還要古老的超級大陸，而且根據現存的磁極方向數據，以及如今分距世界各角落的相似遠古化石與變質岩分析，這些超級大陸大約從大陸地殼首度形成之後，約略四十億年之間不斷形成。如果以數十億年以來的全球地圖縮時攝影觀看，勢必如同看著一組七巧板不斷地分分合合！

如果板塊都朝著目前的運動方向移動，那麼大約持續兩億五千萬年之後，所有大陸地塊應該都將再度結合，成為「終極盤古大陸」或「下一個盤古大陸」。

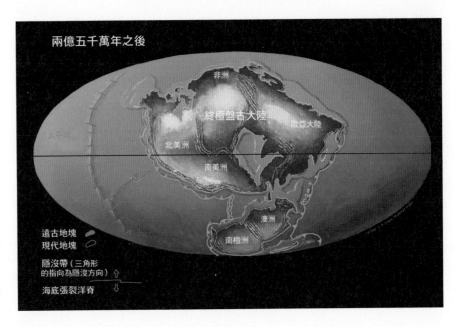

兩億五千萬年之後

非洲

終極盤古大陸

歐亞大陸

太平洋

北美洲

南美洲

澳洲

南極洲

遠古地塊
現代地塊

隱沒帶（三角形的指向為隱沒方向）↑

海底張裂洋脊 ↓

最後一次全日蝕

阿波羅登月任務中太空人須執行最簡單的實驗之一，就是在月球裝上一系列的鏡子，如此一來，地球上的天文學家就可以利用瞄準月球發射高能像雷射光，精確計算雷射光反射回到地球的時間。在知道雷射光行進的時間與速度之下，地球與月球之間的距離就能精準計算至誤差小於 1 毫米。隨著時間慢慢過去，這項地球與月球之間的距離計算，讓我們知道月球正緩慢地遠離地球，遠離的速率大約是每年 3.8 公分。

為什麼月球會慢慢遠離地球？答案就是角動量守恆（conservation of angular momentum）。月球的重力牽引會使地球的海洋隆起，同時也會對地球的地殼產生拉力，漸漸地使地球自轉速率降低。根據克卜勒的行星運動定律，當月球距離地球較遠時，月球的速度會增加。而如今月球正一點一滴地遠離我們，也代表在十分遙遠的從前它曾經距離地球更為接近。我們在天空中看見的月球的確曾經是現今的大約 15 倍大。

月球漸漸向遠方旋轉而去也意味著，我們在地球向天空望去的月球會緩慢（非常緩慢）地變得越來越小。今日，空中月球的視角直徑大小變化範圍（根據月球位於其稍微橢圓的軌道之所在位置）為只比太陽視角直徑稍微小一點點到大一些些——也因此有出現日全蝕的可能。然而，當天空中的月球隨著時間慢慢變小時，它最終將無法完全遮住太陽。在大約六億年之後的某天，我們遙遠的後代（不論是誰或是什麼）將會聚起來一起觀看地球地表最後一次的日全蝕。自此，所有類似的天文現象都會是日環蝕（annular solar eclipses），一輪被月球遮著的環形太陽。

在遙遠的未來，月球將距離地球太遠而無法完全遮住太陽，而現在的日全蝕都將變成在 2012 年 5 月 20 日出現的「日環蝕」。

參照條目　地球是圓的！（約西元前500年）；行星運動定律（西元1619年）；潮汐（西元1686年）；重力（西元1687年）；月球的地質（西元1972年）；地球同步衛星（西元1945年）；北美日蝕（西元2017年）。

海洋蒸發 |

　　像是太陽等所謂「主星序」（main sequence）恆星的生命週期，其實十分容易預測。二十世紀早期的天文學家利用觀察了無數身處不同發展階段的相似恆星，已經歸納出太陽等恆星的基本演化過程。到了二十世紀中期，恆星內部的運作也已經有了理論，而讓這些恆星持續閃耀的就是核融合的過程。多虧了隕石研究與放射性定年的技術發展，我們現在知道了太陽的確切年紀（四十五億六千七百萬年），因此也能預估太陽的下一個里程碑。

　　在太陽內部，氫會在極巨大的溫度與壓力之下轉變為氦。隨著時間過去，太陽中的氫就會慢慢減少。為了維持內部重力與外部輻射壓力的平衡（因此才能維持在主星序），太陽的核心會緩慢地變得越來越熱。太陽核心內部核融合速率的逐漸增加，將補償了氫遞減的效應，並使得太陽變得越來越亮。因為氫含量的遞減，天文學家估計太陽輸出的能量將因此每十億年會增加約一成。

　　太陽輸出能量產生了如此劇烈的變化，當然也會使地球氣候出現極端的變化。在十億年之後，地球的溫度就會高到海洋永久蒸發，此處將變成一顆蒸氣星球。科學家進一步推測，大約在一億年後，地球大氣層所有水分因日照而產生的緩慢分解，以及氫氣接續的脫離地球引力，將使得我們的星球變成一座不適合居住的極乾燥沙漠世界。看來未來的確有點太光明。

　　某些長期氣候模擬學家認為，我們的星球會在海洋完全乾涸之前就變得不適合居住。當氣候越變越熱，會有更多二氧化碳困在碳酸鹽岩石中，植物光合作用能使用的數量便減少了。接著，大約在五億年內，大部分的食物鏈基礎便斷裂崩潰，生物圈也因此無法永續運行。此情此景的確不是一個令人開心的預測，但也許我們的物種（不論已經變成了什麼）到時候已經找到了一或多個美麗的藍色水世界家鄉。

「熱木星」（hot Jupiter）的想像示意圖，這是在太陽系一旁最常見的系外行星類型之一。大約十億年之後，當太陽持續成熟且逐漸變得更熱，地球海洋將蒸發，而我們的行星會成為「熱地球」。

參照
條目　地球誕生（大約西元前四十五億四千萬年）；地球的海洋（約西元前四十億年）；放射性（西元1896年）；地球的終點（約五十億年後）。

地球地核固化

　　由於地球形成之初原始的熱能，以及放射性元素隨時間的慢慢衰變，因此地球的內部相當炙熱。其實，地球內部的高溫能讓外部地核的鐵鎳金屬熔融（溫度高於攝氏四千至六千度），但內部地核則是固態。地球的熔融、旋轉且具電導性的外部鐵質地核，能產生強大到延伸至地球周圍外太空的強烈磁場，同時有保護地表與大氣層免於受到太陽與宇宙放射性物質的危害。若是少了熔融的外部地核與其創造出的保護層磁場，地球上的生命將永遠無法誕生。即使真的有生命存在，在充滿放射性物質轟炸的地表也極為困難或甚至不可能存活。

　　然而，地球的內部其實正在慢慢冷卻，一部分是因為大量的放射性元素正隨著時間減少，一部分則是因為熱能藉由地函對流、火山噴發與熱輻射等方式，由地核傳導至地函、地殼與地表。當內部地核冷卻下來，液態的外部地核也會緩慢地固化，內部固態地核的直徑將因此每年增加約 1 毫米。當這座行星隨著時間緩慢冷卻，終有一日，地球的液態外部地核也無可避免地全然固化。根據絕大部分的地球物理學估算，此情此景發生的時間大約是二十億至三十億年之後。

　　一旦地核固化，地球深處的磁場引擎就會完全停擺，而地球磁場與磁層也將相對快速地消失無蹤。熱能傳遞的降低將減緩地函對流，也很有可能會使地表的板塊構造運動停止。一旦失去地球磁場的保護，太陽風（來自太陽的高能量放射射線）將會直接襲擊並侵蝕地球上部大氣層，裂解二氧化碳、氧氣、水與其他分子，並且將氫等輕元素與其他揮發性物質帶往太空。磁場消失也是早期火星為何失去其一度厚實且溫暖大氣層的主要解釋之一，而我們的星球在遙遠的未來可能也有相似的命運等待著。

太陽暴風襲擊火星，剝去了此行星的上部大氣層（想像示意圖）。數十億年之後，當我們的星球磁場也停擺之後，地球也將面臨類似命運嗎？

參照條目　地球地核的形成（大約西元前四十五億四千萬年）；地球地函與岩漿海洋（約西元前四十五億年）；太陽閃焰與太空氣象（西元1859年）；放射性（西元1896年）；內部地核（西元1936年）；地球輻射帶（西元1958年）；地磁反轉（西元1963年）；嗜極生物（西元1967年）；地球科學衛星（西元1972年）；磁層振盪（西元1984年）。

地球的終點

太陽的命運已然定下，也許我們可以帶著謙卑與淡淡哀傷的心情，發現這顆壯麗的恆星其實不會永遠閃耀。銀河系擁有數十億顆稱為「主星序」的恆星，這些恆星的基本組成都與我們的太陽一樣，我們也因此能利用研究它們，了解周遭這些恆星所處於的不同生命週期。恆星的命運其實由最初形成時的質量決定；以我們的太陽為例，其命運便是在短暫、猛烈的年輕歲月之後，便進入約一百億年相對長時間的穩定時光，最後進入溫和且平靜的晚年。

根據原始隕石的放射定年，與美國太空總署的起源號（Genesis）探測器所收集的太陽風粒子分析可知，太陽目前的年紀大約是四十五億六千七百萬年，身為一顆典型的低質量恆星而言，目前的太陽正處於中年。當太陽漸漸渡過中年，並逐漸消耗核融合的燃料氫之後，我們的恆星將慢慢地越來越炎熱；大約再過十億年，其溫度就足以蒸發地球的海洋。在五十億年左右之內，太陽所有的氫都將用盡，其核心會進一步升溫，而太陽的外部大氣層將向外擴張，直到成為一顆紅色的巨大恆星。

紅色的巨大太陽體積最終將膨脹至大約現在的 250 倍，此時，太陽將吞沒並摧毀較內部的行星，很有可能包括地球。當太陽的氦氣與其他質量較高的元素也被耗盡時，太陽外層將噴射出強烈巨大的死亡脈衝（包括所有曾經屬於地球但此時已經蒸發的原子），並在深太空形成行星狀星雲（planetary nebula），等著循環成為新恆星。太陽內部核心的餘燼會變成白矮星（white dwarf star），逐漸冷卻，最終在寒冷的太空中消逝成為被遺忘的黑色背景。

地球也會消失，但生命是否還會存在？如果我們能成功克服現今的難題與困境，並成為第一批多重行星、多重太陽系的物種，那麼也許我們遙遠的後代（不論他們成為了什麼物種），會在其他如同太陽的年輕恆星周遭，找到我們的新家鄉。

上圖　史匹哲太空望遠鏡（Spitzer Space Telescope）的螺旋星雲（Helix Nebula）紅外線影像，這圈碎屑殼層由曾經與太陽類似的恆星的死亡脈衝形成。

下圖　太空藝術家唐·迪克森（Don Dixon）的畫作，大約在五十億年之後的未來中，地球與月球將被膨脹的紅色巨大太陽吞沒。

參照條目　地球誕生（大約西元前四十五億四千萬年）；地球的海洋（約西元前四十億年）；放射性（西元1896年）；海洋蒸發（約十億年後）。

科學人文 ⑦⑨
地球之書
The Earth Book: From the Beginning to the End of Our Planet, 250 Milestones in the History of Earth Science

作　　　者——金貝爾（Jim Bell）
譯　　　者——魏嘉儀
主　　　編——王育涵
資深編輯——張擎
責任企畫——林進韋
美術設計——江宜蔚
總 編 輯——胡金倫
董 事 長——趙政岷
出 版 者——時報文化出版企業股份有限公司
　　　　　　108019 臺北市和平西路三段240號7樓
　　　　　　發行專線—（02）2306-6842
　　　　　　讀者服務專線—0800-231-705、（02）2304-7103
　　　　　　讀者服務傳真—（02）2302-7844
　　　　　　郵撥—19344724 時報文化出版公司
　　　　　　信箱—10899 臺北華江橋郵政第99 信箱
時報悅讀網——www.readingtimes.com.tw
電子郵件信箱——ctliving@readingtimes.com.tw
人文科學線臉書——www.facebook.com/jinbunkagaku
法律顧問——理律法律事務所 陳長文律師、李念祖律師
印　　　刷——金漾印刷有限公司
初版一刷——2021年3月26日
定　　　價——新台幣680元
（缺頁或破損的書，請寄回更換）

時報文化出版公司成立於一九七五年，
並於一九九九年股票上櫃公開發行，於二〇〇八年脫離中時集團非屬旺中，
以「尊重智慧與創意的文化事業」為信念。

地球之書 / 金貝爾(Jim Bell)作；魏嘉儀譯. -- 初版. -- 臺北市：時報文化出版企業股份有限公司, 2021.03
面；　公分. -- (科學人文；79)

譯自：The earth book : from the beginning to the end of our planet, 250 milestones in the history of earth science.

ISBN 978-957-13-8633-1(平裝)

1.地球科學 2.通俗作品

350   110001289

ISBN 978-957-13-8633-1
Printed in Taiwan